확률론적안전성평가

원자력 안전의 정량적 이해

양준언 지음

한스하우스

머 리 말

1950년대 원자력의 평화적 이용이 시작된 이래 원자력시설의 안전성 확보는 항상 원자력 분야의 최우선 관심 사항이었다. 특히 2011년 일본의 후쿠시마 원전사고 이후 원자력시설의 안전은 한국에서 심각한 사회적 문제가 되었다. 그러나 안전은 공학적으로 정량화할 수 없는 개념이라는 점에서 원자력 안전에 대한 논의는 논리적으로 이루어지기 어려운 부분이 많다.

원자력시설이 얼마나 안전한 것이 충분히 안전한 것인가(How safe is safe enough?)라는 질문은 원자력계가 오랜 기간 답을 찾아온 숙제이다. 그리고 이 질문에 답을 줄 수 있는 방법이 이 책의 주제인 '원자력 리스크 평가와 관리(Risk Assessment and Management)' 기술이라고 할 수 있다. '리스크 평가'는 원자력시설에서 잠재적으로 발생 가능한 피해와 손실을 종합적으로, 그리고 정량적으로 평가해주는 방법이며, '리스크 관리'는 리스크 평가 결과를 활용해 대상 원자력시설의 설계, 운영상의 개선점을 찾아 관련 리스크를 저감하는 체계이다.

원자력계에서 가장 널리 사용되는 리스크 평가 방법은 확률론적안전성평가(Probabilistic Safety Assessment: PSA)라고 불리는 방법이다. PSA 방법은 이론적으로는 어떤 원자력시설에서 발생 가능한 모든 사고경위를 파악하고 그 사고경위의 발생 확률과 그 영향을 평가함으로써 해당 원자력시설의 사고로 인해 발생할 수 있는 미래의 잠재적 손실과 피해, 즉 리스크를 종합적으로 평가하는 기술이다.

저자는 한국원자력연구원에서 30년이 넘는 기간 동안 PSA 분야의 연구를 하였고, OECD/NEA와 IAEA 등 여러 국제기구와 국제 학회에서 PSA와 관련된 활동을 해왔다. 그리고 국내외의 PSA 훈련과정과 여러 대학에서 PSA 강의도 해왔다. 이를 통해 느낀 점은 원자력 리스크 분야에 입문하는 사람들은 이 분야의 보고서를 읽고 이해하기도 쉽지 않다는 점이다. 따라서 이 책은 원자력 리스크 분야에 입문하는 분들이 이 책을 통하여 원자력 리스크 분야의 보고서를 읽고 이해할 수 있는 수준으로 만드는 것을 목표로 하였으며, 이를 위해 필요한 원자력 리스크 평가와 관리 관련 기본 개념과 기술을 소개했다. 또한, 이 책은 단순히 기술적인 내용만을 소개하는 것이 아니라 어떤 기술이 도입된 배경과 실제 현장에 사용되는 방식 등을 파악하는 데 도움이 되도록 구성했다.

원자력 리스크 분야는 크게 (1) 원자력시설의 리스크를 평가하는 '리스크 평가', (2) 리스크 평가 결과를 활용해 리스크를 저감하는 '리스크 관리' 및 (3) 리스크 정보를 관련자들과 공유하는 '리스크 소통'의 3분야로 크게 나눌 수 있다. 따라서 이 책도 기본적으로 이들 3개 분야를 포괄하도록 구성했다. 이 책의 제1부에서는 먼저 원자력계에 리스크 개념이 도입된 경과와 배경을 설명했다. 제2부에서는 리스크 평가를 위한 기초적인 확률과 통계 개념을 기술하였고, 아울러 기본적인 계통 신뢰도 평가 방법을 소개했다. 제3부에서는 원자력시설의 리스크 평가 체제인 PSA에 관해 기술했다. 특히 현재 국내 PSA에서 실제 사용되고 있는 기술과 방법을 중심으로 소개했으며, 아울러 현재 PSA 분야의 현안과 이와 관련되어 진행 중인 연구에 관해서도 간략히 소개했다.

우리가 원자력시설의 리스크 평가를 하는 이유는 단순히 그 시설의 리스크 수준을 알기 위한 것이 아니다. 최종적으로는 리스크 평가 결과를 이용해 원자력시설의 리스크를 효과적이고도, 효율적으로 줄이기 위해서이다. 따라서 미국에서 이뤄지고 있는 리스크 관리 체제를 중심으로 관련 내용과 국내외 현황을 제4부에 기술했다.

리스크 개념은 이해하기 쉽지 않은 개념이고, 따라서 원자력시설의 리스크 관련해서는 여러 오해도 있고, 국민과의 소통도 쉽지 않은 문제가 있다. 리스크 소통은 단순한 공학적인 문제가 아니라 여러 사회적 요소가 같이 연계되는 분야이다. 따라서 제4부 마지막 부분에 원자력 리스크 소통과 관련해 주요 개념을 간략히 소개했다. 그리고 부록에는 제3부에서 소개한 PSA 기술을 단순화한 가상의 원전에 적용하는 예제를 실었다. 이 예제를 통해 PSA 기술이 실제로 어떻게 적용되는지에 대한 이해를 높일 수 있을 것으로 기대한다.

이 책을 쓰면서 어떤 일도 주변 분들의 도움이 없이 혼자 이루지 못한다는 것을 다시 한번 실감했다. 먼저, 저자에게 이 책을 집필할 기회를 준 서울대학교 원자핵공학과의 심형진 교수님에게 깊은 감사의 말씀을 드린다. 아울러 이 책의 여러 부분을 검토하고 좋은 개선 의견을 제시해 주신 원자력 리스크 분야의 국내외 여러 동료에게 감사드린다. 한국원자력연구원의 동료들(한상훈 PM, 정원대 박사님, 박진희 PM, 이윤환 박사님, 한석중 박사님, 최선영 박사님, 황미정 PM, 김동산 박사님, 김성엽 박사님, 정용훈 박사님, 신성민 박사님)은 많은 자료를 제공해 주셨고, 아울러 바쁜 시간 중에 원고를 검토하여 좋은 수정 의견을 주었다. 미국에 계신 강현국 교수님, 인용호 박사님과 조용균 박사님은 멀리 미국에서도 원고를 검토하고 미국의 현황을 기반으로 해서 검토 의견을 주었다. 아울러 본인들이 작성한 자료의 활용을 기꺼이 승낙해 주신 UNIST 이승준 교수님, 중앙대학교 조재현 교수님, 부산대 김정한 교수님께도 감사드린다. 그리고 저자를 원자력 리스크 분야로 이끌어 주신 장순흥 교수님, 저자에게 많은 연구 기회와 용기를 주셨던 고 박창규 원장님과 하재주 원장님께도 깊이 감사드린다. 아울러 원자력리스크연구회 회원 등 원자력 리스크 분야의 발전을 위해 오랜 기간 같이 일해온 많은 동료, 선·후배분께도 감사를 드린다. 이분들의 도움이 없었다면 이 책은 세상에 나오지 못했을 것이다. 그러나 이 책에 어떤 오류가 있다면 이는 온전히 책을 쓴 저자의 잘못이다. 오랜 기간에 걸쳐 책을 준비했음에도 여전히 아쉬움은 남는다. 사용후핵연료저장조 등 원전이 아닌 시설의 리스크 평가처럼 포함하지 못한 내용도 있고, 피동계통 신뢰도 평가와 같이 간략히 넘어갈 수밖에 없는 부분도 있었다. 또한, 지재권 문제로 최신 자료를 사용할 수 없는 경우도 많았다. 나중에 이런 부분을 보완한 좀 더 나은 책이 나오기를 기대해 본다.

저자는 이 책이 원자력 리스크 분야를 공부하고자 하는 분들이 첫걸음을 시작하는 데 도움이 되어, 추후 국내 원자력시설의 안전성을 향상하는데도 작으나마 도움이 되기를 희망해 본다. 마지막으로 이 책을 저술하는 동안 계속 격려와 응원을 보내준 가족들에게, 그리고 미처 위에서 언급하지 못한 주변의 많은 분에게 다시 한번 깊이 감사드린다.

2025년 1월
한국원자력연구원 양 준 언

차 례

표 차례

그림 차례

제1부

원자력 리스크 평가와 관리 개요

제1부 | 원자력 리스크 평가와 관리 개요

원자력시설의 리스크를 평가하고 그 결과를 활용하는 것은 단순히 어떤 주어진 수식을 풀어 정해진 답을 구하는 문제와는 전혀 다른 특성을 갖는 분야이다. 미국의 원자력 규제위원회(Nuclear Regulatory Commission: NRC)는 원자력 규제 관련 의사결정에 리스크 개념을 활용하는 것은 일종의 철학을 의미한다고 이야기하며[M.Franovich, 2019], 현재 리스크 관련 분야가 가장 발전한 미국도 리스크 개념을 도입할 때 가장 어려웠던 것은 리스크 개념 도입에 따른 문화적 변화(Cultural Change)를 받아들이는 것이었다고도 한다[A.C.Kadak et al., 2007]. 따라서 원자력시설의 리스크 평가와 관리 체제를 명확히 이해하기 위해서는 먼저 리스크 개념이 왜 필요한지에 대해 이해할 필요가 있다. 또한, 이와 같은 리스크 개념이 원자력계에 도입된 배경과 역사에 대해 이해를 하는 것도 원자력시설의 리스크 평가와 관리의 필요성과 중요성을 이해하는데 필수적인 부분이다. 따라서 제1장에서는 리스크의 정의 및 리스크 개념이 원자력계에 도입된 배경과 역사에 관해 기술한다.

제1장 리스크 개념과 확률론적안전성평가 개요

인류는 언제나 다양한 위험요인을 마주치며 살아왔다.[1] 그리고 이런 위험을 회피하고 안전을 추구하는 것은 우리 인간의 가장 기본적인 본능이다. 과거에는 홍수, 가뭄과 질병 같은 자연재해가 가장 큰 위험요인이었지만, 현재는 과학기술의 발전으로 자연재해로 인한 피해를 많이 줄일 수 있게 되었다. 반면에 과학과 기술의 발전에 따라 우리 사회에 도입된 산업

---

1) 제1부 일부 내용은 저자가 공저자로 저술한 '후쿠시마 원전사고의 논란과 진실' 중 저자가 쓴 제14장 원전사고와 사회안전의 내용을 일부 인용했다[백원필 외, 2021].

설비에 의한 위험이 새로 발생했다.[2] 모든 산업설비는 인류의 편익을 위해 도입이 되지만 동시에 이에 따른 위험도 동반된다. 2019년도 자연재해에 의한 우리나라 사망자 수는 약 50명 수준이다. 그러나 우리나라의 교통사고 사망자 수는 2019년에도 3,000명이 넘는 수준이다. 같은 2019년도에 산업재해로 인한 우리나라의 피해자 수는 100,000명이 넘으며, 사망자 수도 2,000명이 넘는다.

근래 국내에서는 원자력발전소(이하 원전)만이 아니라 송전탑 문제, LNG 발전소 건설 문제 등 여러 산업설비와 관련된 사회적 갈등이 계속되고 있다. 이런 갈등은 근본적으로는 관련된 산업설비의 안전성에 대한 우려에 기인한 것이다. 모든 산업설비는 인류의 편익을 위해 개발이 되지만 불행하게도 완벽하게 안전한 설비는 없다. 모든 산업설비는 그와 관련된 부수적인 위험요인이 있다. 자동차와 같은 교통수단은 교통사고를 유발할 수 있으며, 화학 공장에서는 독성 물질이 유출될 수 있고, 수소 저장소는 폭발하기도 한다.

1984년에 인도에서 발생한 보팔 화학 공장 사고로 당시 약 4,000여 명이 사망하였으며, 후유증으로 인한 사망자는 16,000여 명 정도로 추정되고 있다. 이는 아직도 사상 최악의 산업 사고로 기록되어 있다. 1982년에 운전 중이던 석유시추선인 오션 레인저는 사고 당시 세계 최고 수준의 안전성을 자랑했지만, 불량파(Rouge Wave)로 인해 시추선이 전도되며 시추선에 있던 80여 명의 사람이 모두 사망했다. 또한, 안전에 있어 가장 많은 관심을 기울이는 산업 중 하나인 항공산업에서도 사고는 발생한다. 2010년 7월에 프랑스의 초음속 여객기인 콩코드가 이륙 중 폭발하는 사고가 발생했다. 활주로에 있던 작은 쇳덩이가 이륙 중이던 콩코드의 바퀴에 튕겨 날아가 콩코드의 연료 탱크를 치며 항공기에 화재가 발생했다. 최종적으로 항공기에 탑승하고 있던 승무원과 승객 등 110여 명이 사망했다. 활주로에 있던 작은 쇳덩이는 콩코드가 이륙 전에 먼저 이륙한 다른 비행기의 엔진 덮개에서 떨어진 것이었다.

우리는 어떤 설비의 '안전'에 대해 이야기하지만 사실 안전은 공학적으로 혹은 정량적으로 측정할 수 없는 개념이다. 안전이란 어떤 산업설비의 위험에 관해 알려진 객관적 사실(Fact)보다도 그 설비에 대한 우리의 인식, 선입견 혹은 감성에 좌우되는 부분이 많다. 따라서 우리

---

2) 실제로는 산업설비만이 아니라 유전자 가공식품, 백신과 같은 다양한 인공적 요소에 의한 위험도 있지만, 이 책에서는 산업설비로 대표해 논의한다.

는 어떤 산업설비의 안전 수준을 정확히 파악하기 위해서 과학적 혹은 정량적으로 정의할 수 없는 '안전'이 아니라 그 설비로 인해 유발될 수 있는 잠재적 피해를 정량적으로 표현할 수 있는 '리스크(Risk, 위험도)'를 평가해야 한다. 앞에서 우리는 '리스크'라는 용어를 사용했는데, 리스크는 우리가 흔히 일상에서 사용하는 위험이라는 단어와는 좀 다른 의미가 있다. 산업설비의 공학적 안전성 평가에서 사용되는 리스크라는 용어는 '어떤 요인에 의해 **미래에 발생할 잠재적 손실**'을 의미하며 다음과 같은 식에 의해 정량적으로 정의된다.

리스크 = 어떤 사고의 발생 가능성(확률) x 해당 사고의 영향(피해, 손실)

산업설비에 내재해 있는 어떤 위험요인에 의한 리스크란 그 위험요인에 의해 발생할 수 있는 모든 사고에 대해 사고별로 발생 가능성과 해당 사고별 영향을 곱한 후 이를 전부 더함으로써 얻어진다. 예를 들어 국내 자동차 사고에 의한 사망 리스크는 사고의 발생 가능성에 해당하는 연간 자동차 사고 발생빈도 200,000번과 사고의 영향에 해당하는 자동차 사고당 사망자 수 0.015명을 곱해 3,000명/년으로 계산된다.

리스크 개념의 시원을 고대의 주사위나 고대 국가의 보험과 유사한 제도에서 찾기도 하지만 현재 우리가 사용하는 리스크 개념의 실제적 시작은 18세기에 유럽에서 파스칼 등이 확률이라는 개념을 사용하기 시작하면서부터라고 할 수 있다. 확률 개념이 인류 사회에 도입된 이후 우리는 확률을 사용해 어떤 사고의 가능성을 예측하고 이에 근거해 그 사고의 리스크를 종합적으로 평가할 수 있게 된 것이다.

그러나 우리는 일반적으로 어떤 산업설비의 안전성을 판단할 때 리스크 개념보다는 그 산업설비에서 발생할 수 있는 사고의 영향을 기준으로 판단을 하는 경우가 많다. 예를 들어 리스크 관점에서 보면 비행기가 자동차 보다 훨씬 안전한 교통수단이다. 비행기는 사고가 나면 일반적으로 사망자 수가 자동차 사고의 사망자보다 많지만, 비행기 사고가 발생할 가능성(빈도)이 자동차 사고의 발생 가능성(빈도)보다 훨씬 작기 때문이다. 반면에 자동차 사고의 영향은 비행기 사고에 비교해 크지는 않으나, 사고의 발생 가능성이 비행기 사고보다 훨씬 크기 때문에 리스크 관점에서 보면 자동차가 비행기 보다 훨씬 위험한 교통수단이라고 할 수 있다. 마찬가지로 사람들에게 호랑이와 모기 중 어느 것이 더 위험한 동물인지 물어본다면 많은 사람이 호랑이가 더 위험하다고 답을 할 것이다. 그러나 현대사회를 살아가면서 우리가 호랑이를 만날 가능성은 0에 가깝다고 볼 수 있다. 반면에 우리가 모기에게 한 번도 물리지 않고 여름을 보낼 가능성은 거의 없다. 따라서 리스크 관점에서 본다면 모기가 호랑이 보다 훨씬 위험한 동물이다. 세계보건기구(WHO)는 2021년도에만 약 62만 명의 사람이 모기가 옮기는 말라리아로 인해 사망한 것으로 추정하고 있다[WHO, 2022]. 따라서 어떤 대상이 내포하는 실질적인 리스크에 기반을 두지 않고 그 대상의 안전성을 판단하는 것은 실제적인 사회의 안전성 향상에는 방해가 될 수도 있다.

우리는 사회에 도입되는 산업설비에 다양한 안전 조치를 취해 해당 설비의 도입으로 인해 사회에 추가되는 리스크를 줄이고자 노력한다. 그러나 우리가 아무리 다양한 안전 조치를 추가해도 어떤 산업설비의 리스크를 완전히 없앨 수는 없다. 어떤 안전계통의 설계에 문제가 있을 수도 있고, 안전계통을 구성하는 기계는 고장이 나기도 하고, 설비를 운전하는 사람이 실수할 수도 있다. 혹은 앞서 기술한 콩코드 사고와 같이 전혀 예측하지 못한 어떤 원인으로 사고가 발생할 수도 있다. 따라서 모든 산업설비는 사회에 편익을 제공하는 동시에 그 사회에 피해를 가져올 위험도 있다. 그러므로 사회가 어떤 설비를 수용할 것인가 거부할 것인가는 그 설비가 사회에 제공하는 편익의 규모와 해당 설비의 리스크 수준에 따라 결정하는 것이 사회 전체의 안전과 편익을 최대화하는 가장 합리적인 접근 방법이라고 할 수 있다.

이를 위해서는 과연 해당 시설의 편익과 피해 규모에 따른 판단 기준이 필요하다. 이런 판단 기준을 우리는 안전목표(Safety Goal)라 부른다. 안전목표의 전형적인 예가 [그림 1-1]에 나와 있다. [그림 1-1]에서 보듯이 만약 어떤 산업설비가 사회에 막대한 편익을 제공한다면 사회가 그 설비에 대해 용인하는 리스크 수준은 올라간다(수용 가능 영역). 그럼에도 불구하고 어떤 산업설비로 인해 사회에 부과되는 위험이 너무 크다면 우리는 그 산업설비를 우리 사회에 도입하기를 거부할 것이다(수용 불가 영역). 일반적으로 어떤 산업설비에서 사고가 발생할 가능성이 [그림 1-1]에 나온 바와 같이 자연재해에 의한 사망률인 백만 년에 한 번(10^{-6}) 이하면 일반인들은 그 설비의 안전성에 대해 크게 우려하지 않는 것으로 알려져 있다.

현재 산업설비의 리스크 평가 기술이 가장 발전한 분야는 원자력 분야이다. 이는 사고는 잘 발생하지 않지만, 일단 사고가 발생하면 그 영향이 큰 원전사고의 특성에 따라 원전의 종합적인 안전성은 리스크 관점에서 평가할 수밖에 없었기 때문이다. 원자력 분야에 리스크 평가(Risk Assessment)가 시작된 것은 미국 규제 기관이 지원한 원자로안전연구(Reactor Safety Study: RSS)의 결과로 1975년도에 WASH-1400 보고서가 나오면서부터라고 할 수 있다[NRC, 1975]. 원자력 분야에서 사용되는 원전의 리스크 평가 방법은 확률론적안전성평가(Probabilistic Safety Assessment: PSA) 방법이다. PSA 방법은 1979년의 TMI 원전사고를 계기로 전 세계에서 원전의 안전성 평가에 널리 쓰이고 있는 리스크 평가 기술이다. PSA는 이론적으로는 원전에서 발생 가능한 모든 사고경위를 파악하고 그 사고경위의 발생확률과 그 영향을 평가함으로써 원전사고로 인해 발생할 수 있는 미래의 잠재적 손실과 피해, 즉 리스크를 종합적으로 평가하는 기술이다.

현재 원자력계에서 사용되는 PSA의 분류가 〈표 1-1〉에 나와 있다. 현재 PSA는 평가 범위에 따라 노심손상빈도(Core Damage Frequency: CDF[3])를 평가하는 1단계 PSA (Level 1 PSA) , 격납건물 파손 빈도와 누출되는 방사성 물질의 특성을 평가하는 2단계 PSA (Level 2 PSA), 그리고 원전 외부로 누출된 방사성 물질이 주변 주민과 환경에 미치는 영향을 평가하는 3단계 PSA (Level 3 PSA)로 구분을 한다.

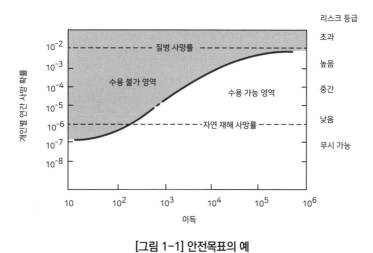

[그림 1-1] 안전목표의 예

---

3) TMI 사고와 같이 핵연료가 녹는 중대사고의 연간 발생빈도 평갓값

그리고 원전의 운전 상태에 따라 전 출력(Full Power)과 정지저출력(Low Power/Shutdown) PSA로 구분도 한다. 즉, 원전이 정상적인 운전상태(100% 출력 상태)에 있을 때와 출력을 낮추었거나 정지한 상태에 대한 PSA를 구분해 전 출력 PSA와 정지저출력 PSA로 구분한다. 또한, 리스크를 유발하는 원인에 따라 내부사건 PSA (PSA for Internal Events)와 외부사건 PSA (PSA for External Events)로 구분한다. 내부사건 PSA는 기계의 고장이나 운전원의 실수로 원전이 정지되는 경우에 대해 노심 손상으로 발전할 사고경위의 발생 가능성과 그 영향을 평가하는 PSA를 의미한다. 내부 화재 PSA는 원전 내부에서 화재가 발생했을 때의 사고경위와 화재 영향을, 내부 침수 PSA는 원전 내부의 배관 혹은 탱크 등이 파손되어 기계나 계통 등이 물에 잠길 때의 사고경위와 그 영향을 평가하는 방법이다. 지진 PSA는 지진의 발생 가능성과 지진이 발생할 때의 사고경위와 영향을 평가하는 것이다. 이 이외에도 원전이 있는 지역의 특성에 따라 토네이도 PSA 등 그 지역의 특성을 고려한 외부사건 PSA가 추가되기도 한다.

〈표 1-1〉 PSA의 분류 및 수행 수준

운전상태	원인		단계		
			1단계	2단계	3단계
전 출력	내부사건	내부사건(냉각재상실사고, 과도사건)	O	△	X
		내부 침수	O	△	X
		내부 화재	O	△	X
	외부사건	지진	O	△	X
		기타 외부재해(외부침수, 강풍 등)	△	△	X
정지·저출력	내부사건	내부사건(냉각재상실사고, 과도사건)	△	△	X
		내부 침수	△	△	X
		내부 화재	△	△	X
	외부사건	지진	X	X	X
		기타 외부재해(외부침수, 강풍 등)	X	X	X

※ PSA 수행 수준: O (전체 수행), △ (부분 수행), X (일반적으로 수행하지 않음)
※ PSA 수행 수준은 국가와 원전별로 다를 수 있음.

TMI 원전사고 이후 미국 NRC는 원전의 리스크를 종합적으로 파악하기 위해 1988년에 원전 사업자에게 미국의 모든 원전에 대해 내부사건 PSA를, 1991년에 내부 침수, 내부 화재 및 지진, 토네이도 등 외부사건에 대한 PSA를 수행하도록 요구했다[NRC, 1988; NRC, 1991][4]. 이후 우리나라를 포함해 원전을 보유한 대부분 나라는 미국의 사례를 따라 유사한 범위의 PSA를 수행했다.

그러나 우리가 PSA를 수행하는 궁극적인 목적은 PSA를 통해 단순히 원전의 리스크 수준을 확인하는 것이 아니다. 우리의 최종적인 목표는 리스크 평가 결과를 통해 해당 원전의 리스크에 크게 영향을 미치는 요인을 파악하고 이에 대한 개선 방안을 도출함으로써 궁극적으로는 원전의 리스크를 줄이고자 하는 것이다. 이와 같은 작업은 리스크 관리(Risk Management)라 불린다. 리스크 관리는 리스크 정보를 활용해 원전의 규제와 운영을 좀 더 효과적(Effective), 효율적(Efficient)으로 개선하고자 하는 시도라고 할 수 있다.

리스크 평가, 리스크 관리와 더불어 리스크 분야의 3대 중요 영역 중 남은 하나가 리스크 소통(Risk Communication)이다. 이는 리스크 관련 정보를 관계자 혹은 대중과 어떻게 효과적으로 공유하는가에 대한 부분이다.

리스크 평가 관련 내용은 본 책의 '제2부 리스크 평가 방법 개요'와 '제3부 원자력 리스크 평가 체제'에 리스크 관리와 리스크 소통 관련 내용은 본 책의 '제4부 원자력 리스크 관리 체제 및 리스크 소통'에 상세히 기술되어 있다.

---

4) 내부 화재, 내부 침수 PSA는 실질적으로는 내부 사건 PSA에 속하나, 1991년에 나온 NRC의 행정 명령에서 내부 화재, 내부 침수 PSA를 외부사건 PSA로 분류하여, 이후 관습적으로 내부 화재, 내부 침수 PSA를 외부사건 PSA로 분류하기도 한다.

제2장 원자력 안전 확보 원칙의 변천

원전 같은 원자력시설에 사용되는 안전 기술은 현재 여러 종류의 산업설비에 사용되는 다양한 안전 기술 중 최고 수준의 안전 기술이라고 할 수 있다. 이는 원자력 분야에서 1950년대 원자력의 평화적 이용을 시작하던 초창기부터 방사성 물질의 누출에 의한 여러 가지 피해를 우려해 안전의 중요성이 강조되어 왔기 때문이다. 원자력시설에 적용되고 있는 안전 확보 원칙, 개념과 기술 등은 원자력 기술 개발 초기부터 개발되기 시작해 1950년대 시작된 원자력 기술의 평화적 이용과 더불어 원자력 안전 확보 원칙과 기술도 같이 지속적인 발전을 해왔다.

원자력 개발 초기 단계에서 원자력시설의 안전 확보에서 가장 중요한 개념은 설계기준사고(Design Basis Accident: DBA)였다[IAEA, 2009]. 설계기준사고란 원전을 설계, 건설할 때 고려되는 사고이다. 원전은 설계기준사고와 단일고장이 발생해도 원전의 안전을 유지하기 위한 기기, 계통 및 구조물의 손상이 없도록 설계 및 건설되어야만 한다. 단일고장가정(Single Failure Criteria: SFC)은 안전계통의 어떤 주요기기 중 하나가 고장 나더라도 해당 안전계통의 기능은 유지되어야 한다는 것이다. 설계기준사고는 단일고장가정과 연계되어 현대 원자력시설의 안전성을 확보하는 기본 개념으로 자리하고 있다[IAEA, 2009]. 즉, 현재 원자력 규제체계는 설계기준사고와 단일고장이 발생해도 원자력시설의 안전은 문제가 없다는 것을 입증하도록 요구하고 있다.

원자력시설의 안전을 지키는 또 하나의 중요한 기본 원칙은 심층방어(Defence-in-Depth: DID) 개념이다. 심층방어란 전쟁에서 적의 진격을 막기 위한 방어선을 하나만 만드는 것이 아니라 여러 겹의 방어선을 만드는 것처럼 원자력시설의 안전을 지키기 위한 방어체계를 여러 단계로 구성하는 것을 의미한다. 심층방어 개념에는 기계적인 측면, 조직적인 측면이 포괄돼있다. 심층방어는 만약 원전에서 설계기준사고가 발생해도 여러 겹의 방어선을 통해 원전의 사고가 중대한 상태로 진행되는 것을 막는다는 개념이다. 혹은 설계기준사고를 초과해 원전의 핵연료가 녹는 중대사고(Severe Accident)로 진행이 되어도 원전의 최종 물리적 방벽인 격납건물과 주변 주민의 효과적 대피 등을 통해 방사성 물질의 누출에 따른 피해를 최소화하고자 하는 것이 심층방어 개념이다. 원자력 개발 초기에 심층방어는 설계 여유도에 대한 정확한 지식이 부족해 이를 보완하기 위한 수단으로 사용되기 시작했다. 1950년에 발간된 미국 원자력에너지위원회(Atomic Energy Commission: AEC)의 WASH-3 보고서에 이미 원자로에서 방사성 물질이 누출될 때 방사성 물질의 외부 확산 영향 및 재난 대책 등 현재의 심층방어 체계와 유사한 다양한 안전 확보 개념이 나와 있다[AEC, 1950]. 심층방어 개념은 1950년대 중반부터 미국 규제 기관의 문서에서 나타나기 시작해 이후 원자력 시설 안전성 확보의 기본 원칙으로 자리를 잡았다. 국제원자력기구(International Atomic Energy Agency: IAEA)는 원전의 안전을 지키기 위한 심층방어의 5단계를 〈표 1-2〉와 같이 정의하고 있다[IAEA, 1996].

〈표 1-2〉 심층방어의 단계 (IAEA)

단계	목표	핵심 수단
1단계	이상 작동 및 고장 예방	보수적인 설계, 고품질 건설 및 운전
2단계	비정상 운전의 제어 및 고장 탐지를 통한 사고 예방	제어 및 보호 계통, 감시 설비
3단계	사고를 설계기준 이내로 제어	공학적 안전설비 및 사고관리
4단계	중대사고의 제어(중대사고의 진행 억제와 결과 완화)	추가적 안전 설비 및 사고관리
5단계	방사성 물질의 대량 누출로 인한 방사선학적 영향 완화	소외 비상조치

심층방어 1단계는 원전의 설비를 보수적으로 설계, 건설 및 운영해 사고가 일어날 가능성을 최소화하는 단계이다. 2단계는 비정상 상태가 발생하는 경우 조기에 이를 탐지해 사고를 예방하는 단계이고, 3단계는 원전의 다양한 안전계통을 이용해 사고가 핵연료 파손으로 이르지 않도록 막는 단계이다. 그런데도 핵연료가 손상되는 중대사고가 발생하면 중대사고의 진행을 억제해 방사성 물질이 원전 격납건물 외부로 누출되는 것을 막는 것이 4단계이다. 마지막으로 심층방어 5단계는 방사성 물질이 원전 격납건물 외부로 누출되는 경우 주민의 대피, 소개 등을 통해 주민과 환경의 피해를 최소화하고자 하는 단계이다.

이처럼 설계기준사고와 심층방어에 근거한 원전 규제를 결정론적(Deterministic) 규제라고 부른다. 이는 미리 결정된 특정 사고경위의 분석 결과에 따라 원전의 안전성을 평가하기 때문이다. 결정론적 규제는 기본적으로 일련의 규제 요건이 모두 충족되었는지에 대한 가부를 묻는 규정적(Prescriptive) 규제라고 할 수 있다. 즉, 어떤 원자력시설이 모든 규제 요건을 만족하면 규제 측면에서는 해당 시설은 안전 문제가 없다고 보고, 반대로 어떤 규제 요건이 불만족 될 때는 해당 시설의 가동을 허용하지 않는 규제 방식이다. 이와 같은 결정론적 규제는 원자력시설의 가장 기본적인 규제 체제로 오늘날도 우리나라를 포함해 전 세계 원자력시설 보유국에서 사용이 되고 있다.

그러나 설계기준사고와 심층방어라는 안전 원칙은 1979년 미국의 TMI 원전사고 이후 큰 변화를 겪게 된다. TMI 원전사고 이전에는 설계기준사고에 대한 대비와 심층방어 개념을 통해 원전의 안전성을 확보할 수 있다고 원자력계는 생각했다. 앞서 기술했듯이 설계기준사고에서는 단일고장만을 고려하며 여러 개의 고장이 동시에 발생하는 다중 고장(Multiple Failure)은 고려하지 않는다. 그러나 TMI 원전사고는 대형냉각재상실사고와 같은 대형 사건이 발생하지 않아도 일부 계통의 고장, 운전원의 실수 등 몇 가지 사건이 겹쳐지면 핵연료 손상이라는 중대사고를 유발할 수 있다는 것을 보여주었다[NRC, 2016].

이에 따라 TMI 원전사고는 기존의 원전 설계 방식, 안전 확보 개념을 되돌아보는 계기가 되었다. 특히 1979년에 TMI 원전에서 실제 발생한 사고경위가 이미 1975년에 미국에서 발간되었던 세계 최초의 원전 PSA 보고서인 WASH-1400에서 미국 내 가압경수로 원전에서 가장 리스크가 높은 사고경위로 예상되었다는 점에서 TMI 원전사고는 논란의 대상이 되었다. 이에 따라 미국에서는 TMI 원전사고 이후 리스크 개념이 원자력 안전 확보를 위한 중요 개념으로 원자력계에 도입되었다. 이는 기존의 설계기준사고를 기반으로 하는 원전 안전 확보 체계가 원전에서 발생 가능한 다양한 사고의 영향을 모두 파악하는 데에는 한계가 있으므로 리스크 개념을 활용해 그 한계를 보완하기 위한 것이다.

미국은 1995년에 PRA[5] 정책 성명을 내며 원자력 규제 체제를 리스크정보활용 규제(Risk-informed Regulation: RIR) 체제로 전환할 것을 천명했다[NRC, 1995]. 이후 원자력 규제에서 리스크 정보를 활용해 규제 의사결정(Risk-informed Decision Making: RIDM)을 하

---

5) PSA 기술을 맨 처음 개발한 미국에서는 PSA라는 용어 대신 PRA (Probabilistic Risk Assessment)라는 용어를 사용한다. 이 책에서는 PSA로 용어를 통일해 사용했다. 단 참고 문헌의 제목에 PRA가 들어간 경우는 그대로 인용했다.

고, 아울러 원전의 성능(Performance)을 감시해 RIDM의 결과를 검증하는 체제를 구축했다. 최종적으로 미국의 원자력 규제 정책은 리스크정보활용 성능기반규제Risk-informed Performance-based Regulation: RIPBR)로 발전했다. RIPBR이란 PSA 등을 이용한 리스크 평가 결과와 성능 감시 결과를 기반으로 원자력시설의 리스크를 최소화하기 위한 리스크 관리 체제라고 할 수 있다.

미국원자력에너지협회(Nuclear Energy Institute: NEI)는 미국 원자력계가 1990년대에 PSA와 RIPBR을 도입한 이후 미국 원전의 안전성과 성능 향상 결과에 관한 보고서를 2020년에 발간하였다[NEI, 2020]. 이 보고서에 따르면 RIPBR의 도입 이후 현재 미국 원전의 안전성은 [그림 1-2]에 나와 있듯이 노심손상빈도 측면에서 1990년대 초반 대비 1/10로 감소하는 정도까지 안전성 향상을 이루었다. 또한, 1980년대 미국 내 원전의 불시정지가 평균 연 7.8회 정도였지만 2010년대 후반에는 원전의 불시정지가 한 번도 발생하지 않은 해가 3년 연속으로 있는 등 성능 측면에서도 역사상 가장 뛰어난 성과를 보인다고 기술하고 있다. 이처럼 미국은 RIPBR을 통해 다른 어떤 나라보다 월등하게 높은 원전의 안전성과 성능을 유지하고 있다. 그러나 아직도 미국을 제외한 대부분 나라는 미국과 달리 리스크 평가 및 관리 체제를 실질적으로 사용하지 못하고 있다. 즉, 미국은 1995년부터 리스크정보활용규제를 시작해 그동안 그 효과성을 실증적으로 보여주고 있지만 2023년 현재까지도 미국을 제외한 어느 나라도 미국과 같은 RIPBR을 제대로 운용하고 있다고 보기는 어려운 상황이다.

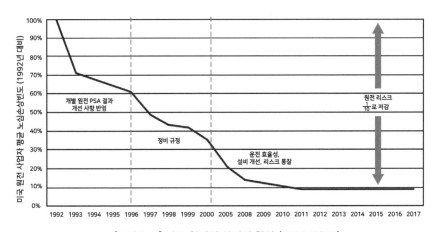

[그림 1-2] 미국 원전의 안전성 향상 (1992~2017)

TMI 원전사고 이후 일본을 포함해 전 세계의 원전 보유 국가가 PSA의 유용성을 인정하고, 많은 재원을 사용해 원전의 PSA를 수행했음에도 2011년에 일본의 후쿠시마 원전사고가 발생했다. 일본의 후쿠시마 원전사고 이후 전 세계의 원전 보유국의 규제 체제는 다시 한번 큰 변화를 겪게 된다. 후쿠시마 원전사고 이전에 이미 개념적으로는 제안이 되었던 설계확장조건(Design Extension Condition: DEC)이 많은 나라에서 규제 체제에 실제로 도입되었다[IAEA, 2016]. 기존 설계기준사고에서는 단일고장만을 고려했지만 이제 DEC의 도입을 통해 결정론적 규제 체제로 확인해야 하는 범위가 다중고장 등 기존 설계기준사고보다 더욱 확대되었다[6]. 또한, IAEA의 후쿠시마 원전사고 조사 보고서에서 동경전력이 후쿠시마 원전의 침수 PSA를 수행했다면 사고 대응을 좀 더 적절히 할 수 있었을 것이라는 의견을 제시하며 원자력시설의 리스크 평가 및 활용이 다시 강조되었다[IAEA, 2015]. 후쿠시마 원전사고 이후 여러 나라는 다수기 PSA에 관한 연구를 시작했다[J.E.Yang, 2018]. 또한, PSA의 수행 범위도 기존에는 격납건물의 조기대량방출빈도(Large Early Release Frequency: LERF)를 구하는 데에서 격납건물 후기대량방출빈도(Large Late Release Frequency: LLRF) 혹은 신규 원전에 대해서는 3단계 PSA, 즉 누출된 방사성 물질에 의한 외부 영향 평가까지 수행하도록 확대되고 있다. 즉, 후쿠시마 원전사고 직후 PSA의 효과성에 대한 논란이 잠시 있었지만, 결과적으로는 후쿠시마 원전사고 이후 PSA 사용이 더욱 확대되고 있다.

일본은 후쿠시마 원전사고 당사국으로 후쿠시마 원전사고 이후 규제 체제의 대변혁을 시도했다. 일본 규제 체제의 중요한 변화 사항에는 독립된 규제 기관인 원자력 규제청(Nuclear Regulation Authority: NRA)의 설립, 신안전기준 도출 이외에 리스크정보활용규제로의 이행 천명 등이 있다[原子力規制廳, 2019]. 후쿠시마 원전사고 이후 일본은 원전 규제 체제의 개선을 위해 지속해서 노력하였으며, 2020년 4월에는 일본의 원전 규제 체제에 미국 RIPBR의 핵심인 원자로감시절차(Reactor Oversight Process: ROP)와 유사한 원전 검사 제도를 도입했다[原子力規制廳, 2019]. 그러나 일본이 실제 미국과 같은 RIPBR로 전환할 수 있을지는 아직 판단하기에는 이른 시점이다.

---

6) 후쿠시마 사고 이전에도 정지불능예상과도사고(Anticipated Transient without Scram: ATWS)와 같이 설계기준사고 이상의 일부 다중 사고를 고려하기는 하였지만, DEC의 도입으로 그 범위가 더욱 확장되었다.

우리나라도 후쿠시마 원전사고 이후 독립된 규제 기관인 원자력안전위원회를 설립했다. 2016년에는 원자력법을 개정하며 DEC와 PSA의 수행을 법제화했고, 아울러 안전목표도 도입했다[원자력안전위원회, 2017]. 이에는 리스크 성능목표도 포함되었다. PSA가 법적 요건이 되기 이전에도 우리나라도 모든 원전에 대한 PSA를 수행하고 있었고, 제한적으로 리스크 정보활용 격납건물 종합 누설률 시험 등 몇 가지 미국의 리스크정보활용 제도를 승인해왔다. 그러나 미국과 달리 현재 우리나라는 원자력 규제에 있어 리스크 정보를 이용하는 것에 대한 규제 입장은 아직 명확하지 못한 상황이다.

원자력 규제 기관과 사업자가 리스크 개념을 수용하는지는 원전의 안전성에 매우 큰 영향을 미친다. 원전의 리스크 평가 결과에 대한 신뢰가 없으면 위험한 요인을 알면서도 이에 제대로 대처 못 하거나, 원전에 실제 중요한 위험을 간과할 수도 있다. 미국의 TMI 원전사고와 일본의 후쿠시마 원전사고가 바로 그런 예라고 할 수 있다. 1975년도에 나온 WASH-1400에서 이미 TMI 원전사고에서 실제 발생했던 사고와 유사한 사고경위의 리스크가 가장 큰 것으로 예측했음에도 당시 미국의 규제 기관은 그 평가 결과를 심각하게 받아들이지 않았고 그 결과 1979년도 TMI 원전사고를 겪고 말았다. 결국, TMI 원전사고는 미국의 규제 기관이 원전의 안전에 큰 영향을 미치는 리스크 요인에 대한 정보를 가지고 있었음에도 이에 따라 적절히 원전의 안전성을 강화하는 조치를 하지 않음으로써 사고 예방에 실패한 경우라고 할 수 있다.

후쿠시마 원전사고는 리스크 평가와 관리 측면에서 좀 다른 성격을 갖는다. 일본은 대규모의 지진이 자주 발생하는 나라로서 동경전력은 지진에 의한 원전의 리스크를 낮추기 위해 많은 노력을 기울였지만, 쓰나미의 리스크는 과소평가함으로써 결과적으로 후쿠시마 원전사고를 예방하는 데 실패했다고 볼 수 있다[J.M.Actor et al., 2012; C. Synolakis. et al., 2015]. 즉, 후쿠시마 원전사고는 동경전력이 다양한 위험 요인의 리스크를 균형 있게 평가하지 못하고 일부 위험 요인의 대비에만 편중함으로써 리스크 관리 차원에서 균형을 잃었고 이로 인해 무시 혹은 과소평가된 다른 위험 요인(쓰나미)으로 인해 발생한 사고라고 볼 수 있다.

요약하면 미국의 TMI 원전사고는 리스크 평가는 적절히 수행되었으나 이를 이용해 원전의 리스크를 줄이려는 리스크 관리 측면에서 문제가 있었다고 할 수 있다. 반면에 후쿠시마 원전사고는 TMI 원전사고와는 달리 아예 적절한 리스크 평가를 수행하지 않아 생긴 문제라고 할 수 있다. TMI 원전사고 당시에는 아직 PSA가 규제에 사용되지 않던 시점이라는 측면에서 미국 NRC의 상황을 이해할 여지가 있지만, 후쿠시마 원전의 경우는 TMI 원전사고 이후 리스크 평가의 효용성이 이미 잘 알려져 있었고, IAEA도 쓰나미 관련 안전성 평가를 강조했음에도 불구하고 동경전력이 쓰나미에 대한 리스크 평가와 대비를 적극적으로 하지 않음으로써 발생한 사고라고 볼 수 있다.

원전의 리스크 평가가 미래의 잠재적 위험을 다루기 위해 확률을 사용한다. 따라서 확률의 본질적인 속성상 불확실성이 있다. 그러나 원전의 리스크 평가 결과는 현재 인류가 사용 가능한 최고의 과학·공학 기술을 활용해 원전의 잠재적 위험 수준을 평가한 결과이다. WASH-1400 보고서의 여러 문제점을 지적했던 루이스보고서[NRC, 1978]에서도 PSA 기술은 적절한 신뢰도 자료와 함께 사용된다면 원전 리스크 평가를 위한 최고의 도구임을 인정하고 있다[7]. 즉, 리스크 평가가 적절히 수행만 된다면 이는 우리가 가지고 있는 최고의 원전 안전 확보 수단이라고 할 수 있다. 현재도 PSA가 원자력 분야만이 아니라 항공·우주 분야와 같이 복잡한 산업설비의 리스크 평가에 활발히 사용되고 있음을 보면 1978년도에 나온 루이스보고서의 판단은 현재까지도 유효하다고 할 수 있다[NASA, 2002].

체르노빌 원전사고 이후 원자력계는 안전문화(Safety Culture)라는 개념을 도입했다. 원자력 안전문화란 원전의 안전성 확보를 무엇보다도 최우선으로 하는 문화를 원자력 관련 조직에 도입하기 위한 시도였다[IAEA, 2002]. 그러나 이 시도 역시 '안전문화'라는 개념의 모호성으로 인해 어느 조직의 안전문화가 어느 정도 향상이 되었는지 명확히 파악하기 어려운 상황이다. 근래 미국 원자력계에서는 리스크 문화(Risk Culture)라는 말이 나오고 있다[A.Ahmed et al., 2020]. 현재 미국 원전 현장에서는 일상적인 업무의 리스크 영향을 해당 업무를 수행하기 이전에 미리 평가하고 그 평가 결과에 따른 안전 조치를 하는 것이 일상화되어 있다. 이는 어떤 업무의 리스크 평가 결과, 해당 업무로 인한 리스크의 증가가 크게 나오면 이에 대한 안전 조치를 강화한 후에 그 업무를 시작하는 방식이다. 미국에서는 이와 같은

---

7) 루이스보고서에 대한 상세한 내용은 3장에 기술되어 있다.

체제가 오랜 시간 운영이 되며 원전 현장의 작업자들이 자신의 행위가 원전의 리스크에 어떤 영향을 미치는지를 자문하는 문화가 생겼고 이를 리스크 문화라고 부르고 있다. 원전의 실제 안전성을 높이기 위해서는 이와 같은 문화가 모든 원자력 현장에도 정착될 필요가 있다.

앞서 기술한 바와 같이 RIPBR은 미국에서 30년 가까운 실제 적용 이력을 통해 원전의 안전과 성능을 향상하는 데 있어 매우 효과적이고 효율적인 수단임을 실증적으로 보여주었다. 그럼에도 불구하고 최근까지도 미국을 제외한 다른 나라들은 제대로 된 RIPBR을 시행하지 못하고 있다. 이에는 사실 세계 각국이 원자력 규제 체제를 수립하는 데에는 기술적인 측면만이 아니라, 사회적인 측면도 많은 영향을 미친다는 점을 고려할 필요가 있다. 미국의 원전 규제 체제에 가장 영향을 미친 사건은 1979년에 발생한 TMI 원전사고로 이는 미국이 리스크정보활용 규제를 도입하는 계기가 되었다. 반면에 유럽 국가들도 TMI 원전사고 이후 PSA를 도입해 원전의 리스크 평가를 수행했지만, 유럽 국가들의 규제 체제에 가장 영향을 많이 미친 사건은 TMI 원전사고보다는 1986년에 발생한 (구) 소련의 체르노빌 원전사고라고 할 수 있다. 체르노빌 원전사고 당시 누출된 방사성 물질이 유럽의 여러 나라에까지 확산되며 유럽 국가들은 방사성 물질 오염으로 인한 피해를 직접 경험했다. 이와 같은 경험은 유럽 국가들이 리스크 개념을 통한 원전사고의 예방보다는 실질적인 안전계통의 추가 등을 통해 원전사고 발생 시 그 영향을 물리적으로 최소화하는 방향으로 규제 정책을 결정하는 데 많은 영향을 미쳤다. 유럽 국가들이 이처럼 정책을 결정한 배경에는 사실 당시 유럽 국가들이 리스크정보활용규제 체제로 이행하기 위한 기술적 기반이 충분하지 못했던 것도 한 가지 이유라고 볼 수 있다. 그러나 현재는 프랑스, 핀란드 및 스페인 등 여러 유럽 국가가 주기적 안전성 평가, 안전성 향상 분야의 도출 등 여러 분야에서 PSA를 이용하고 있다[NEA, 2020].

물론 현재 미국의 RIPBR의 여러 제도도 완벽한 것은 아니다. 미국도 처음부터 RIPBR이 체계적으로 도입한 것이 아니라 미국 원전의 안전 현안을 해결하기 위해 상황에 따라 이런저런 제도를 순차적으로 도입했다. 따라서 현재도 RIPBR 관련해 세부 제도 간의 비일관성 등 몇 가지 문제가 존재하고 있다. 미국은 이와 같은 문제를 해결하기 위해 지속해서 노력하고 있으며, 또한 RIPBR의 적용 분야를 계속 넓혀가고 있다. 따라서 미국의 리스크정보활용 체제는 현재도 계속 진화하고 있다고 볼 수 있다[NRC, 2007; N. Siu, 2015].

미국이 RIPBR을 도입한 이후 우리나라를 포함해 일본, 중국, 스페인, 멕시코 등 원전을 보유한 세계 여러 나라가 미국의 RIPBR과 같은 제도를 도입을 위해 노력하고 있지만, 아직도 미국 수준으로 RIPBR 체계가 정립된 나라는 없는 것으로 보인다. RIPBR이 미국을 제외한 다른 나라에서는 성공적으로 정착되지 못하고 있는 데에는 여러 이유가 있을 것이다. 기존에 여러 나라에서 RIPBR을 도입하면서 주로 미국의 다양한 RIPBR 관련 제도 중 각국 상황에 맞추어 선별적으로 몇 개의 제도만을 도입하는 방식으로 추진되어왔다. 그러나 이와 같은 방식으로는 앞서 기술한 바와 같이 계속 진화, 확장하는 미국의 리스크정보활용 체제의 장점을 구현하기는 어렵다. 우리나라와 같이 리스크정보활용 체제 관련 후발국 입장에서는 미국의 리스크정보활용 체제의 도입 및 발전 과정을 체계적으로 심층 검토함으로써 미국이 리스크정보활용 체제를 도입하며 겪은 시행착오를 회피하고 국내 고유 환경이 반영된 좀 더 효율적인 리스크정보활용 체제를 정립하는 것이 가능할 것으로 생각된다.

제3장 원자력 리스크 평가·관리 체계의 역사

앞서 언급한 바와 같이 원전에 대한 최초의 리스크 평가 보고서는 1975년도에 나온 WASH-1400 보고서이다[NRC, 1975]. 그러나 원자력 분야에서 리스크 개념이 최초 사용된 것은 그보다 앞서 1950년대 미국의 대학 교육부터 시작이 되었다. 원자력 개발 초기에 미국의 원자력 규제를 담당하던 AEC는 원전의 리스크 평가에 큰 관심을 가지지는 않았다. 그러나 당시 AEC도 설계기준사고와 심층방어 개념만으로 원자력시설의 모든 리스크를 제거할 수 있다고 생각하지는 않았다. 이에 AEC는 1957년에 WASH-740 보고서를 발간했다[AEC, 1957]. WASH-740 보고서에는 대형 원전 사고의 발생빈도와 사고 발생 시의 영향을 평가한 결과가 포함되어 있다. 요즘 리스크 평가 관점에서 본다면 WASH-740 보고서는 대형 원전 사고에 대한 리스크 평가를 한 것이라고 할 수 있다. WASH-740에 따르면 대형 원전 사고의 영향으로 약 45,000명의 사망자와 70억 달러의 피해가 발생할 것으로 평가했다. 그러나 이 평가 결과는 해당 원전에 격납건물이 없다는 가정, 사고로 원전 내 모든 방사성 물질이 외부로 누출된다는 가정, 그리고 최악의 기상 조건에서 사고가 난다는 가정 등 매우 비현실적인 가정에 따른 것이었다. 반면에 WASH-740은 이와 같은 사고의 발생빈도는 십만 년 혹은 10억 년에 한 번 정도로 평가를 했다. 그러나 당시에는 사고 발생빈도를 평가할 체계적 방법이나 관련 자료가 없어 사고 발생빈도의 평가는 전문가 판단에 근거해 이루어졌다.

1960년대가 되어 원자력 리스크 분야에 있어 중요한 두 편의 논문이 발표된다. 첫째는 1967년 IAEA가 주관한 국제회의에서 영국의 파머 박사(F.R.Famer)가 원자로 부지 선정과 관련된 리스크 기준에 관한 연구 내용을 발표했다[F.R.Farmer, 1967]. 이 논문은 비록 부지 선정과 관련된 문제를 다루었지만, 개념적으로는 원전 리스크 평가의 기본 개념을 제시한 선구적 논문으로 인정되고 있다. 이 논문에서는 현재 빈도·결말 곡선(Frequency Consequence Curve: FC Curve)으로 알려진 개념이 포함되어 있었다. 빈도·결말 곡선은 리스크가 높은 요인과 낮은 요인을 쉽게 구분할 수 있는 체제를 제공했다. [그림 1-3]에 WASH-1400에 실렸던 빈도·결말 곡선이 나와 있다. 1969년에는 사이언스 학술지에 "사회적 이득과 기술적 리스크"라는 논문이 발표되었다[C.Starr, 1969]. 이 논문에는 리스크 인식(Risk Perception)에 관한 내용이 많이 포함되어 있었다. 이 논문은 리스크 회피(Risk Aversion)에 관한 내용, 자발적 리스크와 비자발적 리스크의 차이 등 원자력 리스크와 관련된 중요한 개념을 설명하고 있다.

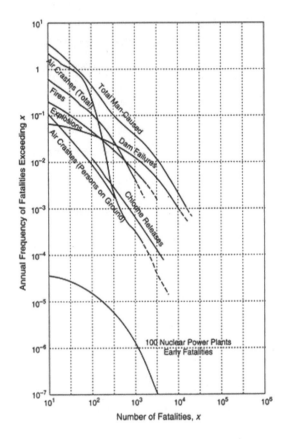

[그림 1-3] 세계 최초 원전 리스크 평가 결과 [NRC, 1975]

이후 1970년대에 미국 내 원전의 수가 증가하면서 원전의 리스크에 대한 우려가 커짐에 따라 AEC는 원전 리스크에 대한 종합적 평가를 추진하기로 했다. AEC는 RSS 과제를 시작하며 이 과제의 책임자로 매사추세츠 공과대학교(Massachusetts Institute of Technology: MIT) 대학의 라스무센(Norman Rasmussen) 교수를 임명했다[W.Keller et al., 2005]. 당시 미국 우주항공국(National Aeronautics and Space Administration: NASA)은 벨연구소가 개발한 고장수목분석(Fault Tree Analysis: FTA) 방법을 이용해 아폴로 우주선에 대한 리스크 평가 작업을 수행하고 있었다. 라스무센 교수는 NASA가 사용하던 고장수목분석 방법을 원자력 리스크 평가에 도입했다. 그러나 고장수목방법만으로 복잡한 원전의 리스크 평가를 수행하기에는 어려움이 있었다. 이에 따라 라스무센 교수는 영국에서 개발되어 원전의 설계 최적화에 사용되던 사건수목(Event Tree)을 원자력 리스크 평가에 사용할 것을 제안했고 이후 이 고장수목방법과 사건수목방법을 통합한 PSA 방법은 원자력계의 대표적인 리스크 평가 방법으로 자리 잡았다. RSS는 종합적인 리스크 평가를 통해 당시까지 큰 관심을 끌지 못했던 인간 오류와 공통원인고장이 원전의 리스크에 큰 영향을 미치는 중요한 요소라는 점을 밝혀냈다.

RSS 과제를 진행하며 가장 문제가 되었던 부분은 원전의 리스크 평가에 사용된 신뢰도 자료 관련 문제였다. RSS는 원전의 리스크 평가를 위해 다른 산업에서 사용되는 펌프, 밸브 등의 기기 신뢰도 자료를 가져와 사용했다. 그러나 원전은 다른 산업과 달리 방사선에 의한 기기 고장도 있을 수 있었으며 이런 부분에 대해서는 전문가 판단에 따른 값을 사용했다. 이는 이후 RSS 결과의 신뢰성에 대한 비판을 초래했다. RSS에서는 이런 문제를 보완하기 위해 기기의 고장률 자룻값으로 어떤 특정 값만을 사용한 것이 아니라 대수정규분포(Lognormal Distribution)를 사용해 신뢰도 자료가 가지는 불확실성의 영향을 평가하려고 노력했다. RSS에서는 이런 방법을 사용해 어떤 기기의 고장률을 10배, 100배 혹은 1,000배로 할 때 원전 전체 리스크가 얼마나 변하는지를 보여주었다. RSS 과제에서는 방사성 물질이 원전 외부로 누출된 경우 주변 주민에 미치는 건강 영향을 평가하는 방법도 개발했다. 또한, RSS 과제가 진행 중이던 1975년에 브라운 페리 원전에서 큰 화재 사고가 발생했다. 이에 따라 RSS의 부록에 비록 매우 간략하지만, 화재 리스크 평가 결과가 추가되었다[NRC, 2016].

최종적으로 RSS를 통해 기존 결정론적 규제에서 가장 중요한 사건으로 취급되던 대형냉각재상실사고보다 소형냉각재상실사고가 원전 리스크에 가장 큰 영향을 미치는 사건인 점이 밝혀졌다. 또한, 소외전원상실사고(Loss of Off-site Power: LOOP)와 원전정전사고(Station Black Out: SBO)의 중요성도 밝혀졌다. 아울러 노심 손상이 발생하는 사고의 빈도는 기존의 예상보다 높았지만 반대로 대부분 사고 영향은 기존의 예상보다 크지 않은 것으로 평가되었다. RSS는 리스크 관점에서 다양한 원자력 안전 현안을 조사하는 선구적인 일을 했다고 볼 수 있다. 1975년 RSS의 최종 보고서인 WASH-1400 보고서가 발간되었다. WASH-1400에서 100개 원전이 미국에서 운전된다고 가정했을 때의 리스크와 다른 인공 재난의 리스크를 비교한 결과(빈도·결말 곡선)가 [그림 1-3]에 나와 있다[NRC, 1975].

그러나 1975년 WASH-1400 보고서가 나온 이후 NRC는 RSS의 결과를 받아들이기를 주저했으며, NRC 직원들이 RSS의 결과를 이용해 원전 규제를 하지 못하도록 했다. 이는 당시 NRC의 고위층이 리스크 개념에 익숙하지 않았기 때문이다. 또한, 미국 의회 등에서도 RSS의 연구 결과에 대한 논란이 지속됨에 따라 1997년도에는 RSS를 검토하기 위한 별도의 위원회를 구성했다. 이 위원회는 1978년 WASH-1400 보고서에 대한 검토 결과를 보고서로 발간했다[NRC, 1978]. 이 위원회의 위원장은 캘리포니아 대학 물리학과의 루이스(Lewis) 교수가 맡았고, 이 보고서는 루이스 교수의 이름을 따서 루이스보고서로 불리게 되었다. 루이스보고서는 WASH-1400에서 사용된 고장수목과 사건수목분석 방법의 적절성은 높이 샀지만, 다음과 같은 몇 가지 문제점을 지적했다.

(1) 전 출력운전, 내부사건에 국한해 리스크 평가를 한 점

(2) 확률분포의 평균값 대신 중앙값을 사용한 점

(3) 공통원인고장이 적절하게 처리되지 못한 점

(4) 방사성 물질 확산 평가 모델의 문제점

(5) 비현실적 대피 계획을 사용한 점

그러나 루이스보고서에서 WASH-1400의 가장 문제로 삼은 부분은 불확실성 처리 문제였다. 루이스보고서는 WASH-1400에서 원전 간의 차이점 및 실험자료 대신 가정을 사용한 부분의 불확실성이 적절히 평가되지 않은 점 등을 WASH-1400의 중요한 문제점이라고 지적했다. 또한, 낮은 방사선 준위에 노출되었을 때의 인체 영향 평가와 관련된 문제를 지적했다. 이는 WASH-1400 보고서 자체에 대한 지적은 아니었으며 당시 방사선 방호 분야의 문제점을 지적한 것이다. 사실 낮은 방사선 준위에 노출되었을 때의 인체 영향 평가와 관련된 문제는 아직도 풀리지 않고 있는 문제이다. 그러나 WASH-1400 보고서와 관련해 가장 논란이 많았던 부분은 요약 보고서(Executive Summary)와 관련된 것으로 특히 [그림 1-3]에 나와 있듯이 미국 내 100개 원전의 리스크를 다른 인공재해와 비교한 부분이었다. 루이스보

고서는 이와 같은 비교를 하면서 다른 인공재해의 원인으로 선택한 비행기, 댐 등이 가져오는 사회적 편익에 관한 내용이 제시되지 않음으로 인해 일반 대중이 원전 리스크에 대해 잘못된 리스크 인식을 가질 수 있게 했다는 점을 WASH-1400 보고서의 가장 큰 문제 중 하나로 지적했다. 루이스보고서가 나온 이후 NRC는 WASH-1400에 대한 지지를 철회했지만, NRC 직원에게는 PSA 기술을 계속 활용할 것을 권장했다. 그러나 NRC 직원은 루이스보고서를 WASH-1400 평가 결과에 대한 불신으로 이해했다. 이에 따라 NRC 직원은 원전 인허가 관련 문서에서 WASH-1400 관련 내용을 지우는 데 두 달을 소비했다. 이와 같은 문서 개정 작업이 끝날 때쯤인 1979년 3월에 TMI 원전에서 소형냉각재상실사고로 인해 노심 일부가 녹는 세계 최초의 원전 중대사고가 발생했다. WASH-1400에서 대형냉각재상실사고보다 사고 영향은 적지만 발생빈도가 높아 원전 리스크에 영향이 더 큰 것으로 예상한 소형냉각재 상실사고가 실제 발생한 것이다.

WASH-1400에서는 웨스팅하우스가 설계한 써리(Surry) 원전을 분석했고, TMI 원전은 뱁콕스앤윌콕스(Babcock & Wilcox)가 설계한 원전이므로 두 원전 간의 설계 차이로 인해 WASH-1400에서 모델한 소형냉각재상실사고의 사고경위가 TMI 원전에서 발생한 사고경위와 정확히 똑같은 것은 아니었다. 그러나 소형냉각재상실사고가 노심 손상을 유발하는 가장 중요한 원인이라는 것을 밝힌 점에서 WASH-1400의 의미가 재조명되었다. TMI 원전사고를 계기로 RSS 연구 결과에 대해 부정적이던 NRC의 입장이 변경되었고, 이 이후 1988년에 NRC는 미국 내 모든 원전 사업자들에게 미국 내 모든 가동 원전의 PSA를 수행할 것을 요구하는 행정 명령인 GL-88-20을 발령했다[NRC, 1988]. 또한, NRC는 리스크 개념의 활용을 확산하기 위해 1975년도에 수행되었던 WASH-1400의 평가를 그동안의 기술 개발과 축적된 원전 운전 경험 자료를 이용해 개정하는 작업을 추진했다. 이에 따라 미국 내 5개 원전에 대한 PSA 결과를 포함한 NUREG-1150 보고서가 1990년에 발간되었다. NUREG-1150의 평가 결과는 WASH-1400 평가 결과와 전반적으로 비슷했지만, 원전의 리스크가 WASH-1400의 평가보다는 더 작은 것으로 나타났다[NRC, 1990].

또한, 당시 NRC는 '원전이 얼마나 안전하면 충분히 안전한 것인가? (How safe is safe enough?)'라는 질문에 대한 답을 찾고자 노력하고 있었다. 이는 정성적인 그리고 차후에는 정량적인 원전 안전목표에 대한 정책 성명으로 이어졌다. RSS에서 사용된 리스크 평가 방법은 이 질문에 대해 가장 명확한 답을 제시할 수 있는 방법이었다. 당시 NRC의 고민은 안전목표를 개발하면서 어떻게 PSA 방법을 활용할 것인가 하는 문제였다. NRC는 1986년도에 정성적인 안전목표[NRC, 1986]를 발표한 데 이어 정성적 안전목표에 대한 보조 안전목표(Surrogate)를 PSA 결과와 연계하는 정책을 공표했다[NRC, 2011]. NRC 안전목표는 한 개 신규 원전의 가동으로 인해 사회에 부가되는 추가적 리스크가 기존 리스크의 1,000분의 1 이하일 것을 요구하고 있다. 따라서 이 안전목표는 0.1% 규칙(0.1% Rule)이라고도 불린다. 안전목표 정책은 보조 안전목표를 정하면서 PSA 결과와 연계해 가동 원전은 노심손상발생빈도가 만년에 한 번 이하, 격납용기 파손에 따른 조기대량방출빈도는 10만 년에 한번 이하가 되어야 함을 규정되었다. 이 이후 NRC는 원자력 규제에 PSA를 가능한 한 최대로 사용할 것을 천명하는 'PRA 정책 성명'을 1995년에 발표를 했다[NRC, 1995]. 이 이후 미국의 원전 규제 체제는 리스크정보활용 규제 체제로 전환을 추진했다.

그러나 1975년에 WASH-1400 보고서가 출간되었고, TMI 원전사고가 1979년에 발생해 NRC가 PSA를 규제에 활용하기로 결정하고 난 후에도 NRC의 행정 명령인 GL-88-20이 나온 것은 1988년으로 약 1975년 이후 13년에 걸친 시간이 필요했다. 그리고 1995년의 PRA 정책 성명이 나오기까지도 다시 7년이라는 시간이 걸렸다. 이처럼 NRC가 PSA를 받아들이는 데 오랜 시간이 필요했던 것은 우선 NRC의 상위 관리자조차도 리스크 개념을 받아들이기 어려워 했기 때문이다. 또한, 당시 NRC의 실무진도 결정론적인 규제에 익숙한 상황으로 리스크 개념 및 관련 기술에 익숙하지 않아 리스크 개념을 실제 규제에 사용하기를 주저했다[W.Keller et al., 2005; A.C.Kadak et al., 2007]. NRC에서 리스크정보활용 규제가 정착하는 데 있어 가장 큰 장애물은 NRC 직원들이 리스크정보활용 규제가 기존 원전 안전 확보 원칙의 하나인 안전 여유도(Safety Margin)를 줄이는 방식이라고 생각한다는 것이었다. 또한, 리스크정보활용은 NRC의 문화를 바꿀 것을 요구하는 것으로 인식되었다. NRC 직원의 역할이 안전계통이 작동하는 데 문제가 있는지 서류상으로 확인하는 기존 역할에서 모든 계통과 기기의 고장의 고려해 '높은 수준의 안전 보장'을 확인하는 새로운 역할로 바뀐 것이다. NRC 직원은 과거에는 어떤 요건의 충족 여부를 확인하면 되던 역할이 좀 더 광범위하고 가

부를 판단하기 어려운 '높은 수준의 안전 보장'을 확인하는 역할로 바뀐 것을 받아들이는 데 어려움을 느꼈다[A.C.Kadak et al., 2007].

미국 원자력 사업자 또한 리스크정보활용 체제로 바꾸는 데 어려움을 느꼈다, 미국 산업체는 모든 가동 원전의 PSA를 수행하며 이를 위해 많은 재원을 사용했다. 또한, 산업체의 PSA 수행 결과 지진이나 화재에 의한 리스크가 원전의 안전에 상당히 중요하다는 것이 밝혀졌다. 이후 미국 산업체는 PSA 결과를 활용해 원전의 운영을 좀 더 효율적으로 하기를 원했고 이와 관련해 NRC와 협의를 했다. 그러나 산업체 역시 가장 큰 문제는 직원들이 리스크 관련 기술과 코드 등에 익숙하지 않다는 점이었다.

리스크정보활용규제 체제에 대해 미국의 반핵단체 중 하나인 USC (Union of Concerned Scientists)는 리스크정보활용이 어떤 안전 현안의 우선 순위를 결정하는 데는 유용한 수단일 수 있으나 이를 기존에 밝혀진 안전 문제를 제거하는 데 사용하면 안 된다는 입장이었다. 반면에 원전 주변의 주민들은 리스크정보활용규제와 기존 결정론적 규제와의 실제적인 차이점을 느끼지 못하고 있었고, NRC와 주민의 소통 부분에 있어서도 별 차이가 없다는 입장이였다[A.C.Kadak et al., 2007].

그나마 리스크 개념의 사용이 조금씩 활성화된 계기로 원자로정지불능과도사고 (Anticipated Transient Without Scram: ATWS)와 SBO와 같은 설계기준초과사건 (Beyond DBA: BDBA) 관련 규제를 들 수 있다. 1980년대 초에 NRC는 설계기준초과사건을 포함해 기존의 미해결 안전 현안을 해결하기 위해 확률 개념을 사용하기 시작했다. 당시 어떤 사건이 발생해 원전이 정지되어야 함에도 원전정지계통의 고장으로 원전이 정지되지 않는 ATWS 문제가 안전 현안으로 제기되고 있었다. ATWS는 설계기준사고 관점에서 보면 고려를 할 필요가 없는 사고이다. 설계기준사고에서는 안전계통 내 한 개의 기기만 고장이 난다고 보는 SFC가 기본 가정이었다. 그러나 ATWS는 여러 계통의 고장이 동시에 발생하는 다중고장을 고려해야만 하기 때문이다. 그러나 원전에 고장, 사고가 발생했을 때 원전이 정지되지 않으면 발생할 수 있는 문제가 매우 심각하므로 원자력 규제에서 이를 다룰 필요가 있었다. 당시 미국의 규제 기관은 이 문제의 해결을 위해 확률 개념을 사용했다. ATWS는 미해결 안전 현안의 해결을 위해 확률이 사용된 최초의 사례이다[W.Keller et al., 2005].

미국이 이와 같은 여러 어려움을 겪고도 결국 리스크정보활용규제 체제로의 전환에 성공한 것에는 몇 가지 이유가 있다. 우선 가장 중요한 이유로는 미국 원자력 규제 기관인 NRC 최고 책임자의 강력한 리더십을 들 수 있다. 1990년대 이후 이어가며 NRC를 책임진 4명의 NRC 최고 책임자는 지속적으로 리스크정보활용규제 체제로의 전환을 강력히 추진했다. 이에 따라 PRA 정책 성명, 정비규정(Maintenance Rule), 원자로감시절차와 리스크정보활용 비상냉각계통 규정 개정 등이 추진되었다[A.C.Kadak et al., 2007]. 우선 1995년도에 나온 PRA 정책 성명을 통해 리스크정보활용규제의 기본 방향이 제시되었다. 1990년대 초부터 시작된 정비규정은 리스크정보활용 체제의 정착과 관련해 NRC와 미국 원전 사업자 양쪽에게 모두 큰 영향을 미쳤다. 정비규정은 NRC와 미국 원전의 기술자들이 리스크 평가 관련 기술과 이를 이용한 의사결정에 익숙해지는 계기를 제공했다. 정비규정은 리스크 평가 결과를 인허가에 직접 사용하지 않으므로 NRC 직원의 입장에서는 부담감 없이 인허가에 적용할 수 있는 체제였다. 사업자 측면에서는 정비규정과 관련해 도입한 리스크 모니터(Risk Monitor)가 현장 정비 업무에 도움이 됨을 확인한 현장 직원들이 리스크정보활용 체제에 좀 더 긍정적인 태도를 보이게 하는 효과를 가져왔다. 결국, 정비규정을 통해 리스크 수준을 확인하는 성능 감시체제의 기반이 구축되었고, 원자로감시절차를 통해 RIPBR 체제가 완성되었다[W.Keller et al., 2005].[8] 아울러 PSA가 규제 의사결정에 적절한 수준의 기술적 적절성을 갖추도록 PSA 표준(PRA Standard) 제도가 도입돼 PSA의 품질을 높이는 데 큰 역할을 하였다[NRC, 2009; ASME/ANS, 2009].

　미국의 사례를 보면 리스크정보활용 체제로의 전환은 단순히 기술적인 문제만이 아니라 조직 문화의 변화를 요구하는 사안임을 알 수 있다. 따라서 NRC와 미국의 원전 사업자들은 리스크정보활용의 정착을 위해 직원의 교육에 많은 노력을 기울였다. 미국의 일부 원전 사업자는 원전의 성능지표를 직원의 평가와 급여에 연계시켜 리스크정보활용 체제의 정착을 촉진하고자 노력하기도 했다. 이와 같은 다양한 노력을 통해 미국은 RIPBR 체제의 정착에 성공했다고 할 수 있다. 그럼에도 불구하고 2019년 3월에 미국 워싱턴에서 NRC 주관으로 개

---

8) RIPBR에 대한 상세한 내용은 '제4부 원자력 리스크 관리 체제 및 리스크 소통'에 기술되어 있다.

최된 규제정보회의 기조연설에서 당시 NRC의 최고 책임자는 NRC는 더욱 리스크정보활용을 강화해야 한다고 천명을 했다. 또한, 기존 가동 원전의 인허가 부분만이 아니라 근래에 미국에서 SMR (Small Modular Reactor)의 개발이 현안이 되며 미국은 SMR의 설계와 인허가에 있어 리스크정보활용을 더욱 강화하려 노력하고 있다.

미국 산업체는 리스크정보활용 체제의 도입에 대한 규제 기관과 일반 국민이 수용성을 높이는 데 있어 가장 중요한 요소는 리스크정보활용 체제의 도입을 통한 원전의 안전성 향상에 집중하여야 한다는 점을 강조한다. 비록 리스크정보활용 체제의 도입을 통해 산업체의 경제적 이득이 있을 수 있지만, 실제 중요한 것은 경제적 이득에 집중하는 것이 아니라 안전성 향상에 집중하여야 한다는 것이다. 이는 미국과 유사한 리스크정보활용 체제의 도입을 추진하는 국가나 기관 입장에서는 반드시 고려해야 할 중요한 요소로 보인다[A.C.Kadak et al., 2007].

[참고 문헌]

A.Ahmed et al., 2020. Comparing the Evolution of Risk Culture in Radiation Oncology, Aviation, and Nuclear Power, Journal of Patient Safety: December 2020

A.C.Kadak et al., 2007. The nuclear industry's transition to risk-informed regulation and operation in the United States, Reliability Engineering and System Safety 92

AEC, 1950. Summary Report of Reactor Safeguard Committee, WASH-3

AEC, 1957. Theoretical Possibilities and Consequences of Major Accidents in Large Nuclear Power Plants, WASH-740

ASME/ANS, 2009. ASME/ANS RA-Sa-2009, Standard for Level 1/Large Early Release Frequency Probabilistic Risk Assessment for Nuclear Power Plant Applications," Addendum A to RA-S-2008, ASME, New York, NY, American Nuclear Society, La Grange Park, Illinois, February 2009.

C.Starr, 1969. Social Benefit versus Technological Risk, Science 165

C.Synolakis. et al., 2015. The Fukushima accident was preventable. Phil. Trans. R. Soc. A 373: 20140379. http://dx.doi.org/10.1098/rsta.2014.0379

F.R.Farmer, 1967. Siting criteria — A new approach (SM-89/34), Containment and Siting of Nuclear Power Plants, IAEA

IAEA, 1996. Defence in Depth in Nuclear Safety, INSAG-10

IAEA, 2002. Safety culture in nuclear installations, IAEA-TECDOC-1329

IAEA, 2009. Deterministic Safety Analysis for Nuclear Power Plants, No. SSG-2

IAEA, 2015. The Fukushima Daiichi Accident Report by the Director General

IAEA, 2016. Safety of Nuclear Power Plants: Design, Specific Safety Requirements No. SSR-2/1 (Rev. 1)

J.E.Yang, 2018. Multi-unit risk assessment of nuclear power plants - Current status and issues, Nuclear Engineering and Technology 50

J.M.Actor et al., 2012. Why Fukushima was preventable, The Carnegie Paper

M.Franovich, 2019. Advancing the Use of Risk-Informed Decision Making in Regulatory Activities, RIC 2019, Washington D.C.

N. Siu, 2015, Risk-Informed Security: Summary of Three Workshops, INMM/ANS Workshop on Safety-Security Risk-Informed Decision-Making

NASA, 2002. Probabilistic Risk Assessment Procedures Guide for NASA Managers and Practitioners

NEA, 2020. Use and Development of Probabilistic Safety Assessments at Nuclear Facilities,

NEA/CSNI/R(2019)10 September 2020

NEI, 2020. The Nexus between Safety and Operational Performance in the U.S. Nuclear Industry, NEI-20-04

NRC, 1975. Reactor Safety Study: An Assessment of Accident Risks in U.S. Commercial Nuclear Power Plants, NUREG-75/014 (WASH-1400)

NRC, 1978. Risk Assessment Review Group Report to the U.S. NRC

NRC, 1986. Safety Goals for the Operations of Nuclear Power Plants; Policy Statement; Republication, 51 FR 30028, August 21, 1986

NRC, 1988. Individual Plant Examination for Severe Accident Vulnerabilities - 10 CFR 50.54(f) (Generic Letter No. 88-20)

NRC, 1990. Severe Accident Risks: An Assessment for Five U.S. Nuclear Power Plants, NUREG-1150

NRC, 1991. Individual Plant Examination of External Events (IPEEE) for Severe Accident Vulnerabilities - 10CFR 50.54(f) (Generic Letter No. 88-20, Supplement 4)

NRC, 1995. Use of Probabilistic Risk Assessment Methods in Nuclear Regulatory Activities: Final Policy Statement

NRC, 2007, Update on The Improvements to The Risk-Informed Regulation Implementation Plan, SECO-07-0074

NRC, 2009. An Approach for Determining The Technical Adequacy of Probabilistic Risk Assessment Results For Risk-Informed Activities

NRC, 2011. An Approach for Using Probabilistic Risk Assessment in Risk-Informed Decisions on Plant-Specific Changes to the Current Licensing Basis," Regulatory Guide 1.174, Washington, DC, Rev. 2

NRC, 2016. WASH-1400 The Reactor Safety Study: The Introduction of Risk Assessment to the Regulation of Nuclear Reactors, NUREG/KM-0010

W.Keller et al., 2005. A historical overview of probabilistic risk assessment development and its use in the nuclear power industry: a tribute to the late Professor Norman Carl Rasmussen, Reliability Engineering and System Safety 89 (2005) 271-285

WHO, 2022. Home/Newsroom/Fact sheets/Detail/Malaria, https://www.who.int/news-room/fact-sheets/detail/malaria

백원필 외, 2021 후쿠시마 원전사고의 논란과 진실, 동아시아

원자력안전위원회, 2017. 사고관리 범위 및 사고관리능력 평가의 세부기준에 관한 고시

原子力規制廳, 2019. 原子力規制檢査等實施要領, 令和元年12月, 2019

제2부

리스크 평가 방법 개요

제2부 | 리스크 평가 방법 개요

제1장 리스크 평가를 위한 확률 개요

1.1 리스크 평가를 위한 확률 기본 개념

제1부에서 리스크 개념은 '어떤 요인에 의해 미래에 발생할 잠재적 손실'을 의미하며 다음 식에 의해 정량적으로 정의된다고 기술한 바 있다.

리스크 = 어떤 사고의 발생 가능성(확률) x 해당 사고의 영향(피해, 손실)

이에 대해 좀 더 상세히 설명한다면, 리스크 평가란 기본적으로 다음의 3가지 질문에 대한 답을 찾는 과정이라고 할 수 있다[ASME, 2013]:

(1) 무엇이 잘못될 수 있는가? (What can go wrong?)

(2) 그렇게 될 가능성은 얼마인가? (How likely is it?)

(3) 문제가 발생하면 어떤 결과(Consequence)가 발생하나? (What are the consequence if it occurs?)

따라서 어떤 설비의 리스크를 평가하기 위해서는 어떤 사건의 발생과 진행에 대한 예측이 필요하다. 이와 같이 사건을 예측하는 방법은 크게 결정론적인 방법(Deterministic Approach)과 확률론적 방법(Probabilistic Approach)으로 구분할 수 있다. 결정론적인 방법은 미분방정식과 같은 수식을 풀어 미지수의 값을 구하는 방식이라고 할 수 있다. 주어진 미분방정식의 초기조건과 경계조건이 결정되면 미지수의 해답은 항상 일정하게 나온다. 반면에 확률론적인 방법은 항상 일정한 답을 구하기 어려운 상황에 사용하며, 확률 개념에 근거한 예측을 한다.

확률에 대해서는 다양한 정의가 존재하며 수학적으로 엄밀한 확률의 정의에 따라 확률을 다루기는 쉽지 않다. 그러나 원자력 리스크를 평가하는 데에서는 기본적으로 빈도주의적 확률(Frequencist Probability)과 주관적 확률(Subjective Probability)의 두 가지 개념이 사용된다[N.J. McCormick, 1981, D. Lurie et al., 2011].

빈도주의적 확률은 동전 던지기와 같이 우리가 일반적으로 알고 있는 확률의 정의에 따른다. 빈도주의적 확률은 일련의 무작위 실험에서 얻어진 결과의 상대 빈도로 정의된다. 즉, 우리가 관심이 있는 어떤 사건 x의 발생 확률은 x 사건이 발생한 횟수인 n을 전체 발생 가능한 사건의 수 N으로 나누어 주면 된다. 여기에는 발생 가능한 모든 사건의 발생 확률은 모두 같다는 기본 가정이 전제된다. 따라서 빈도주의적 확률은 다음과 같이 정의된다:

$$p(x) = \frac{n}{N}$$

예를 들어 동전을 N 번 던졌을 때 동전의 앞면이 n번 나왔다면 그 동전의 앞면이 나올 확률은 n/N이 되는 것이다. 단, 여기에는 동전의 앞면과 뒷면이 나올 확률은 같다는 가정이 전제되어 있다. 빈도주의적 확률 관점에서 확률은 무작위성(Randomness)을 기반으로 하고 있다. 동전을 N 번 던지면 앞면과 뒷면이 무작위 순서로 나온다. 동전 던지기에서 앞면(혹은 뒷면)이 나올 확률은 실험 결과의 상대적 빈도로 구해지는 척도이다.

이에 반해 주관적 확률은 베이지안 확률이라고도 불린다. 베이지안 확률은 어떤 사건에 대해 분석자가 가지고 있는 '믿음의 정도(Degree of Belief)'를 의미한다. 어떤 사건에 대한 베이지안 확률은 현재의 지식 상태(State of Art Technology)에 기반을 두어 추정된 해당 사건의 발생 가능성에 대한 합리적인 기대치로 해석할 수 있다. 베이지안 확률은 18세기 영국의 수학자인 토마스 베이스(Thomas Bayes)로부터 시작되었다. 우리는 어떤 사건 혹은 가설에 대해 현재의 우리 지식에 근거해 확률을 추정한다. 베이지안 확률에서는 이를 사전 확률(Prior Probability)이라고 부른다. 만약 우리가 이 사건·가설에 대한 새로운 증거 혹은 지식을 얻는 경우, 베이지안 확률에서는 새로운 증거 혹은 지식을 이용해 어떤 사건 혹은 가설에 사전 확률을 개정(Update)함으로써 어떤 사건 혹은 가설에 대한 사후 확률(Posterior Probability)을 도출한다.

베이지안 확률은 불확실한 매개변수의 값에 대한 믿음의 정도 혹은 지식 상태의 척도이다. 앞에서 이미 기술하였지만, 베이지안 확률의 특징은 특정 사건만이 아니라 어떤 가설(명제)에 대해서도 확률을 구할 수 있다는 점이다. 예를 들어 외계인이 있을 확률을 생각해 보자. 빈도주의적 관점에서 보면 외계인이 있을 확률은 0이다. 왜냐하면, 실질적으로 외계인의 존재가 증명된 적이 없기 때문이다. 그러나 많은 사람이 외계인이 있을 확률은 0이 아니라고 생각한다. 이는 예를 들면 우리가 우주에 대해 가진 지식에 근거한 것이다. 즉, 광대한 우주의 크기와 무수한 별의 개수를 생각해 볼 때 이 우주에서 지적인 존재가 인류만이라고 생각하는 것은 합리적 추정이 아니라고 생각하기 때문이다.

어떤 사건은 빈도주의적 관점과 베이지안 관점이라는 두 가지 관점이 모두 적용될 수도 있다. 예를 들어 어떤 동전을 던지기 전에 우리는 일반적으로 앞면이 나올 확률을 0.5로 생각한다. 그러나 실제 동전을 던지는 시험을 1,000번 반복하니 앞면이 100번 밖에 나오지 않았다면, 우리는 해당 동전의 앞면이 나올 확률이 0.5보다 작다고 추정하는 것이 타당할 것이다. 빈도주의적 관점에서는 이 시험 결과에 따라 전의 앞면이 나올 확률이 0.1 (= 100/1,000)이라고 추정할 수 있다. 반면에 베이지안 관점에서는 앞면이 나올 확률(0.5)은 동전 던지기에 대한 우리의 일반적인 지식에 따른 동전 앞면이 나올 사건에 대한 사전 확률이라고 할 수 있다. 그러나 새로운 증거(1,000번 동전 던지기 중 앞면이 100번 나온 실험 결과)가 나오면 이에 따라 동전의 앞면이 나올 확률을 0.5보다 낮은 값으로 추정을 할 것이다. 이 새로운 추정 값이 동전 앞면이 나올 사건에 대한 사후 확률이다[9].

원자력 리스크 평가에서는 기기의 고장 확률 추정 등과 같은 기기 고장률 평가 등에 빈도주의적 확률을 사용한다. 예를 들어 어떤 대기 중 펌프(Standby Pump)의 기동 실패(Fail to Start) 확률이 1.0E-2이라면 이는 대기 중 펌프가 100번 기동될 때 평균 1번의 기동 실패가 발생한다는 것을 의미한다. 반면에 기기 고장률의 불확실성 처리 등에는 베이지안 확률을 사용한다. 즉, 원자력 리스크 평가에서는 평가의 목적, 자료의 가용성 등에 따라 빈도주의적 확

---

9) 베이지안 추론에 대한 상세 내용은 '제2부 4장 4.1.5 베이지안 추론' 부분에 나와 있다.

률을 사용하는 경우도 있고, 베이지안 확률을 사용하는 경우도 있다.

따라서 우리의 목적과 주어진 여건에 따라 두 가지 확률 중 적절한 확률을 선택해 사용해야 한다. 비록 빈도주의적 확률과 베이지안 확률의 정의는 다르지만 두 가지 확률이 모두 동일한 확률 법칙을 따라야만 한다.

그러나 실제 원자력 리스크 평가에서는 앞서 이야기한 빈도주의적 확률의 엄밀한 수학적 정의를 따르기가 쉽지 않다. 예를 들어 모든 원전은 소외전원상실(Loss of Off-site Power: LOOP)에 대비해 비상디젤발전기(Emergency Diesel Generator: EDG)를 갖추고 있다. 원전 리스크 평가에 있어 EDG와 관련된 가장 중요한 확률변수는 EDG가 기동해야 할 때 기동에 실패할 확률이라고 할 수 있다. 이 확률값을 빈도주의적 확률 관점에서 엄밀히 구하기 위해서는 설계 사양(규격)이 동일한 EDG가 동일한 운전 조건에서 기동할 때의 성공·실패 자료로부터 EDG의 기동 실패 확률을 구해야 한다. 그러나 우리는 보통 원전에서 발생한 모든 EDG 기동 실패 자료를 모아 이 값을 평가한다. 즉, 원자력 리스크 평가에서는 자료 수집 대상인 여러 원전의 EDG의 규격과 기동 조건이 같다고 가정을 하고 EDG의 기동 실패 확률을 구해 사용하고 있다. 실제로는 EDG의 규격 및 기동 조건은 원전별로 혹은 EDG 별로 다를 것이므로 이와 같은 방식은 발생 가능한 모든 사건의 발생 확률은 동일하다는 확률의 기본 가정을 어기는 것이라고 할 수 있다. 그럼에도 불구하고 현재와 같은 접근 방식을 쓰는 것은 EDG 기동 실패와 관련된 자료가 특정 EDG 기동 실패 확률을 구하기에는 통계적으로 유의한 수준에 이를 만큼 충분하지 않기 때문이다.

즉, 원자력 리스크 평가에서 사용되는 확률은 정확한 수학적 정의를 따르기보다는 공학적 관점에서 우리에게 주어진 문제를 풀기 위해 주어진 제한된 자료, 정보를 활용해 확률을 평가하는 베이지안 확률이라고 볼 수 있다. 그러나 베이지안 확률도 기본적인 확률 법칙을 따라야만 하므로 다음 절부터 원자력 리스크 평가에 필요한 기본적인 확률 개념에 대해 간략히 기술했다[D. Lurie et al., 2011].

1.1.1 확률 사건의 합, 곱, 보 및 배반 사건

확률을 체계적으로 다루기 위해서 확률 평가의 대상이 되는 사건의 관계를 집합 개념을 사용해 표시한다. 이때 [그림 2-1]과 같이 벤 다이어그램(Venn diagram)을 사용하면 직관적인 이해가 쉽다. 벤 다이어그램은 서로 다른 집합들 사이의 관계를 표현하는 그림이다. 일반적으로 벤 다이어그램에서 외부의 사각형은 표본 공간(S)의 전체 집합을, 내부의 원들은 부분집합을 의미한다. 확률의 평가 대상이 되는 어떤 사건들은 [그림 2-1]에 나와 있듯이 다른 사건의 합집합, 교집합, 보집합(여집합) 혹은 이들의 조합을 통해 구성된다. [그림 2-1]에 나와 있는 각 사건의 의미는 다음과 같다.

(1) 합집합(Union)

표본 공간 S 안의 두 사건 A와 B의 합사건은 A∪B로 표시되며, A 사건이 발생하거나, B 사건이 발생하거나 혹은 A와 B 두 사건이 모두 발생하는 사건의 집합이다.

(2) 교집합(Intersection)

표본 공간 S 안의 두 사건 A와 B의 곱사건은 A∩B로 표시되며, A와 B 두 사건이 모두 발생하는 사건의 집합이다.

(3) 보집합(Complement)

표본 공간 S 안의 어떤 사건 A의 보집합 혹은 여집합은 은 A^c 혹은 A' 로 표시되며, 표본 공간 S 중 A 사건을 제외한 다른 모든 사건을 포함하는 집합이다.

(4) 상호 배타(Mutually Exclusive)

표본 공간 S 안의 두 사건 A 와 B가 동시에 발생할 수 없다면 두 사건 A와 B는 서로 상호 배타 관계이다.

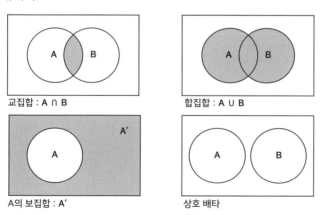

[그림 2-1] 확률 사건의 조합 개념

위와 같이 사건들이 정의될 때 확률모델은 표본 공간 S와 연계된 확률함수인 P(S)와 S안의 사건 E와 연계된 확률함수인 P(E)로 구성된다. P(E)는 표본 공간 S 내에 다양한 부분집합 E에 대해 확률이 어떻게 분포되어 있는지를 결정하는 함수이다. 확률모델은 다음의 3가지 확률 공리(Axiom)를 따른다.

(공리 1) 표본 공간 S 안의 모든 사건 E에 대해 0 ≤ P(E) ≤ 1이다.

(공리 2) 표본 공간 S 안의 상호 배타 사건 $\{E_1, E_2 \cdots\}$의 모든 조합에 대해 다음과 같이 정의된다. $P(E_1 \cup E_2 \cup \cdots) = P(E_1) + P(E_2) + \cdots$

(공리 3) 표본 공간 S에 대한 P(S) = 1이다.

일반적으로 현실에서 발생하는 사건은 [그림 2-1]의 예와 같이 단순히 2개 사건으로 구성되는 것이 아니라 수많은 사건의 조합으로 구성이 될 수 있다. 특히 원자력 리스크 평가에서는 원전에 문제를 유발하는 원인이 되는 사건의 조합이 수만 개에서 수백만 개가 되는 경우도 있다. 이와 같은 확률 사건의 연산은 불대수(Boolean Algebra)라고 불리는 체계를 따르며 불대수의 기본적인 법칙이 〈표 2-1〉에 나와 있다. 이들 법칙은 원자력 리스크 평가에서 사고 원인의 조합을 정리하는 데 필수적인 법칙이다.

〈표 2-1〉 불대수 법칙

Complement laws	$A \cup A^c = S$ $(A^c)^c = A$ $A \cap A^c = \varnothing$
Commutative laws	$A \cup B = B \cup A$ $A \cap B = B \cap A$
DeMorgan's laws	$(A \cup B)^c = A^c \cap B^c$ $(A \cap B)^c = A^c \cup B^c$
Associative laws	$(A \cup B) \cup C = A \cup (B \cup C)$ $(A \cap B) \cap C = A \cap (B \cap C)$
Distributive laws	$A \cup (B \cap C) = (A \cup B) \cap (A \cup C)$ $A \cap (B \cup C) = (A \cap B) \cup (A \cap C)$
Null set properties	$A \cup \varnothing = A$ $A \cap \varnothing = \varnothing$
Idempotent laws	$A \cup A = A$ $A \cap A = A$
Absorption laws	$A \cap (A \cap B) = A \cap B$ $A \cup (A \cap B) = A$
Universal set properties	$A \cup S = S$ $A \cap S = A$ $A \cup A^c = S$

1.1.2 독립사건과 종속사건

두 사건 A와 B 중 한 사건의 결과가 다른 사건에 영향을 주지 않을 때 A와 B를 독립사건이라고 하며, 한 사건의 결과가 다른 사건에 영향을 줄 때는 A와 B를 종속사건이라고 한다. 두 사건 A와 B의 곱사건(A∩B)의 확률 P(A∩B)는 사건 A와 B가 독립인가 종속인가에 따라 달라진다. 일반적으로 P(A∩B)는 다음과 같이 주어진다.

$$P(A \cap B) = P(A)P(B|A) = P(B)P(A|B)$$

여기서, $P(A/B)$ 혹은 $P(B/A)$는 아래 1.1.3에서 설명할 조건부 확률이다.

그러나 만약 사건 A와 B가 독립사건이라면 P(A∩B)는 다음과 같이 주어진다.

$$P(A \cap B) = P(A) \cdot P(B)^{10)}$$

반면에 두 사건 A와 B의 합사건(A∪B)의 확률 P(A∪B)는 다음과 같이 주어진다.

$$P(A \cup B) = P(A) + P(B) - P(A \cap B)$$

만약 사건 A와 B가 독립사건이라면 P(A∪B)는 다음과 같이 주어진다.

$$P(A \cup B) = P(A) + P(B) - P(A) \cdot P(B)$$

원자력 리스크 평가에서는 $P(A \cup B)$와 같은 계산을 해야 하는 경우가 많다. 이 경우 $P(A)$와 $P(B)$의 값이 크지 않다면 $P(A) \cdot P(B)$의 값이 매우 작을 것이므로 희귀 사건 근사(Rare Event Approximation: REA)를 사용해 다음과 같이 $P(A \cup B)$를 계산할 수 있다.

$$P(A \cup B) \sim P(A) + P(B)$$

[예제 1-1]

사건 A와 B가 독립사건이고, $P(A)$, $P(B)$ = 0.01이라고 하면 $P(A \cup B)$의 정확한 값과 희귀 사건 가정에 따른 근삿값을 구하라

[답]

$P(A \cup B)$의 정확한 값은 다음과 같이 구해진다.

---

10) 이 책에서는 간편한 표기를 위해 불대수의 논리합을 +로, 논리곱을 · 혹은 *로 표시한다(*는 다음 예제와 같이 생략되기도 한다: A*B = AB).

$P(A \cup B) = P(A) + P(B) - P(A \cap B) = P(A) + P(B) - P(A) \cdot P(B)$

$= 0.01 + 0.01 - 0.0001 = 0.0199$

희귀 사건 가정에서는 $P(A \cap B) = 0$이라고 간주하므로 이에 따른 $P(A \cup B)$의 근삿값은 다음과 같이 구해진다.

$P(A \cup B) \sim P(A) + P(B) = 0.01 + 0.01 = 0.02$

따라서 이 예제에서 정확한 값과 희귀 사건 가정을 사용한 근삿값의 오차는 0.5%로 크지 않음을 알 수 있다.

그러나 지진에 의한 원전의 리스크를 평가할 때 등과 같이 $P(A)$나 $P(B)$와 같은 사건의 확률값이 작지 않은 경우도 많고 이런 경우는 때 희귀 사건 가정을 쓰면 결괏값의 오차가 크게 발생하게 된다. 따라서 실제 원자력 리스크 평가에서 $P(A \cup B)$를 정확히 또한 효과적으로 평가하기 위해 Inclusion-Exclusion Principle 등 여러 가지 방법이 사용된다. 이들 방법에 대해서는 '3.3.2 정점사건 확률 도출 방법' 부분에 자세히 설명되어 있다.

1.1.3 조건부 확률

어떤 사건 E는 다른 사건의 발생 여부에 영향을 받을 수 있다. 이런 경우 E의 발생 확률은 조건부 확률(Conditional Probability)을 통해서 얻을 수 있다. 조건부 확률을 구하기 위해서는 주변확률(Marginal Probability)과 결합확률(Joint Probability)이 필요하다.

어떤 사건의 주변확률은 다른 사건이 일어나는 것과 상관없이 해당 사건이 발생할 확률이다. 그리고 두 개 혹은 그 이상의 사건이 동시에 발생하는 경우를 결합사건(Joint Event)이라고 부르며, 결합사건의 발생 확률을 결합확률이라고 부른다. 〈표 2-2〉에 에 두 개의 주사위를 던지는 경우의 주변확률과 결합확률이 표시되어 있다. 예를 들어 주사위 #1에서 1이 나올 주변확률은 주사위 #2에서 무슨 수가 나오든 이와 무관하게 1/6이다. 반면에 주사위 #1에서 1이 나오고, 주사위 #2에서도 1이 나올 결합확률은 1/36이다. 〈표 2-2〉에서 1/36으로 표시된 칸은 (1,1), (1,2) 등 각 결합사건의 결합확률이다.

<表 2-2> 두 개의 주사위를 던지는 경우의 주변확률과 결합확률

주사위 #1	주사위 #2						주변 확률
	1	2	3	4	5	6	
1	1/36	1/36	1/36	1/36	1/36	1/36	1/6
2	1/36	1/36	1/36	1/36	1/36	1/36	1/6
3	1/36	1/36	1/36	1/36	1/36	1/36	1/6
4	1/36	1/36	1/36	1/36	1/36	1/36	1/6
5	1/36	1/36	1/36	1/36	1/36	1/36	1/6
6	1/36	1/36	1/36	1/36	1/36	1/36	1/6
주변 확률	1/6	1/6	1/6	1/6	1/6	1/6	1

어떤 사건 E_1이 발생하였을 때 사건 E_2의 조건부 확률은 $P(E_2|E_1)$으로 표시되며 두 사건의 결합확률을 주어진 사건의 주변확률로 나누어 구한다. 즉, $P(E_2|E_1)$는 다음 식으로 표현된다.

$$p(E_2|E_1) = \frac{p(E_2 \cap E_1)}{p(E_1)}, \text{단}\, p(E_1) > 0,$$

예를 들어 E_1이 주사기 #1에서 1이 나올 사건이고, E_2가 주사기 #2에서 1이 나올 사건이라고 하면 $P(E_2|E_1)$은 다음과 같이 계산된다.

$$p(E_2|E_1) = \frac{p(E_2 \cap E_1)}{p(E_1)} = \frac{(1/36)}{(1/6)} = \frac{1}{6}$$

만약 $P(E_1)$가 0이면, $P(E_2|E_1)$는 정의되지 않는다. E_1과 E_2의 위치를 바꾸면 조건부 확률은 다음의 두 가지 방식으로 표현할 수 있다.

$$p(E_1 \cap E_2) = p(E_1|E_2)p(E_2) = p(E_2|E_1)p(E_1)$$

위의 주사위 예제에서는 $P(E_2|E_1)$와 $P(E_1|E_2)$의 값이 1/6로 동일하다. 그러나 일반적으로 $P(E_2|E_1)$는 $P(E_1|E_2)$ 매우 다른 값을 가질 수 있음에 유의해야 한다. 예를 들어 사건 E_1을 어떤 사람이 남성인 사건, E_2를 어떤 사람이 군대의 장군인 사건이라고 하자. 이 경우 장군인데 남성일 확률, 즉 $P(E_1|E_2)$는 큰 값을 가질 것이다. 반면에 남성인데 장군인 확률, 즉 $P(E_2|E_1)$는 훨씬 작은 값을 가질 것이다. 이는 군대의 장군은 남성이 여성보다 훨씬 많지만, 남성 중

장군의 수는 아주 작기 때문이다. 따라서 조건부 확률을 다룰 때는 이와 같은 차이를 잘 고려하여야 한다.

[예제 1-2]

새로 나온 휴대전화를 구매한 100명의 사람이 있다고 하자. 이 중 40명은 휴대전화 케이스도 같이 샀으며, 30명은 화면 보호필름을 샀다. 또한, 20명은 휴대전화 케이스와 화면 보호필름을 동시에 샀다. 만약 100명 중 임의로 한 명의 구매자를 선정하였는데, 그 구매자가 휴대전화 케이스를 구매한 사람이 경우, 그 사람이 화면 보호필름도 구매했을 확률은 얼마일까?

[답]

이 문제의 답은 조건부 확률 공식을 이용해 구할 수 있다. 먼저 휴대전화 케이스를 산 사건을 A, 화면 보호필름을 산 사건을 B라고 하자. 그러면 P(A) = 40/100 = 0.4이고, P(A∩B) = 20/100 = 0.2가 된다. 이 경우 선정된 구매자가 휴대전화 케이스를 구매하였는데, 동시에 화면 보호필름도 구매했을 확률은 P(B|A)의 조건부 확률이며 아래와 같이 조건부 확률 공식에 따라 0.5가 된다.

$$P(B|A) = \frac{P(A \cap B)}{P(A)} = \frac{0.2}{0.4} = 0.5$$

조건부 확률은 특히 앞서 기술한 베이지안 확률과 밀접히 연계되어 있다. 표본 공간 S가 {A_1, A_2···. A_n} 이라는 상태로 이루어졌다고 할 때 만약 사건 B가 있고 그 사건의 확률이 0보다 크다면 그 조건부 확률은 아래와 같은 공식으로 구할 수 있으며, 이 공식은 '베이스 공식'이라고 불린다.

$$p(A_i|B) = \frac{p(B|A_i)p(A_i)}{p(B)}, \quad p(B) = \sum_{j=1}^{n} p(B|A_j)p(A_j)$$

베이스 공식에 있어 {A_1, A_2⋯. A_n}은 어떤 상태 혹은 가설의 가능한 모든 상태를 나타내며, B는 관측으로부터 혹은 실험으로부터 얻어진 자료를 의미한다. 이 공식에서 $P(A_i)$는 사건 B에 대해 알려지기 전인 상황에서 사건 A_i의 확률로 사전 확률이라고 불린다. 조건부 확률 $P(B|A_i)$는 만약 사건 A_i가 발생했다고 할 때 사건 B가 관측될 확률을 의미한다. 조건부 확률 $P(A_i|B)$는 사건 B에 대한 정보가 주어진 이후 상황에서 사건 A_i의 확률로서 사후 확률이라고 불린다.

원자력 리스크 평가에 있어 베이스 공식은 매우 중요하다. 따라서 베이스 공식을 활용하는 방법에 대해서는 '4.1.5 베이지안 추론' 부분에 별도로 상세히 기술했다.

1.1.4 확률 변수

우리는 확률을 구하기 위해 실험을 하는 경우가 있다. 이때 실험의 결과는 정성적일 수도, 정량적일 수도 있다. 예를 들어 주사위를 던지는 실험의 결과는 1~6 사이의 숫자로 나오는 정량적 결과를 주지만, 어떤 기기를 기동 시험하는 경우 시험의 결과는 성공과 실패로 정의되는 정성적 결과를 준다. 그러나 통계는 정량적인 자료를 다루는 분야이므로 만약 어떤 실험의 결과가 정성적이라면 그 결과에 숫자 값을 배당(Assign)해야 한다. 예를 들어 [그림 2-2]에 나온 바와 같이 동전을 던지는 실험이라면 앞면이 나온 결과에는 +1을, 뒷면이 나온 결과에는 -1을 배당하는 과정이 필요하며 이와 같은 기능을 하는 함수를 확률변수(Random Variables)라 부른다.

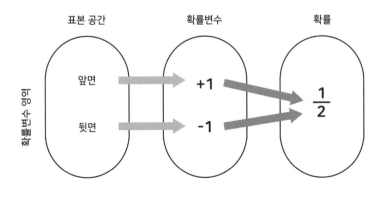

[그림 2-2] 확률변수의 배정

이와 같은 확률변수는 이산(Discrete) 확률변수와 연속(Continuous) 확률변수로 구분한다. 일반적으로 이산확률변수는 셀 수 있는 제한된 수의 실험 결과를 가지고, 연속확률변수는 -∞부터 +∞사이의 연속된 값을 가진다. 이산확률변수의 예로는 주사위를 던지는 실험의 결과를 들 수 있으며, 연속확률변수의 예로서는 어떤 반 학생들의 신장에 대한 측정치 등을 들 수 있다.

가. 이산확률변수

이산확률변수 X에 대해 '확률 질량 함수(Probability Mass Function: PMF)'는 X가 가질 수 있는 어떤 특정 값 x의 확률을 제공한다. 이 확률은 P(X = x), P(x), 혹은 f(x) 등으로 표시되며, 확률의 정의에 따라 다음 조건을 만족해야 한다.

$$P(x) \geq 0$$
$$\sum P(x) = 1$$

누적 분포 함수(Cumulative Distribution Function: CDF)는 F(x)로 표시되고 확률변수가 특정 값 x보다 작거나 같은 값을 취할 확률로 정의된다. 이산확률변수 X의 경우 F(x)는 X가 x보다 작은 모든 값에 대한 확률의 합으로 아래와 같이 표현된다.

$$F(x) = p(X \leq x) = \sum_{X \leq x} P(x)$$

[예제 1-3]
두 개의 주사위를 던졌을 때 그 합이 6일 확률 질량 함수와 누적분포함수 F(6)를 구하라.
[답]
두 개의 주사위를 던졌을 때 그 합이 6인 경우는 (1,5), (2,4), (3,3), (4,2), (5,1)의 5가지 경우가 있으므로 x가 6일 확률 질량 함수는 5/36(~ 0.139)이 된다. 반면에 누적분포함수 F(6)는 두 개의 주사위를 던졌을 때 그 합이 6보다 작거나 같은 모든 경우의 확률을 합해 구해지므로 15/36로 주어진다. 이와 같은 방법으로 구한 두 개의 주사위를 던질 때 모든 경우의 확률 질량 함수와 누적분포함수가 각기 [그림 2-3]과 [그림 2-4]에 나와 있다.

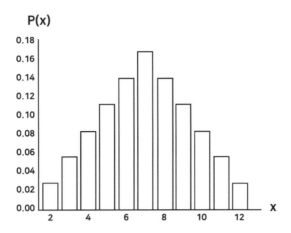

[그림 2-3] 두 개의 주사위를 던질 때의 확률 질량 함수

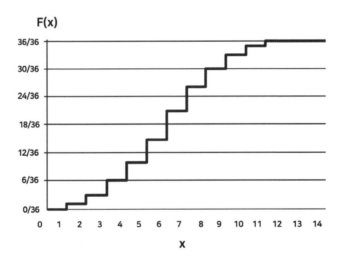

[그림 2-4] 두 개의 주사위를 던질 때의 누적 분포 함수

원자력 리스크 평가 분야에서 중요한 분포 함수로 '상보 누적 함수(Complementary Cumulative Distribution Function: CCDF)'가 있다. 상보 누적 함수는 1에서 누적분포함수를 빼는 것으로 다음과 같이 정의된다.

$$CCDF(x) = 1 - F(x)$$

[그림 2-4]에 나와 있는 누적분포함수의 상보 누적 함수가 [그림 2-5]에 나와 있다. [그림 2-5]에서 두 주사위의 합이 6인 경우, 상보 누적 함수(6)의 값은 21/36로 두 주사위의 합이

6보다 큰 모든 경우의 확률을 합한 값이다. 원자력 리스크 평가 분야에서 상보 누적 함수가 중요한 이유는 원자력 리스크 평가 결과가 상보 누적 함수로 표현되기 때문이다. 예를 들어 WASH-1400 보고서의 결과로 [그림 1-3]에 나와 있는 빈도·결말 곡선도 상보 누적 함수이다. [그림 1-3]에서 1,000명의 사망자 수에 상응하는 연간빈도 1.0E-6은 사망자가 딱 1,000명인 사고의 연간 사고 발생빈도가 아니라 사망자 수가 1,000명보다 큰 모든 사고의 연간 발생빈도를 의미한다.

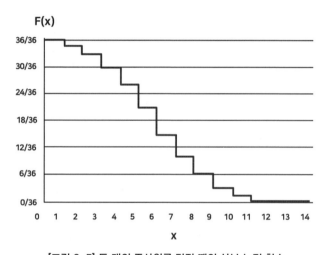

[그림 2-5] 두 개의 주사위를 던질 때의 상보 누적 함수

나. 연속확률변수

연속확률변수의 경우는 이산확률변수에서 사용한 확률 질량 함수 대신 확률 밀도 함수(Probability Density Function: PDF)를 사용한다. 이산확률변수는 분석 대상의 특정 값만을 취할 수 있지만, 연속확률변수 X는 분석 대상의 모든 값을 취할 수 있다. 확률 밀도 함수, f(x)는 다음 속성을 갖는 음이 아닌 적분 가능 함수로 정의된다.

$$f(x) \geq 0,$$

$$\int_{-\infty}^{+\infty} f(x)dx = 1$$

임의의 연속확률변수 X에 속하는 두 점 a와 b (a < b)에 대한 확률 밀도는 다음의 속성을 갖는다.

$$\int_b^a f(x)dx = p(a \le x \le b)$$

여기서 한가지 유의할 점은 PDF는 특정 값에 대해서가 아니라 구간에 대해서만 구할 수 있다는 점이다. 예를 들어 위의 식에서 a=b라면 그 값은 0이 되기 때문이다.

연속확률변수도 누적 분포 함수 F(x)를 갖는다. F(x)는 연속확률변수가 값 x보다 작거나 같은 값을 취할 확률로 정의되며, 다음 식과 같이 표현된다.

$$F(x) = p(X \le x) = \int_{-\infty}^x f(x)dx$$

1.1.5 기댓값과 분산

확률변수 X의 속성을 연구할 때 사용하는 주요 특성의 하나는 E[X]로 표시되는 X의 기댓값이다. X가 이산형이면 X의 기댓값은 X가 취한 값의 가중 평균이며 가중치는 확률과 같다. 즉, X가 이산형이면 X의 기댓값은 다음과 같이 계산된다.

$$E[X] = \sum_i x_i P(X=x_i) = \sum_i x_i f(x_i)$$

확률변수 X의 또 다른 주요 특성은 V[X]로 표시되는 분산이다. X의 분산은 확률변수 X와 X의 평균값인 μ 간 차이의 제곱에 대한 기댓값으로 다음과 같이 정의된다.

$$V[X] = E[(X-\mu)^2]$$

X가 이산확률변수이면 분산은 다음과 같이 계산된다.

$$V[X] = E[(X-\mu)^2] = \sum_i (x_i - \mu)^2 P(X=x_i) = \sum_i (x_i - \mu)^2 f(x_i)$$

분산은 일반적으로 σ^2 로 표시된다. 이산확률변수 X의 표준 편차는 분산의 양의 제곱근으로 정의되며 일반적으로 다음과 같이 σ로 표시된다.

$$\sigma = \sqrt{V(X)}$$

기댓값과 분산의 의미가 [예제 1-4]에 나와 있다.

[예제 1-4]

6개의 면을 갖는 공정한 표준 주사위의 기댓값과 분산을 구하라.

[답]

무작위 변수의 기댓값(E)은 분포의 중심을 측정한 값이다. 공정한 6면 주사위의 경우 6개의 결과(1, 2, 3, 4, 5, 6)는 각각 동일한 확률을 가지므로 각 결과의 확률은 1/6이다. 기댓값(E)은 가능한 각 결과의 합에 해당 확률을 곱한 값으로 계산됩니다

$$E = \sum_{i=1}^{6} P(X_i) \cdot X_i$$

여기서 각 항의 의미는 다음과 같다.

E: 기댓값,

$P(X_i)$: 결과의 확률.

X_i: 결괏값

따라서 공정한 6면 주사위의 아래와 같이 구해진다.

$$E = \frac{1}{6} \cdot 1 + \frac{1}{6} \cdot 2 + \frac{1}{6} \cdot 3 + \frac{1}{6} \cdot 4 + \frac{1}{6} \cdot 5 + \frac{1}{6} \cdot 6 = \frac{21}{6} = 3.5$$

즉, 주사위 굴릴 때 나오는 값들의 평균값은 장기적으로는 3.5가 될 것으로 기대할 수 있다. 무작위 변수의 분산(V)은 분포의 값이 평균과 얼마나 다른지를 측정하는 척도이다. 이산형 확률변수의 경우 분산은 다음과 같이 주어진다.

$$V = \sum_{i=1}^{6} P(X_i) \cdot (X_i - E)^2$$

그러므로 공정한 6면 주사위의 경우:

$$V = \frac{1}{6} \cdot (1-3.5)^2 + \frac{1}{6} \cdot (2-3.5)^2 + \frac{1}{6} \cdot (3-3.5)^2$$
$$+ \frac{1}{6} \cdot (4-3.5)^2 + \frac{1}{6} \cdot (5-3.5)^2 + \frac{1}{6} \cdot (6-3.5)^2 = \frac{1}{6} \cdot 14.25 = 2.25$$

따라서 공정한 6면 주사위의 분산은 2.25이며 표준 편차는 분산의 제곱근이므로, 이 경우 $\sqrt{2.25}$ = 1.5이다. 즉, 공정한 6면 주사위를 여러번 던지는 실험의 결과 나오는 분포는 평균 3.5, 표준 편차 1.5를 가질 것으로 예상할 수 있다.

기댓값과 분산은 확률분포의 특성에 따라 변한다. 이에 대해서는 다음절에 기술되어 있다. 기댓값을 원자력 리스크 평가 관점에서 본다면, 만약 X_i가 원전에서 발생 가능한 중대사고 X_i로 인한 영향을 나타내고, $P(X_i)$가 중대사고 X_i의 발생 가능 확률이라고 하면 이때 X의 기댓값 E[X]를 원전의 중대사고 리스크로 간주할 수 있다.

1.2 주요 확률 분포

확률변수는 앞서 기술한 바와 같이 이산확률변수와 연속확률변수로 구분되며, 따라서 확률변수의 확률분포도 이산확률분포와 연속확률분포로 구분된다. 이 절에서는 이항분포, 푸아송분포와 대수정규분포 등 원자력 리스크 평가에서 많이 사용되는 몇 가지 주요 이산 및 연속확률분포를 간략히 소개한다.

1.2.1 이산 확률 분포

가. 이산 균등 분포

이산 균등 분포(Discrete Uniform Distribution)는 유한한 수의 동일 확률값을 취하는 확률분포다. 확률변수 X가 각각 확률이 $\frac{1}{n}$인 n개의 가능한 값 $x_1, x_2, \cdots x_n$에 대한 확률 질량 함수는 다음과 같이 정의된다.

$$f(x; n) = \frac{1}{n}, \quad x = x_1, x_2, \cdots x_n$$

만약 $x_1, x_2, \cdots x_n$의 값이 1, 2, ..., n이라면 이 경우 평균, 분산 및 표준 편차는 다음과 같다.

$$\mu = \frac{(n+1)}{2}$$

$$\sigma^2 = \frac{(n+1)(n-1)}{12}$$

$$\sigma = \sqrt{\frac{(n+1)(n-1)}{12}}$$

[그림 2-6]과 같이 X가 [a, b] 구간에서 n = b - a + 1 값을 갖는 경우의 평균, 분산 및 표준 편차는 다음과 같다.

$$\mu = \frac{(a+b)}{2}$$

$$\sigma^2 = \frac{(b-a+2)(b-a)}{12} = \frac{(n+1)(n-1)}{12}$$

$$\sigma = \sqrt{\frac{(b-a+2)(b-a)}{12}} = \sqrt{\frac{(n+1)(n-1)}{12}}$$

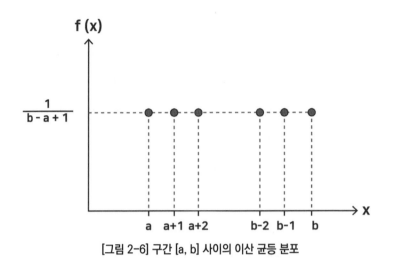

[그림 2-6] 구간 [a, b] 사이의 이산 균등 분포

나. 베르누이 분포

가장 간단한 이산 분포는 어떤 시험을 시행했을 때 0과 1의 두 가지 결괏값만 가능한 베르누이 분포(Bernoulli Distribution)이다. 베르누이 분포는 두 가지 가능한 결과(종종 '성공' 또는 '실패'로 표시되는) 혹은 지정된 속성이 있거나 없는 두 가지만의 실험 혹은 관찰 결과를 갖는 분포이다. 이런 실험 또는 관찰은 베르누이 시행이라고 한다. 베르누이 시행은 종종 실험 결과에 특정 속성이 있을 때 '성공', 속성이 없을 때 '실패'라는 표현을 사용하며, 베르누이분포의 일반적인 규칙은 성공을 '1'로, 실패를 '0'으로 표시하는 것이다.

어떤 확률변수 X가 베르누이분포면 성공확률 P(1)를 일반적으로 π로 표시한다. 베르누이 분포의 확률함수는 다음과 같다.

$P(1) = \pi$

$P(0) = 1-\pi$

또한, Y의 평균, 분산 및 표준 편차는 다음과 같다.

$\mu = \pi$

$\sigma^2 = \pi(1-\pi)$

$\sigma = \sqrt{\pi(1-\pi)}$

베르누이분포는 다음에 소개하는 이항분포의 기반이 된다.

다. 이항 분포

확률변수 X가 n번의 독립적인 베르누이 시행의 성공 횟수를 나타내는 실험을 이항 실험이라고 하며 X는 B(n, π)로 표시되는 이항분포(Binomial Distribution)를 갖는다. 여기서 π는 성공확률로 n번의 시행에서 모두 일정하다. 또한, 시행 횟수 n은 고정되어 있고, 모든 시험은 동일한 방식으로 수행되며 서로 독립적이다. i번째 시도는 성공(x_i = 1로 기록) 또는 실패(x_i = 0으로 기록)의 결과를 갖는다. 이때 B(n, π)의 확률함수는 다음과 같다.

$$f(x) = f(x;n,\pi) = \Pr\{X=x|n,\pi\} = \binom{n}{x}\pi^x(1-\pi)^{n-x}$$
$$= \frac{n!}{x!(n-x)!}\pi^x(1-\pi)^{n-x}, \quad 0 \le \pi \le 1, \quad x = 0,1,...,n$$

π = 단일 시도의 성공확률, $0 \le \pi \le 1$,

n = 시행 횟수,

x = 성공 횟수

이항분포 B(n, π)의 평균, 분산 및 표준 편차는 다음과 같다.

$$\mu = n\pi$$
$$\sigma^2 = n\pi(1-\pi)$$
$$\sigma = \sqrt{n\pi(1-\pi)}$$

[예제 1-5]

새로 문을 연 가게에서 가게에 오는 손님에게 앞뒤가 나올 확률이 동등한 동전을 던지게 하여 앞면이 나온 손님에게 선물을 주는 행사를 한다고 하자. 이때 10명의 손님이 동전을 던진다면 손님이 선물을 받는 횟수의 평균값과 표준 편차는 얼마인가?

[답]

손님이 선물을 받는 확률은 B(10, 0.5)인 이항분포를 따른다. 이 경우 손님이 선물을 받는 횟수의 평균값은 n·π = 5이고 표준편차는 $\sqrt{n\pi(1-\pi)}$ = 1.581이 된다.

이항분포에서 n의 수가 커지면 이항분포는 [그림 2-7]에 나온 바와 같이 평균과 표준 편차가 동일한 정규분포('1.2.2 연속확률분포' 참조)로 근사한다. [그림 2-7]은 π = 0.5, n = 20 일 때의 이항분포와 정규분포의 근사성을 나타내는 그림이다. 따라서 이항분포의 n이 커지면 이항분포 대신 정규분포를 사용해 이항분포와 관련된 대략적인 확률을 추정할 수 있다.

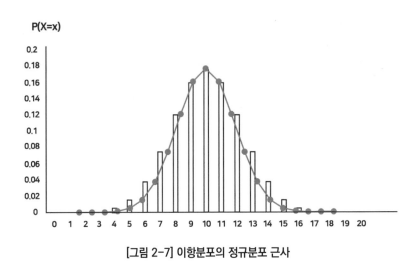

[그림 2-7] 이항분포의 정규분포 근사

원자력 리스크 평가에서 이항분포는 기기의 시험 실패 혹은 대기 중 계통의 기동 실패를 모델할 때 사용된다. 예를 들어, 어떤 기기를 n번 시험할 때 이 기기가 시험을 통과할 확률을 π 라고 하면 이때 이 기기의 n번 시험 중 성공 횟수는 이항분포 B(n, π)를 따른다고 할 수 있다.

라. 푸아송 분포

푸아송 과정(Poisson Process)은 특정 시간 또는 공간 내에서 발생하는 사건의 수를 모델하는데 사용된다. 예를 들어 특정 시간 동안 어떤 계통 또는 기기의 고장 횟수 혹은 특정 넓이의 재료 표면이나 특정 부피의 재료 내부의 결함 개수 등은 푸아송 과정으로 모델할 수 있다.

x를 특정 시간 간격(t) 내에 발생한 사건의 총수라고 하고 이때 단위 시간당 사건 발생률을 θ라고 하면 확률변수 X는 θ와 t의 곱으로 정의되는 모수 λ를 변수로 갖는 푸아송분포(Poisson Distribution)를 갖는다. 사건이 시간 대신 공간에서 일어날 수 있으므로 특정 시간 간격(t)은 특정 길이, 면적 또는 부피로 대체될 수 있다.

푸아송 과정은 다음의 전제 조건 또는 가정이 충족될 때만 성립된다.

(1) 작은 구간에서 사건이 발생할 확률은 구간의 길이(혹은 면적, 부피의 크기)에 비례한다.

(2) 특정 구간 내에서 발생한 사건은 다른 분리된 구간에서 발생하는 사건과 독립이다.

(3) 작은 구간 안에서 둘 이상의 사건이 발생할 확률은 무시할 수 있다.

따라서 푸아송 과정을 적용하려고 할 때는 적용 대상이 위의 전제 조건을 충족하는지를 엄밀히 따져보아야 한다. 위의 가정하에서 푸아송분포를 따르는 확률변수 X의 확률함수는 다음과 같이 주어진다.

$$f(x) = f(x;\lambda) = \Pr\{X = x|\lambda\} = \frac{e^{-\lambda}\lambda^x}{x!}, \quad x = 0, 1, 2, \ldots$$

푸아송분포의 중요한 성질 중 하나는 평균과 분산이 둘 다 모수 λ로 같다는 점이다.

E[X] = λ

V[X] = λ

[예제 1-6]

어떤 안내소는 시간당 평균 5건의 고객 전화를 받는다. 이 안내소에서 다음 1시간 동안 정확히 3건의 전화를 받을 확률을 구하라.

[답]

안내소에 걸려오는 고객의 전화는 상호 독립적이고 주어진 간격 내에서 일정한 평균 비율로 발생하므로 푸아송분포를 따른다고 할 수 있다. 여기서 λ=5, x=3이라고 하면 다음 1시간 동안 정확히 3건의 전화를 받을 확률은 다음과 같이 구할 수 있다.

$$\Pr\{X = 3|5\} = \frac{e^{-5}5^3}{3!} \approx 0.14$$

푸아송분포는 이항분포의 시행 횟수가 많고 성공확률이 작은 경우에 상응하는 이항분포의 특수한 경우라고 할 수 있다. 이에 대한 증명이 아래에 나와 있다.

[증명]

n 회의 시행, 성공확률 p, 그리고 k 번 성공하는 이항분포 B(p, n)가 있다고 가정한다.

이때 B(p, n)는 다음과 같이 표현된다.

$$B(p,n) = P(X=k) = \binom{n}{k} p^k (1-p)^{n-k}$$

이때 사건의 발생 횟수, λ는 다음과 같이 표현할 수 있다.

$$\lambda = np \Rightarrow p = \frac{\lambda}{n}$$

만약 이항분포의 시험 시행 횟수 n이 무한대라면 이때 k번 성공할 확률은 다음과 같이 구할 수 있다.

$$\lim_{n \to \infty} P(X=k) = \lim_{n \to \infty} \frac{n!}{k!(n-k)!} \left(\frac{\lambda}{n}\right)^k \left(1-\frac{\lambda}{n}\right)^{n-k}$$

그리고 이 식은 다음과 같이 정리된다.

$$\left(\frac{\lambda^k}{k!}\right) \lim_{n \to \infty} \left[\frac{n!}{(n-k)!} \left(\frac{1}{n^k}\right)\right] \left(1-\frac{\lambda}{n}\right)^n \left(1-\frac{\lambda}{n}\right)^{-k} = \left(\frac{\lambda^k}{k!}\right)(1)(e^{-\lambda})(1)$$

즉 이항분포의 시행 횟수가 많고 성공확률이 낮은 경우는 푸아송분포와 동일한 분포가 된다.

원자력 리스크 평가에서 푸아송분포는 기기의 가동 중 실패를 모델할 때 사용된다. 즉, 푸아송분포는 특정 기간 t 시간 동안 가동되어야 하는 기기 혹은 계통이 그 기간 중 n번 고장 날 확률을 구하는데 사용할 수 있다.

1.2.2 연속 확률 분포

연속확률분포의 종류는 매우 다양하다. 이 절에서는 이중 원자력 리스크 평가 분야에서 매우 빈번히 사용되는 네 가지 확률분포(연속균등분포, 정규분포, 지수분포, 대수정규분포)를 소개한다. 앞서 기술한 네 가지 확률분포만큼은 아니나 원자력 리스크 평가 분야에서 특수한 경우에 사용되는 몇 가지 연속확률분포(카이제곱분포, 감마분포, 베타분포, Weibull 분포)에 대해서는 간략히 개념만을 소개한다.

가. 연속 균등 분포

연속 균등 분포(Continuous Uniform Distributions)는 [그림 2-8]에 나와 있듯이 확률변수 X가 지정된 구간 (a, b)에서만 값을 취하며, 해당 구간 내에서 동일한 확률 밀도를 갖는다.

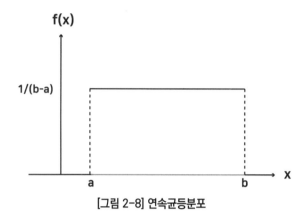

[그림 2-8] 연속균등분포

연속균등분포는 U(a, b)로 표시되며, 확률함수 f(x)와 누적분포함수 F(x)는 다음과 같이 주어진다.

$$f(x) = \frac{1}{b-a}, \quad a \le x \le b$$
$$\quad\quad = 0, \quad\quad\quad 그\ 외의\ 구간$$
$$F(x) = 0, \quad\quad x < a$$
$$\quad\quad = \frac{x-a}{b-a}, \ a \le x \le b$$
$$\quad\quad = 1, \quad\quad b < x$$

U(a, b)의 평균, 분산 및 표준 편차는 다음과 같이 주어진다.

$$\mu = E(X) = \frac{(b+a)}{2}$$
$$\sigma^2 = V(X) = \frac{(b-a)^2}{12}$$
$$\sigma = \frac{b-a}{\sqrt{12}}$$

나. 정규분포

정규분포(Normal Distribution)는 통계 분석에서 매우 중요한 분포이다. 평균값 μ를 갖는 정규분포의 전형적인 모양이 [그림 2-9]에 나와 있다. 정규분포는 많은 자연 현상에 적용 가능하며, 다양한 의사결정 과정에도 자주 사용된다. 또한, 정규분포를 따르지 않는 많은 현상과 측정 시스템도 비교적 간단한 수학적 조작을 통해 정규분포로 근사시킬 수 있다.

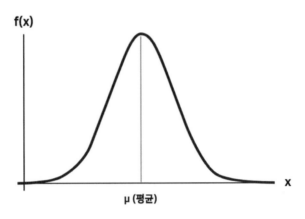

[그림 2-9] 정규분포

정규분포의 확률 밀도 함수는 다음과 같이 주어진다. 여기서 μ는 평균이고 σ^2는 정규분포의 분산이다.

$$f(x) = \frac{1}{\sigma\sqrt{2\pi}} e^{-\frac{1}{2}\frac{(x-\mu)^2}{\sigma^2}}, \; -\infty < x < \infty$$

정규분포에 대한 누적분포함수는 $F(x)$로 표시되며, 다음식과 같이 주어진다.

$$F(x) = \Pr\{X \leq x\} = \int_{-\infty}^{x} \frac{1}{\sigma\sqrt{2\pi}} e^{-\frac{1}{2}\frac{(w-\mu)^2}{\sigma^2}} \, dw, \; -\infty < x < \infty$$

정규분포를 따르는 확률변수 X는 일반적으로 다음과 같이 표시된다.

X ~ N(μ, σ^2)

정규분포 중 특히 중요한 분포는 일반적으로 Z로 표시되는 표준 정규분포(Standard Normal Distribution)이며 다음과 같이 정의된다.

$$Z = \frac{X - \mu}{\sigma}$$
$$Z \sim N(0,1)$$

표준 정규분포는 [그림 2-10]에 나와 있듯이, 평균(μ)은 0이고 분산(σ^2)이 1인 정규분포이다. Z의 확률 밀도 함수는 다음과 같이 주어진다.

$$f(z) = \frac{1}{\sqrt{2\pi}} e^{-\frac{z^2}{2}}, \ -\infty < z < \infty$$

표준 정규분포에 대한 누적분포함수는 $\Phi(z)$로 표시되며, 다음식과 같이 주어진다.

$$\Phi(z) = \Pr\{Z \le z\} = \int_{-\infty}^{z} \frac{1}{\sqrt{2\pi}} e^{-\frac{1}{2}w^2} dw, \ -\infty < z < \infty$$

[그림 2-10]에 나와 있듯이 표준 정규분포에서는 표준 편차를 알면 평균값을 기준으로 $\pm n\sigma$(n=1, 2, 3···)에 포함되는 범위를 알 수 있다. 예를 들어 $\mu \pm 2\sigma$사이의 영역에는 전체 분포의 95.4%가 포함된다는 의미이다.

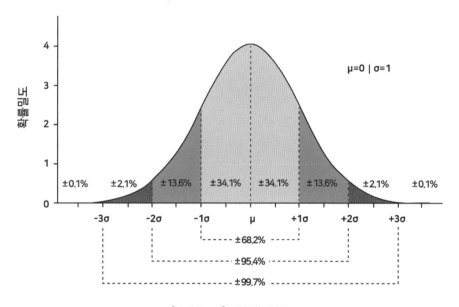

[그림 2-10] 표준 정규분포

[예제 1-7]

성인 남성의 키를 나타내는 분포가 평균(μ)이 175cm이고 표준 편차(σ)가 10cm인 정규분포를 따른다고 할 때 성인 남성이 키가 160cm에서 180cm 사이일 확률을 구하라.

[답]

성인 남성의 키를 나타내는 정규분포의 확률 밀도 함수는 다음과 같다:

$$f(x) = \frac{1}{10\sqrt{2\pi}} e^{-\frac{1}{2}\frac{(x-175)^2}{10^2}}$$

이 확률 밀도 함수를 160cm에서 180cm 사이에 대해 적분하면 성인 남성이 키가 160cm에서 180cm 사이일 확률(~0.39)을 구할 수 있다.

다. 지수분포

지수분포(Exponential Distribution)는 신뢰도 및 리스크 평가에서 기기 혹은 계통의 고장 시간을 모델하는데 널리 사용된다. 고장이 발생하는 시간을 나타내는 확률변수 X는 x(λ)로 표시되며 여기서 λ는 양의 값을 갖는 변수이다. 지수분포의 확률 밀도 함수 f(x)와 누적분포함수 F(x)는 다음과 같이 정의된다. [그림 2-11]에 λ가 1.0인 경우와 3.0인 경우의 f(x)가 예시되어 있다.

$$f(x) = \lambda e^{-\lambda x}, \quad x > 0$$
$$F(x) = 1 - e^{-\lambda x}$$

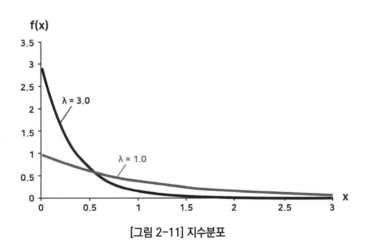

[그림 2-11] 지수분포

지수분포를 가지는 확률변수 Y의 평균과 분산은 다음과 같다.

$$E[X] = \frac{1}{\lambda}$$
$$V[X] = \frac{1}{\lambda^2}$$

[예제 1-8]

어떤 원전은 평균적으로 1년에 0.1회의 불시정지가 발생한다고 할 때 다음 1년 동안 불시정지가 발생하지 않을 확률을 구하라.

[답]

이 문제는 $\lambda = 0.1$/년인 지수분포를 따른다고 할 수 있다. 따라서 향후 1년 후에 불시정지가 발생하지 않을 확률(P)은 다음과 같다.

$$P(\text{1년간 불시정지가 발생하지 않을 확률}) = 1 - \left(1 - e^{-0.1 \cdot 1}\right) \approx 0.9$$

기기나 계통이 고장 직후에 바로 수리가 되어 다시 가동되는 경우 변수 λ는 고장률(Failure Rate)이라고 불리며, 만약 기기나 계통이 고장이 난 후 수리를 할 수 없는 경우는 위험률(Hazard Rate)이라고 불린다. 위험률 h(x)는 임의의 확률 밀도 함수 f(x)에 의해 다음과 같이 정의된다.

$$h(x) = \frac{f(x)}{1 - F(x)}$$

고장률과 위험률에 대해서는 뒤의 '2.1.2 신뢰도 평가의 중요 개념'에 상세히 기술했다.

지수분포의 변수를 나타내는 다른 방식으로 $\mu(= 1/\lambda = E[X])$를 사용하기도 한다. X가 고장까지의 경과 시간이라면 μ는 고장이 발생할 때까지의 평균 시간, 평균 고장 시간(Mean Time to Failure)이다. X가 수리, 화재 진압 또는 다른 사건에 대한 시간이라면 μ는 평균 수리 시간 또는 평균 화재 진압 시간과 같이 다른 적절한 이름을 사용해야 한다. 매개변수 μ를 사용하면 X의 확률 밀도 함수 f(x) 및 누적분포함수 F(x)는 다음과 같이 표시된다.

$$f(x) = \frac{1}{\mu} e^{-x/\mu}, \quad x > 0$$
$$F(x) = 1 - e^{-x/\mu}, \quad x > 0$$

지수분포의 중요한 특성 중 하나는 비기억성(무기억성, Memoryless)이다. 즉, 지수분포는 현재의 값에 의해서만 결정되며 앞선 상황에 대해 독립적이다. 예를 들어 장비의 수명을 나타내는 X가 지수분포를 따른다고 가정하자. 이 경우 양의 값을 갖는 시간 간격 x, s에 대해 s 시간까지는 고장이 발생을 안 하고, s로부터 x가 지난 후 고장이 발생하는 경우의 확률값, P(X 〉 s+x|X〉 s)는 다음과 같이 주어진다.

$$P\{X > s+x | X > s\} = \frac{P(\{X > s+x\} \cap \{X > s\})}{P\{X > s\}}$$
$$= \frac{P\{X > s+x\}}{P\{X > s\}} = \frac{e^{-\lambda(s+x)}}{e^{-\lambda s}} = e^{-\lambda x} = P\{X > x\}$$

즉, P(X 〉 s+x|X 〉 s) = p(X 〉 x)로 s 이후 추가 시간 x가 지나간 후 생존할 확률은 x에만 의존하고 앞서 경과된 시간 s와는 무관하다. 따라서 s 시간까지의 운전 상태에 대한 기억이 없다고 말할 수 있다. 이 성질은 리스크 평가에 있어 매우 유용한 특성이다. 이 특성이 아래의 [예제 1-9]에 나와 있다.

[예제 1-9]
고장률 λ를 갖는 어떤 펌프가 100시간 동안 고장 없이 작동했다. 이 시점에서 이 펌프의 신뢰도를 구하라. 또한, 이 펌프가 추가로 50시간 동안 고장 없이 작동할 확률을 구하라.
[답]
펌프가 100시간 동안 고장 없이 작동할 신뢰도, R(100)은 다음과 같이 구해진다.
$$R(100) = e^{-\lambda \times 100}$$
이 펌프가 고장 없이 추가로 50시간 동안 작동할 확률을 다음과 같이 정의된다.
$$P(T 〉 150 | T 〉 100)$$
지수분포의 비기억성 특성에 따르면 이는 펌프가 처음부터 고장 없이 50시간 동안 작동

할 확률과 같다.

$$R(T > 50) = e^{-\lambda \times 50}$$

따라서 비기억성 특성을 사용하면 과거의 작동 이력을 고려하지 않고도 미래의 신뢰도를 평가할 수 있다.

푸아송분포와 지수분포는 특별한 관계가 있다. 푸아송분포와 지수분포 사이의 관계는 다음과 같이 나타낼 수 있다. 일정한 시간 간격 t 동안 일정한 고장률 λ를 갖는 경우, t_1, t_2, $\cdots$, t_n을 연속적인 고장 사이의 시간이라고 하자. 이 경우 시간 t 동안 발생한 고장의 횟수 X는 매개변수 $\mu = \lambda t$인 푸아송분포를 따르며 t_1, t_2, $\cdots$, t_n은 매개변수 λ를 갖는 독립적인 지수분포를 따른다.

원자력 리스크 평가에서 지수분포는 일정한 고장률을 가지는 기기의 고장이 발생하는 임의의 시간을 모델할 때 사용된다. 고장률, 위험률 및 지수분포의 특성에 대해서는 제2장의 신뢰도 평가 관련 부분에서 좀 더 상세히 다룬다.

라. 대수정규분포

대수정규분포(Lognormal Distribution)는 일반적으로 고장 빈도와 유지 보수 분석을 위한 분포로 많이 사용된다. 또한, 베이지안 추론에서 알려지지 않은 양의 매개변수에 대한 사전 확률의 분포로 널리 사용된다.

아래 식으로 주어진 바와 같이 확률변수 X의 자연 대수(로그)를 취한 분포가 정규분포인 경우, 확률변수 X를 대수정규분포라고 한다.

$$X = e^w, \text{여기서 } W \sim N(\mu, \sigma^2)$$

대수정규분포를 따르는 확률변수 X의 확률 밀도 함수는 다음과 같다.

$$f(x) = \frac{1}{x\sigma\sqrt{2\pi}} e^{-\frac{1}{2\sigma^2}[\ln(x) - \mu]^2}, \quad 0 < x < \infty, \ -\infty < \mu < \infty, \ \sigma^2 > 0$$

대수정규분포의 평균, 분산, 중앙값 및 모드는 각각 다음과 같다. [그림 2-12]에 다양한 변숫값에 대한 대수정규분포가 예시되어 있다.

$$E[X] = e^{\mu + \frac{\sigma^2}{2}}$$

$$V[X] = e^{2\mu + \sigma^2} \left[e^{\sigma^2} - 1 \right]$$

$$Median[X] = e^{\mu}$$

$$Mode[X] = e^{\mu - \sigma^2}$$

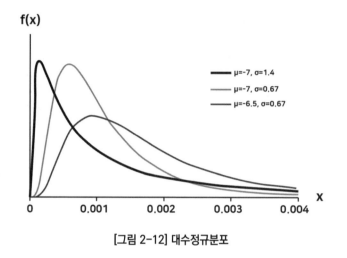

[그림 2-12] 대수정규분포

　대수정규분포는 원자력 리스크 평가에서 부품 고장률의 불확실성을 표현하는 데 주로 사용된다. 예를 들어 원자력 리스크 평가에 사용되는 원전의 불시정지와 같은 초기사건의 빈도, 기본사건 확률과 같은 매개변수의 불확실성을 표현하는 데 대수정규분포가 사용된다. 대수정규분포가 매개변수의 불확실성 분석에서 어떻게 사용되는가에 대한 상세한 내용은 제3부의 '1.1.6 사고경위 정량화 및 문서화' 부분에 나와 있다.

마. 기타 분포

(1) 카이제곱분포

　만약 특정 분포와 관련된 가정을 합리적으로 수립하면 많은 통계량이 카이제곱분포(Chi-square Distribution)를 따르기 때문에 카이제곱분포는 다양한 경우에 널리 사용된다. 카이제곱분포는 $\chi^2(\nu)$로 표시한다. ν는 양의 정수이고 자유도(Degree of Freedom)라 불린다. 아래 식으로 표현된 바와 같이 만약 X_1, X_2, ⋯, X_ν가 정규분포를 따른다면 X_i를 제곱해 모두 합친 Q는 카이제곱분포를 따른다.

$$Q = X_1^2 + X_2^2 + \cdots + X_v^2 \sim \chi^2(v)$$

자유도가 ν인 카이제곱분포를 갖는 확률변수 X의 확률 밀도 함수는 다음과 같이 주어진다.

$$f(x) = \frac{e^{-x/2}x^{(v-2)/2}}{2^{(v/2)}\Gamma(v/2)}, \ x > 0, \ v = 1,2,3,\dots$$

여기서 $\Gamma(w) = \int_0^\infty x^{w-1}e^{-x}dx$ 이다.

카이제곱분포의 평균과 분산은 아래와 같이 ν의 함수로 주어진다.

E[X] = ν

V[X] = 2ν

[그림 2-13]에 다양한 ν 값에 대한 카이제곱분포가 예시되어 있다.

원자력 리스크 평가에서 카이제곱분포는 특정 기간 T 동안 한 번도 고장이 발생하지 않은 사건의 빈도를 추정하거나, 기기의 요구 시 고장 확률의 신뢰도 구간을 추정하는 데 사용된다. 예를 들어 T 시간 동안 고장이 발생하지 않은 기기의 고장률(λ)은 다음과 같이 ν가 1인 카이제곱분포의 50 백분위율(Percentile) 값으로 추정할 수 있다.

$$\lambda = \frac{\chi^2(0.5, 1)}{2T}$$

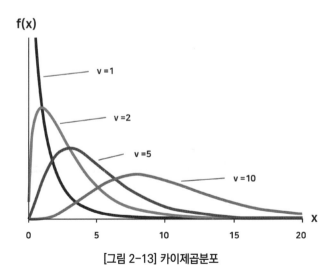

[그림 2-13] 카이제곱분포

(2) 감마분포

감마분포(Gamma Distribution)는 지수분포 및 카이제곱분포를 일반화한 분포이다. 또한, 독립된 지수 확률변수의 합도 감마분포를 따른다. 매개변수 α 및 β를 가지는 감마분포는 Gamma(α, β)로 표시된다. 여기서 α는 형상 매개변수, β는 축척 매개변수이다. [그림 2-14]에 α 값의 변화에 따른 다양한 감마분포의 모양이 나와 있다. 감마 확률변수 X의 확률 밀도 함수 f(x)는 다음과 같이 주어진다.

$$f(x) = \frac{\beta^{\alpha}}{\Gamma(\alpha)} x^{\alpha-1} e^{-x\beta}, \ x > 0, \ \alpha > 0, \ \beta > 0$$

감마분포의 평균과 분산은 다음과 같다.

$$E[X] = \frac{\alpha}{\beta}$$
$$Var[X] = \frac{\alpha}{\beta^2}$$

감마분포는 기기 고장률의 사후 확률 추정을 위한 베이지안 추론 등에서 켤레 사전분포 (Conjugator Prior Distribution)로 많이 사용된다.

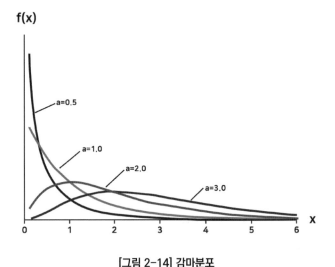

[그림 2-14] 감마분포

(3) 베타분포

베타분포(Beta Distribution)는 [그림 2-15]에 나와 있는 바와 같이 단조 감소, 단봉형, U 자 대칭형 등 다양한 모양을 갖는다.

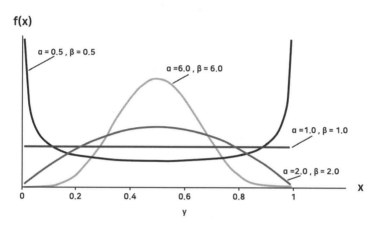

[그림 2-15] 베타분포

매개변수 α 및 β를 갖는 베타분포는 Beta(α, β)로 표시된다. 베타 확률변수 X의 확률 밀도 함수, 평균과 분산은 다음과 같다.

$$f(x) = \frac{\Gamma(\alpha+\beta)}{\Gamma(\alpha)\Gamma(\beta)} x^{\alpha-1}(1-x)^{\beta-1}, \;\; 0 \le x \le 1, \; \alpha > 0, \; \beta > 0$$

$$E[X] = \frac{\alpha}{\alpha+\beta}$$

$$V[X] = \frac{\alpha\beta}{(\alpha+\beta)^2(\alpha+\beta+1)}$$

원자력 리스크 평가에서 베타분포는 시스템이나 기기가 최소 t 시간 동안 작동할 확률에 대한 신뢰성을 추정하는데 사용할 수 있으며, '제4장 신뢰도 자료 분석 4.2 공통원인고장 확률 분석'에서 소개할 공통원인고장 매개변수의 불확실성을 표현하는 데도 사용된다. 또한, 베타분포도 베이지안 추론에서 신뢰도 또는 실패 확률 p를 갖는 이항 모수에 대한 사전 분포로 널리 사용된다.

(4) Weibull 분포

Weibull 분포는 여러 다른 확률분포와 관련이 있다. Weibull 확률변수의 확률 밀도 함수, 평균과 분산은 다음과 같다.

$$f(x;\lambda,k) = \begin{cases} \dfrac{k}{\lambda}\left(\dfrac{n}{k}\right)^{k-1} e^{-(x/\lambda)^k}, & x \geq 0, \\ \\ 0, & x < 0 \end{cases}$$

$$E[X] = \lambda \Gamma(1+\frac{1}{k})$$
$$V[X = \lambda^2 \left[\Gamma\left(1+\frac{2}{k}\right) - \left(\Gamma\left(1+\frac{1}{k}\right)\right)^2 \right]$$

위에서 k와 λ 모두 양의 값을 가지며 k는 형상 모수이고 λ는 분포의 척도 모수이다. k 값에 따라 Weibull 분포는 다음과 같은 특성을 갖는다.

1) k 〈 1 값은 시간이 지남에 따라 고장률이 감소하는 경우를 나타낸다.

2) k = 1 값은 고장률이 시간에 무관하게 일정한 경우를 나타낸다.

3) k 〉 1 값은 시간이 지남에 따라 고장률이 증가하는 경우를 나타낸다.

[그림 2-16]에 k와 λ에 따른 다양한 Weibull 분포의 모양이 예시되어 있다.

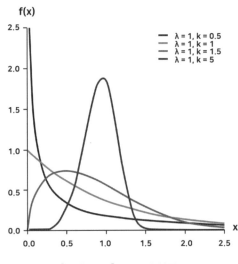

[그림 2-16] Weibull 분포

펌프나 밸브와 같은 기기를 생각하면 이런 기기의 고장률은 시간이 지나면 증가할 것으로 예상할 수 있다. 그러나 시간이 지남에 따라 고장률이 감소하는 경우도 있다. 예를 들어 소프트웨어의 고장률이다. 어떤 소프트웨어를 지속해서 사용하면 소프트웨어의 오류가 나타날 것이고, 이런 오류는 계속 수정이 될 것이다. 이런 경우 해당 소프트웨어의 고장률은 시간이 지남에 따라 감소할 것이다. Weibull 분포는 이런 소프트웨어의 신뢰도 평가에 활용되고 있다.

1.2.3 기타

본 장에서는 확률 및 통계의 주요 개념 중 원자력 리스크 평가와 관련된 부분만을 소개하고 있다. 이를 위해서는 앞서 기술한 내용 이외에도 중심극한정리(Central Limit Theorem: CLT)과 신뢰도 구간(Confidence Interval)에 대한 이해가 필요하다.

가. 중심극한정리

평균이 μ이고 표준 편차가 σ인 확률변수 X에서 n개의 표본을 무작위로 추출하는 경우 X는 평균 μ와 표준 편차 $\sigma/\sqrt{n}$을 갖는다. 그러나 일반적으로 우리는 μ를 알 수 없는 경우가 많다. 이때는 μ의 추정치로 표본 평균 $\overline{X}$를 사용할 수 있으나, 이와 같은 추정치의 불확실성에 대한 통계적 설명을 하려면 $\overline{X}$의 분포에 대해서도 알아야 한다. 그러나 문제는 $\overline{X}$의 분포가 X의 분포에 의해 결정되지만, 일반적으로 이 분포를 모르는 경우가 많다는 점이다.

이런 문제를 해결하기 위해 많이 사용되는 방법은 정규분포의 속성을 이용하는 것이다. 즉, 많은 경우 $\overline{X}$의 분포는 대략 정규분포를 따르는 것으로 알려져 있다. 즉, $\overline{X}$의 분포와 μ에 대한 통계적 추론은 X에 대한 지식과 정규분포의 속성으로부터 도출할 수 있다. 예를 들어 평균 μ와 표준 편차 σ를 갖는 확률변수 X의 분포에서 n개의 표본을 무작위 추출했다고 가정하자. 이 경우 표본 평균 $\overline{X}$의 분포는 평균 μ와 표준 편차 σ/n을 갖는 정규분포로 가정할 수 있다. 다시 말하면 우리가 모르는 X의 진짜 분포를 '?'로 나타내 X ~?(μ, σ^2)로 표시한다면, $\overline{X}$의 분포는 n이 증가함에 따라 $\overline{X} \sim N(\mu, \sigma^2/n)$으로 근사한다고 가정 할 수 있다. 이 가정은 n이 커질수록 근삿값이 더 정확해진다.

이처럼 표본 수가 많아질수록 표본의 평균값이 정규분포로 근사하는 것을 중심극한정리라고 부른다. 단, 중심극한정리를 사용할 때 유의할 점은 단일 표본을 위한 추출 횟수가 증가한다고 해당 단일 표본의 평균이 정규분포로 근사하는 것이 아니고, 표본 자체를 추출하는 횟수(n)가 증가하면 추출된 전체 표본들의 '평균값'이 정규분포로 근사한다는 점이다.

나. 신뢰도 구간

평균이 μ이고 표준 편차가 σ인 모집단에서 n개를 추출한 표본의 평균이 $\overline{X}$라고 가정하자. 이 경우 우리는 다음과 같은 가정하에서 $\overline{X}$를 기반으로 하는 신뢰도 구간을 도출할 수 있다.

(1) 가정 1. $\overline{X}$는 정규분포를 따른다.

(2) 가정 2. μ에 대한 양측 신뢰 구간을 추정한다.

(3) 가정 3. 신뢰 수준은 95%이다.

(4) 가정 4. 표준 편차 σ를 알고 있다.

이 경우 양측 신뢰 구간은 다음의 과정을 통해 추정할 수 있다.

$$\Pr\{-1.960 < Z < 1.960\} = 0.95$$

여기서 Z는 표준정규분포의 변수로 다음과 같이 표현된다.

$$Z = \frac{\overline{X} - \mu}{\sigma / \sqrt{n}}$$

이 경우 95%의 확률 구간은 다음과 같이 표현된다.

$$\Pr\left\{-1.960 < \frac{\overline{X} - \mu}{\sigma / \sqrt{n}} < 1.960\right\} = 0.95$$

따라서 95% 양측 신뢰 구간은 다음과 같이 구할 수 있다.

$$\overline{X} - 1.960\sigma / \sqrt{n} < \mu < \overline{X} + 1.960\sigma / \sqrt{n}$$

또한, 임의의 신뢰도 값(100q %)을 갖는 신뢰 구간은 다음 식으로 주어진다.

$$X \pm Z_{(1+q)/2}\ \sigma / \sqrt{n}$$

[예제 1-10]

특정 인구 집단의 평균 키를 추정하고자 한다. 해당 모집단에서 100명의 무작위 표본을 추출하여 키를 측정한 결과 표본 평균(x)이 170cm이고 표준 편차(σ)가 5cm로 구해졌다. 이때 모집단의 실제 평균 키(μ)에 대한 95% 신뢰 구간을 구하라.

[답]

평균(μ)에 대한 신뢰 구간의 공식은 다음과 같다:

$$\overline{X} \pm Z_{(1+q)/2} \; \sigma/\sqrt{n}$$

따라서 평균(μ)에 대한 95% 신뢰 구간은 다음과 같이 구해진다.

$$170 \pm 1.96 \left(\frac{5}{\sqrt{100}}\right) = 170 \pm 1.96 \times 0.5$$

따라서 신뢰 구간은 95% 신뢰 수준에서 대략 (169, 171)이다. 즉, 우리는 표본을 기준으로 모집단의 실제 평균 키가 169cm에서 171cm 사이에 있다는 것을 95% 신뢰할 수 있다.

중심극한정리를 사용할 때와 마찬가지로 신뢰도 구간을 사용할 때 주의할 점이 있다. 95%의 신뢰 구간이 의미하는 바는 추출된 특정 표본 안에 모집단의 평균값이 있을 확률이 95%라는 것이 아니다. 95%의 신뢰 구간의 정확한 의미는 n번의 추출에 대해 각기 추출된 표본 중 95%가 모집단의 평균값을 포함하고 있을 수 있다는 의미이다.

제2장 계통 신뢰도 평가의 기본 개념

2.1 개요

계통 신뢰도 평가의 기본 목적은 [그림 2-17]에 나온 바와 같이 어떤 계통을 구성하는 각 요소의 고장(분포) 관련 정보를 기반으로 전체 계통의 신뢰도 관련 정보를 얻는 것이라고 할 수 있다.

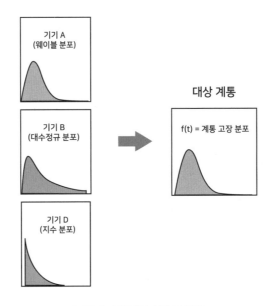

[그림 2-17] 계통 신뢰도 평가

계통 신뢰도 평가는 아래와 같은 다양한 목적을 위해 수행된다[K.C. Kapur et al., 2013].

(1) 계통의 고장 가능성이나 고장 발생빈도의 저감

(2) 다양한 고장 예방 조치에도 불구하고 발생하는 고장 원인의 파악

(3) 고장 원인이 해결되지 않을 때, 발생한 장애의 대처 방안 도출

(4) 새로운 계통의 합리적인 신뢰도 평가 혹은 신뢰도 자료 추정

2.1.1 기본 용어의 정의

계통 신뢰도 평가에는 '신뢰도', '기능', '고장', '고장 모드(Mode)' 같은 다양한 용어들이 사용되는데 정확한 신뢰도 평가를 위해서는 이들 용어를 명확히 정의하는 것이 중요하다. 따라서 계통 신뢰도 평가에 사용되는 중요 용어의 정의를 다음에 정리했다.

가. 신뢰도

일반적으로 신뢰도(Reliability)란 어떤 계통이 환경 및 작동 조건에서 지정된 시간 동안 필요한 기능을 수행하는 능력이라고 정의하고 있다[R.A. Dovich, 1990]. 즉, 신뢰도는 '기기 또는 계통이 수명 주기 중 지정된 시간 동안 의도한 대로 고장 없이 지정된 성능 한계 내에서 기능을 수행할 수 있는 능력'을 의미한다. 따라서 신뢰도에 관해 이야기할 때 우리는 계통의 미래 성능 또는 동작에 대해 평가해야 한다. 그러나 계통의 미래 성능은 항상 불확실성을 가지고 있으므로 계통의 미래 성능은 확률변수이다. 따라서 제1장에서 설명한 확률 개념을 사용해 계통의 미래 성능과 관련된 불확실성을 평가해야 한다. 이와 같은 확률은 통계를 이용해 추정할 수 있으므로 신뢰도 평가에는 확률과 통계가 모두 필요하다.

계통의 신뢰도는 아래와 같은 다양한 척도를 사용해 표현될 수 있다.

(1) 평균고장시간(Mean Time To Failure: MTTF)

(2) 단위 시간당 고장 횟수(고장률)

(3) 계통이 특정 시간 간격(0, t)에 실패하지 않을 확률(생존 확률)

(4) 계통이 시간 t에서 작동할 수 있는 확률(시간 t에서의 가용성)

이들 척도의 정확한 정의는 '2.1.2 신뢰도 평가의 중요 개념'에 상세히 기술했다.

나. 기능

신뢰도는 계통의 기능(Function) 실패와 연관되어 있으므로, 계통의 잠재적인 고장 모드를 식별하려면 계통의 모든 기능을 파악해야 한다. 그러나 단순한 장비라도 쉽게 파악하기 어려울 수 있는 숨겨진 기능이 있는 경우가 많다. 따라서 계통의 일반적인 기능 범주 목록이 있으면 어떤 계통의 기능 파악에 유용하다. 예를 들어 탱크 등에 물을 공급하는 모터 펌프의 기능은 다음과 같은 일반적인 기능 범주에 따라 구분할 수 있다.

(1) **필수 기능** : 물 공급 기능

(2) **보조 기능** : 물 저장, 누수 방지 기능

(3) **보호 기능** : 전기 모터의 방전 방지 기능

(4) **정보 기능** : 펌프 내부 압력, 유량 측정 기능

(5) **조절 기능** : 펌프의 동작 조절 기능

(6) **연결 기능** : 물의 취수와 외부 토출 기능

(7) **비필수 기능** : 위에 기술한 기능 이외의 기타 기능

다. 결함 및 고장

결함(Fault)은 계통 혹은 계통 구성 요소의 바람직하지 않은 비정상적인 상태를 유발하는 이상 상태를 의미한다. 이와 같은 결함은 다음과 같은 원인으로 발생한다.

(1) 부적절한 명령의 존재 또는 적절한 명령의 부재

(2) 고장(Failure)

여기서 고장은 '어떤 요소 혹은 어떤 요소의 부분이 의도한 대로 기능하지 못하는 사건 혹은 상태'로 정의된다. 예를 들어 어떤 밸브가 열려야 할 때 열리지 않아 냉각수 등이 통과하지 못하면 해당 밸브의 고장으로 간주한다. 모든 고장은 결함을 유발하지만, 모든 결함이 고장을 일으키는 것은 아니다. 예를 들어 어떤 프로그램의 고장(기능 상실)은 결함을 유발하지만, 프로그램의 결함(프로그램 오류)이 항상 프로그램의 고장을 유발하는 것은 아니다.

고장은 종류는 다양하게 분류할 수 있다. 예를 들어 아래의 리스트와 같이 분류할 수도 있고 혹은 [그림 2-18]에 나온 바와 같이 분류할 수도 있다[M. Rausand, 2003].

(1) **고장 원인**

1) 기본 고장(설계기준을 초과하는 환경 또는 스트레스에 노출되지 않은 상황에서 발생하는 계통 자체에 내재 된 고장)

2) 2차 고장(고장 난 요소가 설계기준을 초과하는 환경 혹은 스트레스에 노출되어 발생하는 고장)

3) 명령 결함

(2) 고장 발생 시간

    1) 갑작스러운 고장

    2) 점진적인 고장

(3) 고장 탐지 가능성

    1) 명백한 고장

    2) 숨겨진 고장

(4) 고장의 심각도

    1) 부분 고장

    2) 완전 고장

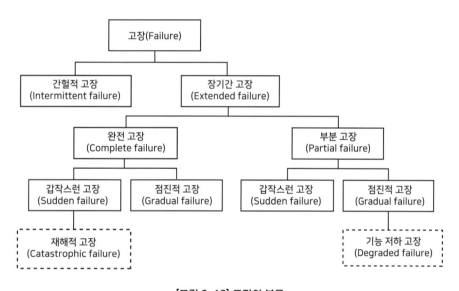

[그림 2-18] 고장의 분류

라. 고장 모드

고장 모드(Failure Mode)는 '고장 난 요소에서 관찰되는 고장의 효과'로 정의된다. 고장 모드는 어떤 계통 혹은 계통의 구성 요소가 필요한 기능을 수행할 수 없는 원인을 구분하는 데 사용된다. 고장 모드는 항상 계통 혹은 계통 구성 요소의 필수 기능과 관련되어 있다. 일반적으로 다음과 같은 고장 모드가 있다.

　(1) 작동 중 고장

　(2) 정해진 시간에 작동하지 않는 고장

　(3) 정해진 시간에 운전이 중단되지 않는 고장

　(4) 의도되지 않은(Spurious) 운전

마. 고장 원인

고장 원인(Failure Cause)은 설계, 제조 또는 사용 중 발생해 고장을 유발하는 어떤 상황을 의미한다. NUREG/CR-5460은 고장 원인을 다음과 같이 분류하고 있다[NRC, 1990].

　(1) **근접 원인** : 고장을 유발하는 상황을 쉽게 식별할 수 있는 상태

　(2) **조건부 사건** : 계통의 구성 요소가 고장 날 가능성을 높이는 사건

　(3) **유발 사건(Trigger Event)** : 일반적으로 계통 외부에서 계통 고장을 유발하는 사건

　(4) **근본 원인** : 계통 혹은 계통 구성 요소가 실패하는 가장 기본적인 원인(이와 같이는 근본 원인이 제거되면 고장의 재발을 방지할 수 있다.)

이외에도 [그림 2-19]와 같이 고장의 원인도 설계, 제조 및 사용 중 발생 고장 원인 등 다양한 기준으로 분류할 수 있다[M. Rausand, 2003].

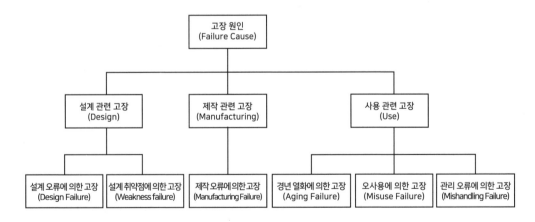

[그림 2-19] 고장 원인의 분류

2.1.2 신뢰도 평가의 중요 개념

이 절에서는 계통 신뢰도 평가에 사용되는 중요 개념인 신뢰도, 비신뢰도(Unreliability) 등의 수학적 정의를 살펴본다[R.A. Dovich, 1990].

가. 신뢰도 및 비신뢰도

가동, 시험 혹은 감시 중인 동일한 제품의 일정한 표본 크기가 n_0개일 때, 이중 특정 시간 t 에 $n_f(t)$ 개의 제품이 고장이 나고, 나머지 제품 수 $n_s(t)$ 개는 기준을 만족하는 성능을 보여주고 있다면 이들 사이의 관계는 다음과 같이 표현된다.

$$n_s(t) + n_f(t) = n_0$$

위 식에서 t는 나이, 총 경과 시간, 작동 시간, 운전 횟수, 이동 거리 또는 $-\infty$에서 ∞까지도 범위가 될 수 있는 모든 일반 확률변수에 대해 측정된 양으로 정의될 수 있다. 이때 시간 t에서 제품의 비신뢰도 추정치 $Q(t)$와 제품의 신뢰도 추정값 $R(t)$는 다음과 같이 정의된다.

$$Q(t) = \frac{n_f(t)}{n_0},$$

$$R(t) = \frac{n_s(t)}{n_0} = 1 - Q(t).$$

즉, 신뢰도는 작동 요구 시간 동안 기기가 성공적으로 기능을 수행할 확률을 나타내며, 비신뢰도는 작동 요구 시간 동안 기기가 기능을 수행하지 못할 확률이다.

[예제 2-1]

어떤 공장에서 주당 평균 10,000개의 장치를 생산하는데, 1년 동안 5,000개의 장치가 제품 성능 시험을 통과하지 못했다. 이 공장에서 생산되는 장치의 비신뢰도를 구하라.

[답]

1년 동안 5,000개의 장치가 제품 성능 시험을 통과하지 못하므로, 위의 $Q(t)$식을 이용하면 이 장치의 비신뢰도는 다음과 같이 구해진다.

(1) 1년 동안의 표본 크기, n_0 = 52 × 10^4

(2) 같은 기간의 시험 통과 실패 수, n_f = 5 × 10^3

(3) $Q(t) = n_f(t)/n_0 = 5 \times 10^3 / 52 \times 10^4 \sim 9.62 \times 10^{-3}$

비신뢰도의 확률 밀도 함수 $f(t)$는 다음과 같이 정의된다.

$$f(t) = \frac{1}{n_0} \frac{d[n_f(t)]}{dt} = \frac{d[Q(t)]}{dt}.$$

이 식의 양변을 적분하면 $Q(t)$는 다음 식과 같이 $f(t)$의 함수로 표현된다.

$$Q(t) = \frac{n_f(t)}{n_0} = \int_0^t f(\tau) d\tau$$

여기서 적분 값은 대상 기기가 $0 \leq \tau \leq t$ 구간 중 실패할 확률을 나타낸다. 특정 시점에서의 신뢰도는 신뢰도 함수 $R(t)$로 다음과 같이 정의된다.

$$R(t) = \text{Probability}[\text{Product life} > t] = P[T > t] = 1 - P[T \leq t].$$

$P[T \leq t]$는 $F(t)$로 표시되는 누적 고장 확률로 누적 분포 함수(CDF)이다. 신뢰도 R(t)와 비신뢰도 Q(t)를 합하면 1이 된다. [그림 2-20]에 신뢰도와 비신뢰도의 관계가 나와 있다.

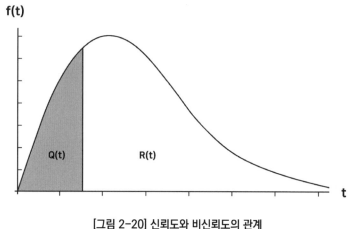

[그림 2-20] 신뢰도와 비신뢰도의 관계

나. 위험률

위험률(Hazard Rate) $h(t)$는 시간 t에 고장이 안 난 제품의 수 대비 단위 시간당 고장이 난 제품의 수이다. 제품 위험률의 가장 기본적인 모양은 [그림 2-21]에 나온 바와 같이 세

개 구간으로 이루어진 욕조 곡선(Bath Tube) 모양이다. 욕조 곡선의 각 구간은 다음과 같은 의미가 있다.

(1) **초기 구간(초기 고장 기간, 고장률 감소 기간)** : 설계, 제조, 시공상의 하자로 인해 초기에는 높았던 기기 혹은 계통의 고장률이 점차 감소하는 구간이다.

(2) **중간 구간(우발 고장 기간, 일정한 고장률 기간)** : 임의 고장이 일정한 고장률로 발생하는 구간이다. 기기 혹은 계통의 대부분 수명 기간이 이 기간에 해당한다. 가용 혹은 수명 구간이라고도 불린다.

(3) **말기 구간(마모 고장 기간, 고장률 증가 구간)** : 재료 마모 및 열화 등으로 인해 기기 혹은 계통의 고장률이 증가하는 구간이다.

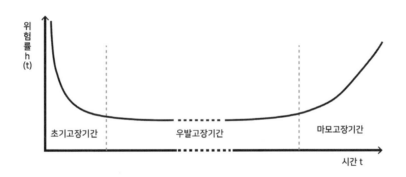

[그림 2-21] 욕조 곡선

예를 들어 N개의 항목이 시간 t = 0에서 시험 되었다고 가정한다. $N_s(t)$를 시간 t에서 성공적으로 기능하는 제품의 수를 나타내는 확률변수라고 하면, $N_s(t)$는 N 및 $R(t)$를 변수로 갖는 이항분포를 따른다. 여기서 $R(t)$는 시간 t에서의 제품 신뢰도이다.

이때 $N_s(t)$의 기댓값($E[N_s(t)]$)과 시간 t에서의 비신뢰도($F(t)$)는 다음과 같이 주어진다.

$$E[N_s(t)] = \overline{N_s}(t) = NR(t)$$

$$F(t) = 1 - R(t) = \frac{N - \overline{N_s}(t)}{N}$$

이를 미분하면 다음과 같이 확률 밀도 함수를 구할 수 있다.

$$f(t) = \frac{dF(t)}{dt} = -\frac{1}{N}\frac{d\overline{N_s}(t)}{dt}$$

$$= \lim_{\triangle_t \to 0} \frac{\overline{N_s}(t) - \overline{N_s}(t + \triangle t)}{N\triangle t}$$

여기서 N을 $\overline{N_s}(t)$로 바꾸면 고장률이 위험률이 된다.

$$h(t) = \lim_{\triangle t \to 0} \frac{\overline{N_s}(t) - \overline{N_s}(t + \triangle t)}{\overline{N_s}(t)\triangle t}$$

$$= \frac{N}{\overline{N_s}(t)}f(t) = \frac{f(t)}{R(t)}$$

즉, 위험률은 어떤 시간 구간이 시작할 때 작동하고 있던 기기 중 그 특정 시간 구간 중에 고장이 발생하는 비율로 일종의 조건부 확률로 볼 수 있다. 따라서 위험률은 상대적인 실패 율로 원래 표본 크기에 무관하며 0과 1 사이의 값을 갖는다. 위험률과 신뢰도와 관계는 다음과 같이 주어진다.

$$h(t) = -\frac{1}{R(t)}\frac{dR(t)}{dt}$$

$$f(t) = -\frac{dR(t)}{dt}$$

0에서 t까지의 작동 시간에 걸쳐 $h(t)$를 적분하고 $R(t = 0) = 1$인 점을 고려하면 다음과 같은 식이 성립된다.

$$\int_0^t h(\tau)dr = -\int_0^t \frac{1}{R(\tau)}dr(\tau) = -\ln R(t)$$

$$R(t) = e^{\int_0^t h(\tau)dr}$$

이때 누적 위험 함수 $H(t)$는 다음과 같이 주어진다.

$$H(t) = \int_{\tau=0}^t h(\tau)dr. = -\ln R(t)$$

고장률과 위험률을 다시 정리하면 다음과 같다.

(1) **고장률** : 명시된 조건(고장, 시간 등)에서 특정 측정 간격 동안 모집단 내 총 고장 수를 해당 모집단에 의해 확장된 총 수명 단위 수로 나눈 값

(2) **위험률** : 위험률은 주어진 항목이 시간 t까지 살아남았을 때 주어진 항목이 t와 $t + \varDelta t$ 시간 사이에 실패할 확률이다. 때로는 조건부 고장률($\lambda(t)$)이라고 불린다. 위험률이 λ로 일정한 경우에는 위험률과 고장률은 같다. 위험률은 고장이 난 기기를 수리할 수 없는 경우에 적용될 수 있다.

[예제 2-2]

어떤 펌프가 1,000 시간 동안 가동되는 동안 평균 5회의 고장이 발생하였다. 이 펌프의 고장률은 구하라.

[답]

고장률은 단위 시간당 고장 횟수이므로 이 펌프의 고장률은 다음과 같이 구할 수 있다.

펌프의 고장률 = 5회 고장/1,000시간 = 0.005 회 고장/시간 =5E-3 고장/시간=43.8 고장/년

[예제 2-3]

다음과 같이 정의된 위험률 함수를 가진 기기가 있다.

$$\lambda(t) = \frac{0.02t}{(1+0.02t)^2}$$

여기서 t는 시간(hour)을 의미한다.

이때

(1) t = 5시간에서 위험률을 구하라

(2) t = 5시간에서 위험률의 의미를 기술하라

(3) 시간(t)이 증가함에 따른 위험률 변화에 관해 기술하라.

[답]

(1) t = 5시간에서 위험률은 다음과 같이 구해진다.

$$\lambda(5) = \frac{0.02 \times 5}{(1 + 0.02 \times 5)^2} \approx 0.0042$$

(2) t = 5시간의 위험률은 약 0.0042이다. 이는 t = 5시간이 되는 시점까지 기기가 살아남 았다는 가정에 따라 기기의 순간 고장률이 시간당 0.0042라는 것을 의미한다.

(3) 시간(t)이 증가함에 따라 위험률은 처음에는 증가하지만, 점점 감소한다. 이는 분 자(0.02t)는 시간이 지남에 따라 선형적으로 증가하지만, 시간의 지남에 따라 분모 ((1+0.02t)²)는 지수적으로 증가하기 때문이다.

다. 이용가능도 및 이용불능도

원자력 리스크 평가에서는 가동 중인 계통의 신뢰도만이 아니라 대기 중인 계통의 신 뢰도도 고려해야 한다. 이때 사용되는 개념이 이용가능도(Availability)와 이용불능도 (Unavailability)이다. 이용가능도는 기기가 임의의 시점에서 기능을 수행할 수 있는 확률 을 나타내며, 이용불능도는 기기가 임의의 시점에서 기능을 수행하지 못할 확률을 나타낸 다. 신뢰도와 비신뢰도의 관계와 동일하게 특정 계통의 임의 시점에서 이용불능도와 이용가 능도를 합하면 1이 된다.

신뢰도 R(t)와 이용가능도 A(t)는 다음과 같은 관계가 있다.

(1) 기본적으로 t = 0일 때 R(0) = A(0) = 1이다.

(2) 수리할 수 없는 기기의 경우는 R(t) = A(t)이다.

(3) 수리 가능한 기기의 경우는 R(t) ≤ A(t) ≤ 1 관계가 성립한다. [그림 2-22]에 R(t)는 점선으로 A(t)는 실선으로 표시되어 있다. [그림 2-22]에서 보듯이 기기가 고장이 나 도 수리가 가능한 경우는 t가 무한대로 갈 때 R(∞)는 0이 되며, A(∞)는 0보다 큰 특정 한 값으로 수렴한다.

이용불능도 개념은 추후 원자력 리스크 평가에서 계통의 이용불능도를 구할 때 사용되는 중요한 개념이다. 즉, 원전에서 이상 상태가 발생한 이후 안전계통의 작동이 요구될 때 필요 안전계통이 정상적으로 동작할 확률이 이용가능도이고, 기기의 고장 등으로 안전계통이 정상적으로 동작하지 못할 확률이 이용불능도이다.

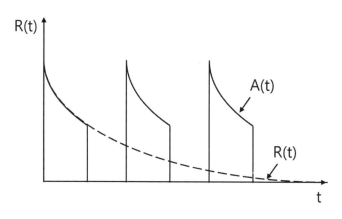

[그림 2-22] 신뢰도와 이용가능도 비교

라. 평균고장시간

원전에서 사용되는 기기 혹은 계통이 고장 나면 이를 수리한 후 다시 사용한다. [그림 2-23]의 윗부분은 이런 과정이 반복되는 상황을 보여준다. 기기가 가동을 한 시간과 수리에 소요된 시간을 각기 모아 표시하면 [그림 2-23]의 아랫부분과 같이 표시할 수 있다. 가동한 시간을 모두 모은 시간을 평균고장시간(Mean Time to Failure: MTTF)이라 부르며, 수리한 시간을 모두 모은 시간을 평균수리시간(Mean Time to Repair: MTTR)이라고 부른다. MTTF는 기기의 평균 작동 시간을 의미하고, MTTR는 고장 후 평균 가동 중지 시간을 나타낸다. 이때 평균 고장 간격(Mean Time Between Failure: MTBF)는 MTTF와 MTTR의 합으로 정의된다. 즉, 다음과 같이 표시될 수 있다.

MTBF = MTTF + MTTR

고장률을 $f(t)$라고 할 때 MTTF는 다음 식과 같이 정의되는 고장 시간의 기댓값이다.

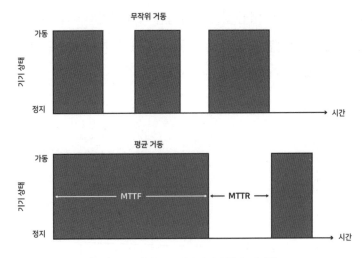

무작위 거동

가동

기기 상태

정지

시간

평균 거동

가동

기기 상태

정지

MTTF

MTTR

시간

[그림 2-23] 평균고장시간과 평균수리시간

$$E[T] = MTTF = \int_0^\infty tf(t)dt = \int_0^\infty R(t)dt.$$

마. 기기 이용불능도 추정

원전에서 사용되는 기기는 일반적으로 [그림 2-21]에 나와 있는 신뢰도 욕조 곡선의 중간 구간(일정한 고장률 기간)에서 운전된다고 본다. 따라서 해당 기기는 일정한 고장률(λ_0)을 갖고 있다고 가정하면 고장률은 지수분포를 따르고, 이때 확률 밀도 함수는 다음과 같이 표시된다.

$$f(t) = \lambda_0 e^{-\lambda_0 t}, \ t \geq 0,$$

이때 신뢰도와 비신뢰도는 다음과 같이 구할 수 있다.

$$R(t) = \int_t^\infty f(\tau)d\tau = \int_t^\infty \lambda_0 e^{-\lambda_0 \tau} d\tau = e^{-\lambda_0 t}.$$

$$F(t) = Q(t) = 1 - e^{-\lambda_0 t}$$

지수분포의 고장률은 일정하므로 다음과 같이 고장률과 위험률은 동일하다.

$$h(t) = \frac{f(t)}{R(t)} = \frac{1}{e^{-\lambda_0 t}}(\lambda_0 e^{-\lambda_0 t}) = \lambda_0.$$

또한, t_1까지 고장 없이 가동된 기기가 특정 시간 t에서 고장 날 확률은 다음과 같이 주어진다.

$$R(t, t_1) = \frac{R(t + t_1)}{R(t_1)} = \frac{e^{-\lambda_0(t + t_1)}}{e^{-\lambda_0 t_1}} = e^{-\lambda_0 t}.$$

즉, 고장 날 확률은 t_1과 무관하다. 이는 앞에서 설명한 바와 같이 지수분포의 기억이 없는 비기억성 특성에 따른 것이다. 지수분포의 MTTF는 다음과 같이 구할 수 있다.

$$MTTF = \int_0^\infty R(t)dt = \int_0^\infty e^{-\lambda_0 t}dt = \frac{1}{\lambda_0}.$$

위 식에서 보듯이 고장 확률이 지수분포를 따르는 기기의 경우 MTTF는 일정한 고장률(λ_0)의 역수로 주어지며, 일반적으로 θ로 표기된다. 위와 유사하게 수리율(μ)이 일정하면 MTTR은 다음식으로 주어진다.

$$MTTR = \frac{1}{\mu}$$

기기의 이용불능도는 기기가 어떤 상황인가에 따라 평가 방법이 달라진다. 원전에서 사용되는 기기는 다음의 3가지 경우로 구분할 수 있다. 각 경우의 이용불능도는 각기 아래와 같이 구할 수 있다.

(1) 작동 요구 시간 t 동안 고장이 나면 수리를 할 수 없는 경우,

$$Q(t) = F(T) = 1 - e^{-\lambda T} \approx \lambda t$$
$$(e^{-\lambda T} = 1 - \lambda T + \frac{\lambda^2 T^2}{e} + \dots = 1 - \lambda T, \ \lambda T \ll 1)$$

(2) 고장이 나면 즉시 수리가 가능한 경우(일반적으로 MTTF $\gg$ MTTR로 가정),

$$Q(t) = \frac{MTTR}{MTTF + MTTR} \approx \frac{MTTR}{MTTF}$$
$$= MTTR * 수리\ 빈도$$

(3) 평상시 운전을 하지 않고 대기 중에 있는 기기로 이 기기의 고장을 확인할 수 있는 시험이 주기 T로 반복적으로 시행되는 경우

$$Q(t) = \overline{F} = \frac{1}{T} \int_0^T (1 - e^{-\lambda t})dx(t) = 1 + \frac{1}{\lambda T}(e^{-\lambda T} - 1) \approx \frac{\lambda T}{2}$$

[예제 2-4]

항상 가동 중인 어떤 계통의 고장률(λ)은 시간당 0.001회로 일정하다. 이 계통의 MTTR 은 10시간이다. 이때 다음 값들을 구하라.

(1) 계통의 이용가능도

(2) 계통의 이용불능도

(3) 이 계통이 500시간 동안 작동 후 다음 50시간 동안 고장이 발생할 확률

[답]

(1) 계통의 이용가능도(신뢰도)는 다음과 같이 구할 수 있다.

$$R(t) = e^{-\lambda_0 t} = e^{-0.0001 \times t}$$

(2) 계통의 이용불능도는 다음과 같이 구할 수 있다.

  1) 작동 요구 시간 t 동안 고장이 나고 수리를 할 수 없는 경우,

$$Q(t) = 1 - e^{-0.0001 \times t}$$

  2) 고장이 나면 즉시 수리가 가능한 경우,

$$MTTF = \frac{1}{\lambda_0} = \frac{1}{0.001} = 1000$$

MTTR=10

$$Q(t) = \frac{MTTR}{MTTF + MTTR} = \frac{10}{1000 + 10} \approx 0.0099$$

2.2 계통 신뢰도 평가 기초

2.2.1 신뢰도 블록 다이어그램

신뢰도 블록 다이어그램(Reliability Block Diagram: RBD)은 계통의 신뢰도 모델을 구축하기 위해 사용되는 도식적 도구이다. RBD는 계통의 성공 또는 실패 조합을 [그림 2-24] 혹은 [그림 2-25]와 같이 보여주는 체계로써, 계통 및 계통의 하위 구성 요소 간의 논리적 관계를 나타낸다. RBD는 계통의 구조에 따른 신뢰도 평가 방법을 이해하는 데 큰 도움이 되는 방법이므로 여기서는 RBD를 이용하여 계통의 구조에 따른 신뢰도 평가 방법을 기술했다.

RBD는 분석 대상 계통의 기본 구조에 따라 달라지며 계통을 구성하는 가장 기본적인 구조는 다음과 같다.

(1) 직렬 구조: 계통의 기능에 필수적인 구성 요소가 직렬(Series)로 연결([그림 2-24], 여기서 $R_i(t)$는 구성 요소 i의 신뢰도를 나타낸다.)

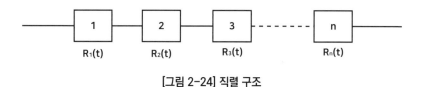

[그림 2-24] 직렬 구조

(2) 병렬 구조: 다른 구성 요소를 대체할 수 있는 기능적으로 동등한 구성 요소를 병렬로 연결[그림 2-25]

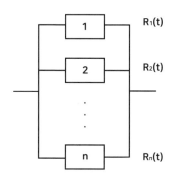

[그림 2-25] 병렬 구조

RBD에서 각 블록은 일종의 전기 회로의 스위치와 같다고 보면 된다. 구성 요소가 작동 중일 때는 스위치가 닫힌 상태이고, 구성 요소가 실패하면 스위치가 열린 상태로 간주하면 된다. RBD로 표현된 계통의 입력과 출력 사이에 전기가 흐르면 계통이 성공 상태, 전기가 흐르지 못하면 실패 상태로 정의된다. 계통의 여러 구성 방식(구조)별 신뢰도 평가 방법이 아래에 설명되어 있다.

가. 직렬 계통

[그림 2-24]에 나온 것 같은 구조를 갖는 직렬 계통(Serial System)의 구조에서 계통이 성공적으로 작동하려면 모든 하위 구성 요소가 성공적으로 작동해야 한다. 이는 한 개의 하위 구성 요소에서라도 장애가 발생하면 전체 계통의 기능이 상실된다는 것을 의미한다. 위의 [그림 2-24]가 직렬 시스템의 RBD이다. [그림 2-24]와 같은 계통을 직렬 계통이라고 하지만 이것이 하위 구성 요소가 꼭 물리적으로 직렬 연결된 경우만을 의미하는 것은 아니고, 논리적인 연결까지 포함한다.

이때 R_i가 i번째 구성 요소의 신뢰도(i = 1, 2···, n)를 의미하고, E_s를 계통이 성공적으로 기능하는 사건, E_i를 각 구성 요소 i가 성공적으로 기능하는 사건이라고 하면 이때 계통의 신뢰도는 다음과 같이 주어진다.

$$R_s = P(E_s) = P(E_1 \cap E_2 \cap \cdots \cap E_n)$$

이것은 모든 하위 구성 요소가 작동하는 경우에만 전체 계통이 작동하기 때문이다. 모든 사건 E_i(i = 1, 2···, n)가 확률적으로 독립적인 경우는 계통의 신뢰도를 다음과 같이 계산할 수 있다.

$$R_s = P(E_1)P(E_2) \cdots P(E_n) = \prod_{i=1}^{n} P(E_i) = \prod_{i=1}^{n} R_i.$$

i번째 하위 구성 요소의 고장 시간의 확률변수를 T_i (i = 1, 2···, n)로 표시하면, 직렬 계통의 시간 t에서의 신뢰도는 다음과 같이 주어진다.

$$R_s(t) = P[(T_1 > t) \cap (T_2 > t) \cap \cdots \cap (T_n > t)].$$

만약 모든 확률변수 T_i (i = 1, 2⋯, n)가 서로 독립적인 경우의 신뢰도는 다음과 같이 구해진다.

$$R_s(t) = P(T_1 > t)P(T_2 > t) \cdots P(T_n > t).$$

따라서 다음 방정식으로 나타낼 수 있다.

$$R_s(t) = R_1(t)R_2(t) \cdots R_n(t) = \prod_{i=1}^{n} R_i(t).$$

[예제 2-5]

다음 [그림 2-26]과 같은 RBD를 갖는 계통의 신뢰도를 구하라. 단 R_1, R_2, R_3는 서로 독립이며, 각기의 신뢰도 값은 다음과 같다: R_1=0.95, R_2=0.8, R_3=0.9

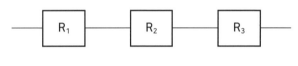

[그림 2-26] 예제 직렬 계통

[답]

이 계통은 구성 RBD가 서로 독립인 직렬 계통이므로 이 계통의 신뢰도(R_s(t))는 다음과 같이 구할 수 있다.

$$R_s(t) = R_1(t)R_2(t)R_3(t) = 0.95 \times 0.8 \times 0.9 = 0.684$$

나. 병렬 계통

[그림 2-25]와 같은 형태로 모두 가동 중인 구성 요소가 다중으로 연결된 계통을 병렬 계통(Parallel System)이라고 한다. 이 계통은 모든 구성 요소가 실패한 경우에만 실패한다. 전체 병렬 구성 요소 n개 중 m개 성공하면 성공하도록 구성하는 병렬 계통도 있으며, 이런 계통은 'm-out-of-n' 계통이라고 부른다. 이는 n개의 다중 하위 구성 요소 중 m개가 작동하면 계통의 기능이 성공한다는 것을 의미한다.

하나의 구성 요소만 성공하면 계통 전체가 성공하는 병렬 계통의 경우는 하위 구성 요소가 시간 t까지 모두 실패하면 계통이 실패하는 것이고, 작동 요구 시간 t까지 구성 요소 중 하나 이상이 살아남으면 계통은 t에서 기능하고 있다고 본다.

계통 고장 확률, 즉 비신뢰도 $Q_s(t)$는 아래와 같이 구해진다.

$$Q_s(t) = [1 - R_1(t)] \times [1 - R_2(t)] \times \cdots \times [1 - R_n(t)] = \prod_{i=1}^{n}[1 - R_i(t)]$$

따라서 병렬 계통의 신뢰도는 다음과 같이 표현될 수 있다.

$$R_s(t) = 1 - Q_s(t), = 1 - \prod_{i=1}^{n}[1 - R_i(t)]$$

[예제 2-6]

다음 [그림 2-27]과 같은 RBD를 갖는 계통의 고장 확률 및 신뢰도를 구하라. 단 R_1, R_2, R_3는 서로 독립이며, 각기의 신뢰도 값은 다음과 같다: R_1=0.95, R_2=0.8, R_3=0.9

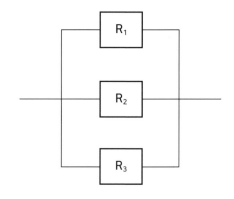

[그림 2-27] 예제 병렬 계통

[답]

이 계통은 구성 RBD가 서로 독립인 병렬 계통이므로 이 계통의 고장확률($Q_s(t)$) 및 신뢰도($R_s(t)$)는 다음과 같이 구할 수 있다.

$$Q_s(t) = [1 - R_1(t)] \times [1 - R_2(t)] \times [1 - R_3(t)]$$
$$= (1 - 0.95) \times (1 - 0.8) \times (1 - 0.9) \approx 0.001$$
$$R_s(t) = 1 - 0.001 = 0.999$$

직관적으로 예상되는 바와 같이 일반적으로 병렬 계통의 신뢰도가 직력 계통의 신뢰도보다 상당히 높다.

다. 대기 계통

대기 계통(Standby System)은 가동 중인 계통의 구성 요소가 고장이 날 때 활성화되어 고장 난 구성 요소를 대체할 수 있는 하나 이상의 대기 구성 요소로 구성된다.

가동 중인 구성 요소의 고장은 고장 감지 구성 요소(Sensing Element)의 신호를 발생시키고, 이 신호가 발생하면 교체 구성 요소(Switching Subsystem)는 대기 구성 요소(Standby Unit)를 작동시킨다. 가장 간단한 대기 계통의 구성은 [그림 2-28]에 나온 것과 같은 두 개의 구성 요소로 이루어진 계통이다. 실제로는 n개의 구성 요소가 있고, 그중 (n − 1) 개의 구성 요소가 대기 상태에 있는 방식이 일반적이다.

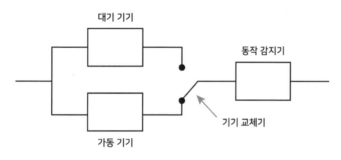

[그림 2-28] 대기 계통의 구조

대기 계통의 예로서 [그림 2-28]에 나온 것과 같이 두 개의 구성 요소가 있고, 또한, 동작 감지 및 기기 교체 구성 요소가 완벽한 계통(각기의 신뢰도가 1)인 경우를 살펴본다. 이때 i 번째 구성 요소의 고장 시간 확률변수 T_i에 대한 확률 밀도 함수를 $f_i(t)$, 계통의 고장 시간 확률변수 T_S에 대한 확률 밀도 함수를 $f_S(t)$라고 하자. 이 계통에서는 첫 번째 구성 요소가 고장이 나면 두 번째 구성 요소가 작동한다. 따라서 계통의 고장 시간 T_S는 첫 번째 구성 요소의 고장 시간 T_1과 두 번째 구성 요소의 고장 시간 T_2를 더한 시간이 된다: $T_S = T_1 + T_2$. 그리고 이때 $f_S(t)$는 다음과 같이 주어진다.

$$f_s(t) = \int_0^t f_1(x) f_2(t-x) dx.$$

만약 T_1과 T_2가 각기 고장률이 λ_1과 λ_2인 지수분포를 가지면 계통의 고장 시간 확률변수 T_S에 대한 확률 밀도 함수를 $f_S(t)$와 신뢰도 $R(t)$는 다음과 같이 구할 수 있다.

$$f_s(t) = \int_0^t \lambda_1 e^{-\lambda_1 x} \lambda_2 e^{-\lambda_2(t-x)} dx = \frac{\lambda_1 \lambda_2}{\lambda_1 - \lambda_2} e^{-\lambda_2 t} + \frac{\lambda_1 \lambda_2}{\lambda_2 - \lambda_1} e^{-\lambda_1 t}.$$

$$R_s(t) = \int_t^\infty f_s(x) dx = \frac{\lambda_1}{\lambda_1 - \lambda_2} e^{-\lambda_2 t} + \frac{\lambda_2}{\lambda_2 - \lambda_1} e^{-\lambda_1 t}.$$

따라서 이 대기 계통의 MTBF, 즉 θ_S는 다음과 같이 도출된다.

$$\theta_s = \frac{1}{\lambda_1} + \frac{1}{\lambda_2},$$

만약 가동 중 구성 요소와 대기 구성 요소의 고장률이 λ로 동일하고, 감지 및 교체 구성 요소가 완벽하다면 대기 계통의 신뢰도 R(t)는 다음과 같이 주어진다.

$$R_s(t) = e^{-\lambda t}(1 + \lambda t).$$

[예제 2-7]

어떤 원전에 제어를 담당하는 두 대의 컴퓨터가 설치되어 있다. 이 중 한 개는 작동 중이고 다른 한 개는 대기 상태로 작동 중인 컴퓨터가 고장이 나면 대기 중인 컴퓨터로 전환이 된다. 각 컴퓨터의 MTBF는 4,000시간으로 지수분포를 따르고, 필요하면 컴퓨터 간의 전환은 완벽히 이루어진다고 가정한다. 이때 다음 값을 구하라.

(1) 첫 번째 컴퓨터의 고장 후 두 번째 컴퓨터가 즉시 켜지는 경우 800시간 동안의 컴퓨터 시스템(두 컴퓨터로 구성된)의 신뢰도

(2) 두 컴퓨터로 구성된 컴퓨터 시스템의 MTBF (θ_S)

[답]

(1) 컴퓨터의 MTBF가 4,000시간이므로 이 컴퓨터의 고장률(λ)은 다음과 같이 구해진다.

$$\lambda = \frac{1}{4000} = 0.00025$$

따라서 이 컴퓨터 시스템의 신뢰도는 다음과 같다.

$$R_s(t) = e^{-\lambda t}(1 + \lambda t) = e^{-0.00025 \times 800}(1 + 0.00025 \times 800) \approx 0.98$$

(2) 컴퓨터 시스템의 MTBF는 다음과 같다.

$$\theta_s = \frac{1}{\lambda_1} + \frac{1}{\lambda_2} = \frac{2}{\lambda} = 8,000 \,(\text{시간})$$

라. 구성이 복잡한 계통

현실에서는 앞서 설명한 [그림 2-24~28]과 같이 계통이 간단히 구성되는 경우는 거의 없다. 반대로 이런 간단한 형태의 계통들을 복합적으로 결합해 실제 계통을 구성하며, 따라서 실제적인 계통은 [그림 2-29]의 예에서 보듯이 훨씬 복잡한 계통 구조를 갖는 것이 일반적이다. 일반적으로 이런 복잡한 계통의 신뢰도 분석은 신뢰도 분석용 컴퓨터 프로그램을 사용해 수행한다.

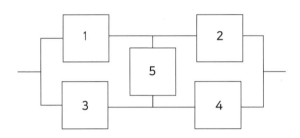

[그림 2-29] 복잡한 계통 구조의 예

그러나 [그림 2-29]의 구조를 갖는 계통의 신뢰도 R_s는 다음과 같이 수정된 형식의 베이스 공식을 사용해 간편히 계산할 수도 있다.

$$P(B) = P(A) \cdot P(B|A) + P(\overline{A}) \cdot P(B|\overline{A})$$

여기서 P(x)는 '사건 x의 확률'을 의미하며, P(x|y)는 조건부 확률로 '사건 y가 주어졌을 때 사건 x의 확률'을 의미한다. 위 식에서 B는 우리가 원하는 사건(이 경우는 계통의 성공)을 의미하고 $\overline{A}$는 사건 A가 발생하지 않음을 의미한다.

사건 A를 구성 요소 5가 살아남는 사건이라고 하면, 이 사건이 발생하는 경우 [그림 2-29]의 구조는 [그림 2-30] (a)의 구조로 변경되었다고 볼 수 있다. 이때 구조가 변경된 계통의 신뢰도 R_{α}는 병렬 계통의 신뢰도 평가 방법과 직렬 계통의 신뢰도 평가 방법을 조합해 구할 수 있다.

만약 구성 요소 5가 고장 나면 계통의 구조는 [그림 2-30] (b)의 구조로 변경되었다고 볼 수 있다. [그림 2-30] (b)와 같이 구조가 변경된 계통의 신뢰도 R_{β}도 병렬 계통의 신뢰도 평가 방법과 직렬 계통의 신뢰도 평가 방법을 조합해 구할 수 있다.

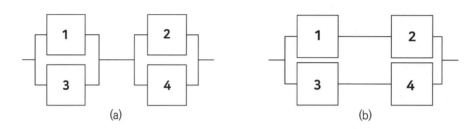

[그림 2-30] 복잡한 계통의 변환 구조

R_5가 구성 요소 5의 신뢰도라고 할 때, $P(B) = R_s$, $P(A) = R_5$, 그리고 $P(\overline{A}) = 1 - R_5$로 정의하면 수정된 형식의 베이스 공식으로부터 다음과 같이 전체 계통의 신뢰도를 구할 수 있다.

$$R_s = R_5 \cdot R_\alpha + (1 - R_5) \cdot R_\beta$$

원칙적으로 모든 복잡한 구조의 계통은 위와 같은 방식으로 분석할 수 있다. 즉, 다른 복잡한 구조를 갖는 계통도 베이스 공식에서 '사건 A'를 적절하게 선택하면 위와 같은 방법으로 분석을 할 수 있다. 이 방법을 전체 구조에 적용할 수 없다면 하위 그룹에 베이스 공식을 먼저 적용한 후 이 과정을 상위 그룹에 계속 반복해 적용하면 계통의 최종 신뢰도를 구할 수 있다.

[예제 2-8]

[그림 2-29]의 구조를 갖는 계통의 구성 요소들이 서로 독립이며, 각 구성 요소의 신뢰도 값이 아래와 같다고 할 때 해당 계통의 신뢰도를 구하라.

$R_1 = 0.9$, $R_2 = 0.85$, $R_3 = 0.95$, $R_4 = 0.9$, $R_5 = 0.7$

[답]

먼저 구성 요소 5가 항상 고장이 없이 완벽한 경우에는 해당 계통은 [그림 2-30] (a)와 같은 구조를 가지며 이때의 신뢰도(R_α)는 다음과 같이 구해진다.

$R_\alpha = [1-(1-0.9)\mathrm{x}(1-0.95)] \times [1-(1-0.85)\mathrm{X}(1-0.9)] \sim 0.98$

반대로 구성 요소 5가 항상 고장이 나 있는 경우에는 해당 계통은 [그림 2-30] (b)와 같은 구조를 가지며 이때의 신뢰도(R_β)는 다음과 같이 구해진다.

$R_\beta = 1-(1-09 \times 0.85) \times (1-0.95 \times 0.9) \sim 0.86$

이 경우 베이스 공식으로부터 다음과 같이 전체 계통의 신뢰도를 구할 수 있다.

$R_s = R_5 \cdot R_\alpha + (1-R_5) \cdot R_\beta = 0.7 \times 0.98 + (1-0.7) \times 0.86 = 0.944$

2.2.2 기타 신뢰도 평가 방법

앞서 원자력 리스크 평가를 위한 기초 지식인 확률, 통계의 기본 개념을 살펴보았다. 또한, RBD를 이용해 간단한 구조를 갖는 계통의 신뢰도 분석 방법을 소개했다. 그밖에 베이지안 빌리프 네트워크(Bayesian Belief Network) 등 매우 다양한 계통 신뢰도 평가 방법이 있다[M. Rausand, 2003]. 여기서는 기타 신뢰도 평가 방법으로 FMEA (Failure Mode and Effect Analysis) 방법과 마르코프(Markov) 방법을 간략히 소개한다.

FMEA(Failure Mode and Effect Analysis) 방법은 분석 대상 계통에서 발생 가능한 모든 잠재적 고장 및 이러한 고장이 계통에 미칠 수 있는 영향을 정성적으로 파악하고, 이와 같은 고장을 예방하거나, 고장의 영향을 완화할 수 있는 방법을 도출하는 데 사용된다 [K.C.Kapur, 2013]. FMEA 방법은 정량적 신뢰도 및 리스크 평가의 기반 자료를 제공하지만, FMEA 방법은 고장 발생 가능성 및 영향을 전문가 판단에 의존하는 정성적 평가 방법이라는 한계를 가지고 있다. 〈표 2-3〉에 FMEA 수행에 사용되는 FMEA 표의 예제가 나와 있다.

〈표 2-3〉 FMEA에 사용되는 표의 예제

프로세스 단계	잠재적 실패 모드	실패의 잠재적 영향	S (심각도)	실패의 원인	O (발생)	현재 제어	D (감지)	RPN
밸브	개방 실패	급수 실패	9	전원 상실	2		8	144
...								
...								

〈표 2-3〉에서 각 항목의 의미는 다음과 같다. 그러나 FMEA 관련 항목의 선정과 의미는 FMEA의 수행 목적에 따라 변경될 수 있으며, 아래의 설명은 하나의 예이다.

(1) 프로세스 단계 : 분석 중인 공정의 특정 단계(예: 냉각수 혹은 전원 공급 등)

(2) 잠재적 실패 모드 : 프로세스가 실패할 수 있는 방식(예: 밸브 개방 실패 등)

(3) 실패의 잠재적 영향 : 실패의 결과(예: 냉각수 상실 등).

(4) S(심각도) : 1(가장 심각하지 않음)에서 10(가장 심각함)까지 실패로 인한 영향의 심각도를 표시

(5) 실패의 원인 : 실패가 발생할 수 있는 이유(예: 인적 오류, 기기 고장 등)

(6) O(발생) : 1(발생 가능성이 가장 낮음)에서 10(발생 가능성이 가장 큼)까지의 실패 발생 가능성

(7) 현재 제어 : 장애 모드를 감지하거나 방지하기 위한 기존 조치(예: 육안 확인, 수동 검사)

(8) D(감지) : 장애가 심각한 영향을 미치기 전에 감지될 가능성을 1(가장 감지될 가능성이 큼)에서 10(가장 감지될 가능성이 작음)까지의 척도로 표시

(9) RPN(위험 우선 순위 번호) : 심각도, 발생 횟수 및 탐지 횟수의 곱(RPN = S * O * D)으로, 해결해야 할 장애의 우선 순위를 정하는 데 사용

또한, 앞에서 소개한 RBD 방법 등의 계통 신뢰도 평가 방법들이 기본적으로 특정 기간의 평균 신뢰도를 구하는 정적(Static) 신뢰도 방법이라면 시간에 따라 계통의 동적(Dynamic) 신뢰도를 파악하는 방법도 있다. 예를 들어 마르코프 방법에서는 [그림 2-31]에 나온 바와 같이 성공 상태(1)와 실패 상태(0)라는 분석 대상 항목의 상태를 정의한 후 단위 시간당 고장률(λ)과 수리율(μ)에 따라 양쪽 상태의 시간에 따른 변화를 평가한다.

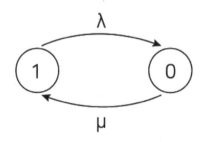

[그림 2-31] 마르코프 모델

[그림 2-31]의 마르코프 상태 방정식은 아래와 같이 주어진다.

$$[P_0(t), P_1(t)] \cdot \begin{pmatrix} -\mu & \mu \\ \lambda & -\lambda \end{pmatrix} = [\hat{P}_0(t), \hat{P}_1(t)]$$

여기서 $P_1(t)$는 기기가 시간 t에 성공 상태에 있을 확률을, $P_0(t)$는 기기가 실패 상태에 있을 확률을 의미한다. 그리고 $\hat{P}_1(t)$와 $\hat{P}_0(t)$는 각기 다음 시간 스텝에 기기가 성공 상태에 있을 확률과 실패 상태에 있을 확률을 의미한다. 만약 이 기기가 $t=0$에서 동작 중이었다고 가정하면, $P_1(0)=1$, $P_0(0)=0$이 되며, $P_1(t) + P_0(t) = 1$이 된다. 이때 위 식의 해는 다음과 같이 주어진다.

$$P_1(t) = \frac{\mu}{\mu + \lambda} + \frac{\lambda}{\mu + \lambda}e^{-(\lambda + \mu)t}$$
$$P_0(t) = \frac{\lambda}{\mu + \lambda} + \frac{\lambda}{\mu + \lambda}e^{-(\lambda + \mu)t}$$

즉, 위식을 이용하여 대상 기기가 시간 t에서 성공 상태에 있을 확률 및 실패 상태에 있을 확률을 계산 할 수 있다.

그러나 이들 방법은 원자력 리스크 평가와 같은 대규모 시설의 신뢰도 혹은 리스크 분석에 사용하기에는 아직 한계가 있는 상황이다. 따라서 이들 방법은 원자력 리스크 평가에 보조적으로 사용되는 경우는 있지만, 핵심적인 방법은 아니므로 여기서는 자세한 설명은 생략한다. 실제 원자력 리스크의 평가 방법은 이 장에서 설명한 방법보다 훨씬 복잡하다. 다음 장에서는 원자력 리스크 평가에 실제 사용되는 리스크 평가 방법들을 소개한다.

또한, 기존 PSA와 열수력 코드 등을 연계하여 사고의 동적 특성을 PSA에 반영하려는 시도가 있으며 이를 동적 PSA (Dynamic PSA)라고 부른다. 이 방법에 대해서는 제3부 4장에 간략히 기술하였다.

제3장 원자력 리스크 평가 방법

어떤 시설 혹은 계통의 신뢰도 분석에는 매우 다양한 방법이 사용된다. 앞서 언급하였듯이 여러 방법 중에는 어떤 순간의 평균적 신뢰도(혹은 고장 확률)를 평가하는 정적 신뢰도 분석 방법도 있고, 혹은 시간에 따른 신뢰도의 변화를 평가하는 동적 신뢰도 분석방법도 있다. 그 중에서 원자력시설의 리스크 평가에 사용되는 대표적인 방법은 정적 신뢰도 분석방법의 일종인 고장수목분석(Fault Tree Analysis: FTA) 방법과 사건수목분석(Event Tree Analysis: ETA) 방법이다. 고장수목방법은 주어진 결과의 원인을 연역적으로 추적하는 방법으로 계통이나 기능의 고장 원인을 찾는데 편리한 방법이고, 사건수목방법은 어떤 사건으로부터 사고의 진행 경위를 귀납적으로 찾는데 유용한 방법이다. 고장수목과 사건수목분석 방법은 원자력 리스크를 종합적으로 평가하기 위해 미국의 원자로안전연구(Reactor Safety Study, WASH-1400)에서 함께 사용된 이후 현재까지도 사용되고 있는 가장 대표적인 원자력 리스크 평가 방법이다[NRC, 1975]. 제3장에서는 고장수목과 사건수목분석 방법의 기본적 개념을 소개한다[박창규 외, 2003]. 실제 원자력시설의 리스크 평가에서 이들 방법이 어떻게 활용되는지는 '제3부 원자력 리스크 평가 체제'와 부록 '1단계 PSA 수행 예제'에 나와 있다.

3.1 고장수목분석 방법

고장수목분석 방법은 1962년에 미국의 벨연구소가 미사일의 신뢰도 평가를 위해 개발한 방법으로 WASH-1400에서 계통의 신뢰도 분석을 위해 사용되었다. 고장수목분석 방법은 어떤 계통의 고장 상태(혹은 안전 관점에서 바람직하지 않은 상태)를 유발할 수 있는 모든 원인(환경 혹은 운전 관련 원인 등)을 찾아내는 분석 방법이다[NRC, 1981]. 미국의 PSA 표준(Standards)에서는 고장수목을 분석 대상의 바람직하지 않은 특정 사건을 유발하는 다른 바람직하지 않은 사건의 논리적 조합을 나타내는 연역적 논리 다이어그램이라고 정의하고 있다[ASME/ANS, 2009]. 즉, 고장수목은 불대수에 기반을 두어 원하지 않는 정점사건(Top Event)을 유발할 수 있는 다양한 고장 경로를 나타내는 도식적 논리 모델이다.

몇 가지 고장수목의 예가 [그림 2-32~34]에 나와 있다. [그림 2-32~34]에 나와 있듯이 고장수목을 개발하기 위해서는 정점사건을 유발하는 사건(Event)과 이들 사건 간의 결합 논리-게이트(Gate)를 파악해야 한다. 원전과 같이 복잡한 시설의 고장수목을 구성하기 위해서는 다양한 사건과 결합 논리가 필요하다. 고장수목에서 자주 사용되는 대표적인 사건과 게이트의 기호와 이에 대한 설명이 〈표 2-4〉에 나와 있다[NRC, 1981]. 실제 고장수목의 구성에는 〈표 2-4〉에 나온 예보다 훨씬 다양한 종류의 사건과 게이트가 사용된다. 이에 대해서는 참고 문헌 NUREG/CR-2300 [NRC, 1981]에 상세한 내용이 나와 있다. [그림 2-32~34]에 나와 있는 고장수목은 '2.2 계통 신뢰도 평가 기초'에서 소개한 기본적인 계통 구조를 고장수목으로 표시한 것이다[11]. 각 고장수목은 각기 다음과 같은 불대수를 나타낸다.

(1) 직렬 계통(그림 2-32) : $A \cup B = A+B$

(2) 병렬 계통(그림 2-33) : $A \cap B = A*B = AB$

(3) 복합 계통(그림 2-34) : $G1 = G1*G2 = (A+B)*(A+C)$
$$= AA+AC+AB+BC = A+BC$$

복합 계통의 예에서 보듯이 게이트는 단지 사건의 결합에만 사용되는 것이 아니라 게이트 간의 결합에도 사용이 될 수 있다.

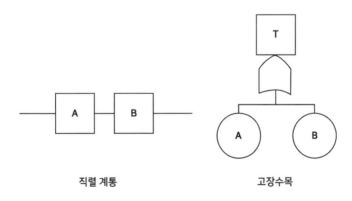

직렬 계통   고장수목

[그림 2-32] 직렬 계통의 고장수목

---

11) [그림 2-32~34]에서는 기본사건, 논리합 게이트와 논리곱 게이트만 사용되었으나, 조건사건, 전이 게이트 등은 [그림 2-43]의 예에 사용되고 있다. 이들 게이트의 의미는 해당 예제에서 상세히 설명하였다.

<표 2-4> 사건과 게이트의 종류

종류	이름	설명	심볼
사건 (Event)	기본사건 (Basic Event)	기본사건은 적절한 분석 수준에 도달해 추가적인 상세 분석이 필요 없는 수준에 도달한 사건이다. 예를 들어 기기 고장, 인간 오류 등이 기본사건이 된다.	○
	미개발 사건 (Undeveloped Event)	미개발 사건은 사건 자체는 더 세분화할 수는 있으나 사건의 영향이 미비하거나 관련 정보가 부족해 더 이상 세분화하지 않은 사건을 나타낸다.	◇
	조건사건 (House Event)	조건사건 자체는 고장을 의미하는 사건은 아니며, 고장수목의 논리 구조를 변경하기 위한 조건을 표시하는 사건이다. 조건사건이 '참' 혹은 '거짓'인가에 따라 고장수목의 논리가 변경된다.	⌂
게이트 (Gate)	논리합 게이트 (OR Gate)	입력 사건을 OR 논리로 결합하는 논리 게이트이다. 입력 사건 중 하나 이상이 발생하면 출력이 발생한다.	⌂
	논리곱 게이트 (AND Gate)	입력 사건을 AND 논리로 결합하는 논리 게이트이다. 모든 입력 사건이 발생해야 출력이 발생한다.	⌒
	전이 게이트 (Transfer Gate)	동일한 고장수목 논리가 중복적으로 나타나는 것을 피하기 위해 사용되는 논리 게이트이다. 이 게이트는 동일한 고장수목 논리를 갖는 부분을 간략히 표시하는 기호라고 할 수 있다.	△
	부정 게이트 (Not Gate)	입력의 진릿값이 참이면 거짓을 출력하고 입력의 진릿값이 거짓이면 참을 출력하는 논리 게이트이다.	Not ○

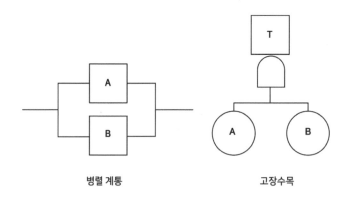

병렬 계통   고장수목

[그림 2-33] 병렬 계통의 고장수목

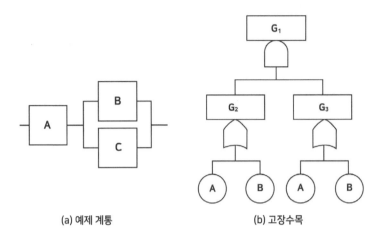

(a) 예제 계통   (b) 고장수목

[그림 2-34] 복합 계통의 고장수목

위에서 A+B, AB, AA+AC+AB+BC 등은 각 고장수목을 불대수로 표현한 것이다. 복합 계통의 경우 'A+AC+AB+BC'가 'A+BC'로 줄어드는 것은 제2부 1.1.1절에서 설명한 불대수의 멱등 법칙과 흡수법칙에 의한 것이다. 'A+AC+AB+BC' 같은 결과에 나타나는 A, AC, AB와 BC 등을 단절 집합(Cut Set)이라고 부른다. 그리고 더 이상 흡수되어 없어지는 단절 집합이 없는 수준까지 최소화(Boolean Reduction)된 A와 BC 같은 단절 집합을 최소단절집합(Minimal Cut Set: MCS)이라고 부른다. 직렬 계통과 병렬 계통의 예제는 각기 A와 B, 그리고 AB가 더 최소화될 수 없으므로 이 결과 자체가 MCS인 경우이다. 분석 대상의 정확한 고장 확률값을 얻기 위해서는 고장수목의 불대수는 반드시 MCS 수준까지 최소화가 되어야만 한다.

만약 MCS가 모두 도출되었고, 각 사건 A, B, C의 확률값을 안다면 [그림 2-32~34]의 각 경우에 대한 신뢰도 값 혹은 고장확률값을 구할 수 있다(이에 대한 상세한 내용은 '3.3.2 정점사건 확률 도출 방법'에 기술되어 있다). 결국, 고장수목을 이용한 계통(기능)의 신뢰도(고장 확률)는 다음과 같은 절차를 통해 구해진다.

(1) 고장수목 작성
(2) 고장수목을 불대수로 변환
(3) MCS 도출

(4) 정점사건 발생 확률 계산

그러나 실제 계통에 대한 고장수목을 개발하기 위해서는 분석 대상이 어떻게 작동하고 유지, 관리되는지에 대한 상세한 지식이 필요하다. 예를 들어 [그림 2-35]에 나와 있는 예제 계통은 1개의 탱크(TK-RWT)와 2개의 계열(Train) A, B로 이루어져 있으며 계열 A는 운전 중이며, 계열 B는 대기 중인 상태라고 가정한다. 또한, 계열 A가 기능을 상실하면 계열 B가 운전을 시작하며, 계열 A의 기능 상실을 감지하는 기능과 계열 B를 작동시키는 신호는 완벽하다고 가정한다. 이 경우 예제 계통의 고장수목은 [그림 2-36]과 같이 구성된다.

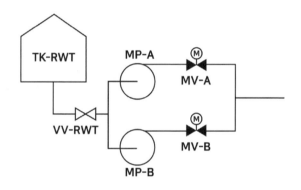

[그림 2-35] 2 계열 예제 계통

이와 같은 고장수목 분석을 통해 분석 대상의 취약점, 고장 확률, 특정 고장의 영향, 고장 간의 상호관계 등을 파악할 수 있다. 그러나 [그림 2-32~34]에 나오는 간단한 구조의 계통은 직관적으로 고장수목을 구성할 수 있고, 그로부터 고장수목의 결괏값도 불대수를 이용해 간단히 계산할 수 있지만, 실제 원전과 같이 복잡한 설비의 고장수목을 구성하고 이로부터 MCS와 계통 고장 확률을 계산하는 것은 매우 복잡한 작업이다.

따라서 원자력 리스크 평가에서 실제 안전계통의 고장수목을 어떻게 개발하는지는 제3부 1.1.4절에 별도로 기술하였으며, 상세한 고장수목 개발 절차도 부록에 나와 있다. 또한, 고장수목과 다음 3.2절에 설명할 사건수목을 결합해 MCS 및 그 확률을 구하는 정량화 과정(Quantification Process)에 대해서도 3.3절에 별도로 기술했다.

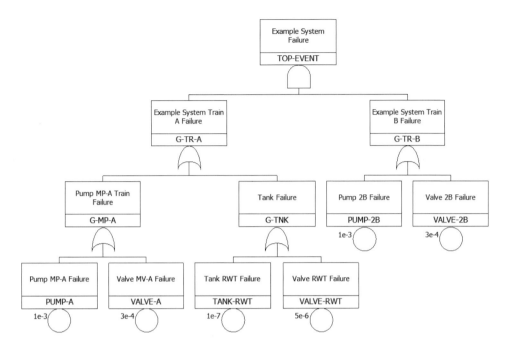

[그림 2-36] 예제 계통의 고장수목

3.2 사건수목분석 방법

일반적으로 어떤 계통 혹은 시설이 규정된 조건을 맞추어 안정적으로 계속 운전되는 상태를 정상 상태라고 부른다. 그러나 원전의 불시정지와 같이 정상 상태를 방해하는 어떤 초기사건(기기의 고장, 운전원 실수 혹은 지진 등으로 인한)으로 안정적인 정상 상태를 지속하지 못할 수 있다. 이런 경우 분석 대상 설비를 안전한 상태로 회복하기 위한 여러 계통의 기기 고장 혹은 운전원 실수로 인해 발생할 수 있는 모든 잠재적 사고경위를 보여주는 귀납적 분석방법이 사건수목분석 방법이다[NRC, 1981]. 사건수목분석 방법을 이용해 분석 대상 설비의 설계 및 운전절차 상의 약점을 파악할 수 있으며 다양한 사고경위의 확률값을 평가할 수 있다.

사건수목의 개념을 간단히 설명하는 예제 사건수목이 [그림 2-37]에 나와 있다. 사건수목은 어떤 초기사건이 발생한 후 그 사건의 영향을 완화하는 데 필요한 계통 혹은 기능의 성공과 실패에 따라 발생 가능한 모든 사고경위를 도출한다. 예를 들어 [그림 2-37]에서 어떤 사람이 약속이 있어 약속 장소에 가기 위해 출발하는 것을 초기사건이라 하고, 이 사람이 이용 가능한 교통수단이 버스, 지하철과 택시의 3종류가 있다고 가정하자. 또한, 이 사람이 선호하는 교통수단의 순서도 버스, 지하철과 택시 순이라고 가정하면, 이 사람이 약속 장소에 가고자 할 때 발생할 수 있는 사고경위는 [그림 2-37]에 나온 것과 같이 4가지가 있을 수 있다. 첫 번째 경위는 출발 후 버스를 타고 약속 장소에 잘 도착하는 경우이고, 두 번째 사건 경위는 버스의 지연 등으로 버스를 타지 못할 상황이 되어 지하철을 이용해 약속 장소에 잘 도착하는 경우이다. 세 번째 사건 경위는 버스도 지하철도 이용할 수 없는 상황이 되어 택시를 타고 약속 장소에 도착하는 경우이다. 마지막 사건 경위는 버스, 지하철과 택시 모두를 이용할 수 없는 상황이 되어 끝내 약속 장소에 못 가고 마는 사건 경위이다.

사건수목에서 사고경위가 나누어지는 것을 분기라고 부르며, 분기되어 위로 올라가는 가지(Branch)는 성공 경로를 나타내며, 아래로 내려가는 가지는 실패 경로를 의미한다. 상황에 따라서는 가지가 단순히 성공과 실패의 두 경우가 아니라 여러 가지의 경우로 분기되기도 한다. 순수하게 논리적으로만 따진다면 경위 #1에서도 지하철 탑승 성공 혹은 실패에 따른 분기가 있어야 하지만 현실적으로는 이미 버스를 타는 데 성공하였으므로 지하철이나 택시를 타는 데 성공하였는지, 실패하였는지를 물어볼 필요가 없다. 이처럼 사고경위를 개발할 때는 현실적인 조건도 고려해야 한다.

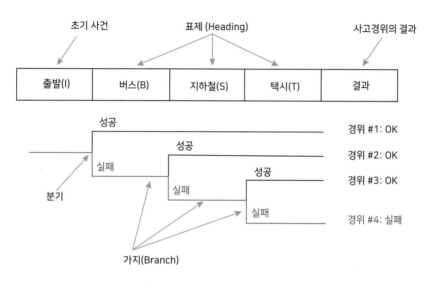

[그림 2-37] 사건수목 예제 (1)

[그림 2-37]에 나와 있는 사건수목의 사고경위도 각기 다음과 같은 불대수를 나타낸다고 볼 수 있다.

(1) 사고경위 #1: $I*\overline{B}$

(2) 사고경위 #2: $I*B*\overline{S}$

(3) 사고경위 #3: $I*B*S*\overline{T}$

(4) 사고경위 #4: $I*B*S*T$

위의 각 사고경위에서 I는 출발이라는 초기사건, B는 버스, S는 지하철, T는 택시를 의미하고, X는 X의 실패, $\overline{X}$는 X의 성공을 의미한다. 예를 들어 사고경위 #3은 '출발(I)'은 하였는데 '버스를 타는 데 실패(B)'하였고, '지하철을 타는 것도 실패(S)'하였지만 '택시를 타는 데는 성공($\overline{T}$)'한 사고경위를 의미한다. 고장수목의 경우와 마찬가지로 I, B, S, T의 확률값을 알면 각 사고경위의 확률값을 도출할 수 있다.

원자력 리스크 평가에 실제 사용되는 사건수목은 [그림 2-38]과 같은 모양을 갖는다. 원전의 정지를 유발하는 어떤 사건(초기사건)이 발생하면 그 사건의 영향을 막기 위해 다양한 안전 기능(Safety Function)이 요구된다. 각 안전 기능은 다시 여러 안전계통을 통해 이루어진다. 예를 들어 [그림 2-38]에서 기능 B (Function B)는 계통 C 혹은 계통 D가 작동하면 성공적으로 달성되는 경우를 나타낸다. 사고 종결 상태(End State)의 CD는 노심손상(Core Damage: CD), OK는 안전 상태를 나타낸다. 실제 사건수목을 어떻게 개발하는지가 제3부 제1장 1.1.3절에 나와 있으며, 상세한 사건수목 개발 절차도 '부록 1단계 PSA 수행 예제'에 나와 있다.

[그림 2-38]에 A*/B*/C*E*F 등 각 사고경위별 불대수가 표시되어 있다. 고장수목의 경우와 마찬가지로 실제 사건수목에서도 각 사고경위의 확률값을 도출하기가 쉽지 않다. 이 과정에 관해서는 다음 3.3절에 기술했다.

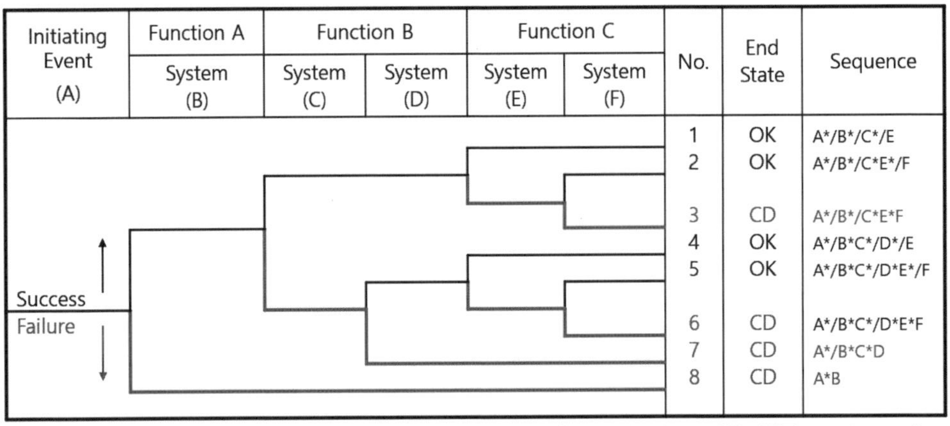

Initiating Event (A)	Function A	Function B		Function C		No.	End State	Sequence
	System (B)	System (C)	System (D)	System (E)	System (F)			
						1	OK	A*/B*/C*/E
						2	OK	A*/B*/C*E*/F
						3	CD	A*/B*/C*E*F
						4	OK	A*/B*C*/D*/E
						5	OK	A*/B*C*/D*E*/F
						6	CD	A*/B*C*/D*E*F
						7	CD	A*/B*C*D
						8	CD	A*B

- End state: OK (core OK), CD (core damage)
- Sequence: X = X 계통 실패, /X = X 계통 성공

[그림 2-38] 사건수목 예제 (2)

사건수목을 개발할 때 한 가지 유의할 점은 계통간의 종속성(Dependency)을 어떻게 반영할 것인가 하는 점이다. 예를 들어 원전의 계통들은 운전을 위해 전원이나 냉각수가 필요하다. 이와 관계를 계통간 종속성을 갖는다고 한다. 사건수목을 구성할 때 이런 종속성을

어떻게 고려하느냐에 따라 사건수목을 구성하는 방법을 크게 두 가지로 구분된다. 한가지는 소형 사건수목/대형 고장수목(Small FT/Large ET) 방법이고, 다른 하나는 대형 사건수목/소형 고장수목(Large ET/Small FT) 방법이다. 소형 사건수목/대형 고장수목 방법에서는 계통간의 종속성을 고장수목 차원에서 고려하는 반면에 대형 사건수목/소형 고장수목 방법에서는 계통간의 종속성을 사건수목에서 고려한다[D.M. Rasmuson, 1992]. 국내에서는 소형 사건수목/대형 고장수목 방법만이 사용되고 있으므로 본 책에서는 이 방법을 기준으로 설명한다.

3.3 고장/사건수목을 이용한 리스크 정량화 방법

고장수목분석 방법은 어떤 계통의 고장 원인을 추적하고 전체적인 고장 확률을 평가하기에 적합한 방법이다. 그러나 WASH-1400에서 세계 최초의 원전 리스크 평가를 진행하면서 고장수목분석 방법만을 이용해서는 복잡하고 방대한 원전의 사고경위를 적절히 평가하기는 어렵다는 것이 밝혀졌다. 이에 WASH-1400 연구를 책임지고 있던 매사추세츠 공과대학교(Massachusetts Institute of Technology: MIT)의 라스무센교수는 영국에서 원전의 설계 최적화를 위해 개발한 사건수목분석 방법을 도입하여 고장수목분석 방법과 결합해 원전의 리스크 평가를 수행하는 체제를 개발했다. 이후 사건수목·고장수목 연계 방법은 원전과 같은 거대하고, 복잡한 설비의 리스크를 평가하는 대표적인 분석방법으로 사용되기 시작했다. 어떤 계통 혹은 시설의 사건수목과 고장수목이 다 개발되고 나면 이를 이용해 해당 설비에 문제를 유발하는 사고의 원인(MCS)과 이들의 확률을 구할 수 있다. 한다. 이 과정을 정량화 절차라고 부른다. 이 절에서는 고장수목과 사건수목을 이용한 1단계 PSA의 리스크 정량화 절차에 관해 기술했다.[12]

3.3.1 최소단절집합 도출 방법

사건수목은 기본적으로 시간에 따른 사고의 전개 과정을 모델하는데 편리한 방법이며, 고장수목은 계통의 고장 원인과 고장 확률을 도출하는데 적합한 방법이다. 1단계 PSA에서는 이 두 가지 방법을 조합해 원전의 리스크를 평가한다. 먼저 특정 초기사건에 사용되는 안전계통을 해당 초기사건에 대한 사건수목의 표제로 하여 사고경위를 도출한다. 이후 각 표제에 해당하는 고장수목을 개발한 후 사건수목과 연계해 사건수목과 고장수목을 포괄하는 하나의 통합 고장수목 형태로 변환한다. 이는 고장수목이나 사건수목이나 모두 불대수에 기반을 둔 논리 모델이기 때문에 가능한 일이다. 이후 하나로 통합된 고장수목에서 MCS를 구하는 방법은 앞서 기술한 바와 같으나 이 절에서 좀 더 상세히 그 과정을 설명한다.

[그림 2-39]와 같은 사건수목이 있고, 해당 사건수목에서 사용되는 계통 A와 계통 B의 고

---

12) 정확히는 1단계 PSA는 원전의 최종 리스크 평가를 위한 사건의 빈도(확률)를 평가한다.

장수목이 [그림 2-40~42]와 같다고 가정한다. 즉, 정점사건 G1은 계통 A의 고장을 의미하며, 정점사건 G2는 계통 B의 고장을 의미하는 정점사건이다. 같은 계통 B라도 고장수목이 G2와 G3로 구분되는 것은 계통 A의 고장(G1)으로 인해 계통 B의 운전 조건이 변화되었다고 가정하였기 때문이다. 각 기본사건의 확률값은 가정한 값이다. 이 경우 사건수목·고장수목의 연계 과정은 다음과 같다.

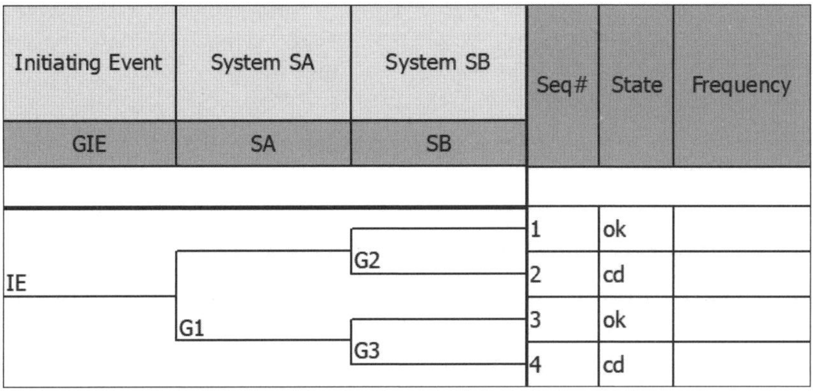

Initiating Event
System SA
System SB
Seq#
State
Frequency
GIE
SA
SB
IE
G1
G2
G3
1
ok
2
cd
3
ok
4
cd

[그림 2-39] 예제 사건수목

G1
X1
X2
1e-4
5e-5

[그림 2-40] 예제 고장수목, G1

G2
G4
G5
X3
X4
X5
X6
1e-3
3e-4
2e-3
3e-4

[그림 2-41] 예제 고장수목, G2

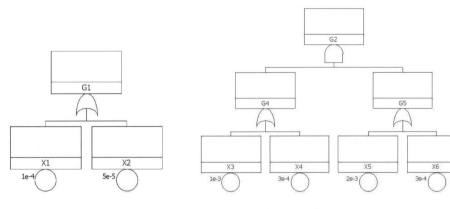

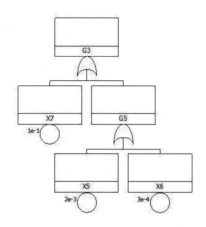

[그림 2-42] 예제 고장수목, G3

먼저 [그림 2-39]의 사건수목을 [그림 2-43]과 같은 고장수목으로 변환한다. [그림 2-43]에서 'GIE-2!' 게이트는 [그림 2-39]의 사건수목의 사고경위 #2를, 'GIE-4!' 게이트는 [그림 2-39]의 사건수목의 사고경위 #4를 나타낸다. 사고경위 #1과 #3은 성공 경로이므로 고장수목에 포함되지 않는다[13] .

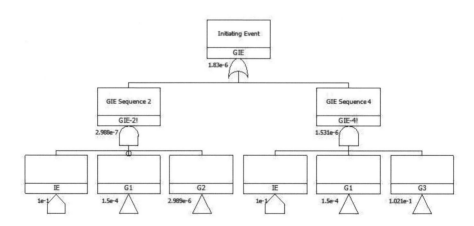

[그림 2-43] 사건수목 변환 고장수목

---

13) 초기사건 IE는 해당 초기사건이 발생하는 경우만 참이 되므로 조건사건(⌂)으로 모델 되어있고, G1 게이트 밑의 고장수목은 [그림 2-40]과 같이 별도로 모델 되어있으므로 전이 게이트(△)로 표시되어 있다.

[그림 2-43]에 나와 있는 G1 게이트는 〈표 2-4〉에 나와 있는 부정 게이트(Not Gate)로 GIE-2! 게이트와 연결되어있는 점에 유의해야 한다. 이것은 사고경위 #2에서 G1은 성공했다는 것을 의미한다. 사건수목을 고장수목으로 변환한 [그림 2-43]의 고장수목의 각 게이트에 각기 대응되는 [그림 2-40~42]의 고장수목을 결합하면 최종적으로 [그림 2-44]와 같은 사건수목·고장수목이 통합된 고장수목을 도출할 수 있다.

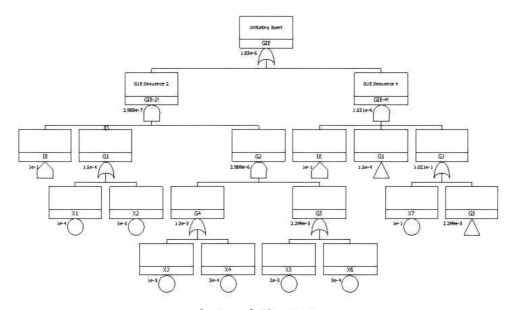

[그림 2-44] 통합 고장수목

이제 고장수목·사건수목을 통합한 [그림 2-44]의 통합 고장수목을 불대수로 바꾸고 최소화를 하면 MCS를 구할 수 있다. 이 과정이 아래에 나와 있다. 먼저 [그림 2-40~42]의 고장수목은 각기 다음과 같은 불대수로 표현된다.

G1 = X1+X2

G2 = G4*G5, G4 = X3+X4, G5 = X5*X6

G3 = G5*X7

그리고 [그림 2-43]의 사건수목 변환 고장수목은 은 다음과 같은 불대수로 표현된다.

GIE = GIE-2! + GIE-4!

(2번째 사고경위의 불대수) GIE-2! = IE*$\overline{G1}$*G2

(4번째 사고경위의 불대수) GIE-4! = IE*G1*G3

위의 불대수를 다 통합하면 [그림 2-44]의 통합 고장수목의 불대수를 다음과 같이 구할 수 있다.

GIE = GIE-2!+GIE-4! = IE*$\overline{G1}$*G2+IE*G1*G3

통합 고장수목의 불대수를 최소화를 하면 다음 〈표 2-5〉와 같은 MCS (IE · X1 · X7 등)를 구할 수 있다. 표 2-5의 두 번째 열에 나와 있는 빈도는 초기사건 IE의 빈도 및 기본사건 X1~X7의 확률값들을 대입하고 희귀 사건 근사를 적용함으로써 얻어진 각 MCS의 빈도이다. 〈표 2-5〉에는 빈도가 높은 MCS부터 정리되어 있다. 두 번째 열에 나와 있는 빈도를 모두 합치면 [그림 2-39] 예제 사건수목에 나와 있는 사고경위에 의한 노심손상빈도가 된다. 이처럼 우리가 원하는 최종값을 계산하는 과정을 정량화(Quantification)라고 부른다.

사건수목과 고장수목을 통합하여 정량화를 할 때 한가지 유의할 사항이 있다. 이는 사건수목에서 성공한 경로의 영향이 있는지를 고려해 주어야 한다는 점이다. 예를 들어 [그림 2-39]의 사건수목에서 G1과 G2가 다음과 같은 고장수목으로 구성된 경우를 살펴보자.

G1 = X1*X2+X1*X3

G2 = X1*X2*X3+X2*X3*X4

〈표 2-5〉 예제 계통 정량화 결과

번호	노심손상빈도 값	MCS		
1	1.00E-06	X1	X7	IE
2	5.00E-07	X2	X7	IE
3	2.00E-07	X5	X3	IE
4	6.00E-08	X5	X4	IE
5	3.00E-08	X6	X3	IE
6	2.00E-08	X1	X5	IE
7	1.00E-08	X2	X5	IE
8	9.00E-09	X6	X4	IE
9	3.00E-09	X1	X6	IE
10	1.50E-09	X2	X6	IE

이때 2번째 사고경위의 불대수(GIE-2! = IE*$\overline{G1}$*G2)를 도출하면 다음과 같은 불대수를 얻는다.

$$\overline{G1}*G2 = \overline{(X1*X2+X1*X3)}*(X1*X2*X3+X2*X3*X4)$$
$$= \overline{X1*(X2+X3)}*(X1*X2*X3+X2*X3*X4)$$
$$= \overline{(X1+X2*X3)}*(X1*X2*X3+X2*X3*X4)$$
$$= \overline{X1}*X2*X3*X4$$

그러나 실제 PSA에서는 $\overline{G1}$과 같이 성공 경로의 영향을 정확히 반영하는 것은 많은 계산 시간이 필요한 작업이다. 따라서 PSA에서는 일반적으로 Delete Term Approximation이라고 불리는 방법을 사용하여 성공 경로의 영향을 근사적으로 반영하는 방법을 사용한다 [S.K. Park et al. 2021].

이 방법은 G2의 MCS인 X1*X2*X3과 X2*X3*X4를 G1에 적용하여 비현실적인 MCS를 삭제하는 방법이다. 예를 들어 X1*X2*X3가 True이면 G1이 True가 되므로 $\overline{G1}$이라는 사고경위와 배치된다. 따라서 X1*X2*X3은 삭제가 된다. 반면에 X2*X3*X4가 True에도 G1은 True가 아니므로 $\overline{G1}$이라는 사고경위와 배치되지 않는다. 따라서 X2*X3*X4는 삭제하지 않는다. 이 방법을 사용하면 $\overline{G1}$*G2에 대해 다음과 같은 근사적 결과를 얻게 된다.

$$\overline{G1}*G2 \sim X2*X3*X4$$

실제 원자력 리스크 평가에서 도출되는 MCS의 수는 많게는 수십만 개에서 수백만 개 이상일 수도 있다. 이런 경우 도출되는 모든 MCS에 대해 확률값을 구하기가 쉽지 않으므로 이런 문제를 해결하기 위해 절삭치(Truncation Limit)를 도입한다. 절삭치를 사용하는 방법은 절삭치로 지정된 특정 값보다 작은 값을 갖는 MCS는 무시하는 방법이다. 예를 들어 위의 예제에서 절삭치를 1.0E-8으로 정했다고 가정하면, 〈표 2-5〉에서 1.0E-8보다 작은 값을 갖는 8~10번째 MCS는 무시하는 방식이다. 이후 절삭치보다 큰 값을 갖는 MCS만을 이용해 정점사건의 확률값을 구한다. [그림 2-45]에 절삭치의 변화에 따른 MCS의 개수 및 CDF 값의 변화 예가 나와 있다. 여기서 MCS 개수의 축은 로그 스케일이다.

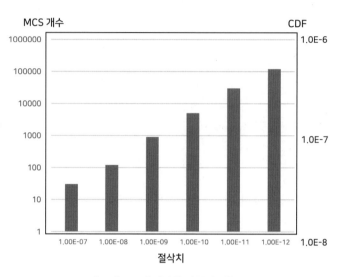

[그림 2-45] 절삭치 변화의 영향

그러나 절삭치를 사용하면 절삭치보다 작은 값을 갖는 MCS가 정량화 결과에서 제외되므로 원전 리스크의 과소평가, 결과 해석의 오류 등을 유발할 수 있으므로 절삭치는 신중히 사용되어야 한다. ASME/ANS PSA 표준에서는 절삭치를 계속 낮추어 반복적으로 계산을 할 때 최종 결과의 변화가 5% 미만이 되면 그때의 절삭치가 적절한 수준인 것으로 간주하고 있다[ASME/ANS, 2013].

3.3.2 정점사건 확률 도출 방법

앞에서 설명한 바와 같이 MCS를 도출한 후 각 MCS의 확률값을 구해 이들을 모두 합하면 정점사건의 확률을 구할 수 있다. 그러나 원자력 리스크 평가를 위해 구해지는 MCS의 개수가 적게는 수만 개에서 많게는 수백만 개 수준으로까지 늘어나기 때문에 이 작업이 쉽지 않다. 어떤 MCS A의 확률이 P(A)이고 다른 MCS B의 확률이 P(B)라고 하면 기본적으로 두 MCS의 합사건의 확률값은 다음과 같이 구해진다.

$$P(A+B) = P(A)+P(B)-P(A∩B)$$

그러나 MCS의 개수가 많아지면 각 MCS의 공통부분(A∩B)을 찾아내 해당 확률인 P(A∩B)

를 빼주는 작업을 하기가 쉽지 않다. 이 경우 PSA 초기에 사용되었던 방법은 제2부 1.1.2절에서 설명한 희귀 사건 근사(Rare Event Approximation)를 사용하는 방법이다. 이는 P(A)와 P(B)의 값이 작으면 P(A∩B)의 값이 더욱 작아질 것이므로 다음과 같이 근사를 하는 것이다.

$$P(A+B) \sim P(A)+P(B)$$

만약 P(A) = P(B) = 0.01이라고 하면 P(A+B)의 값은 다음과 같이 계산된다.

(실제 값) P(A+B) = P(A)+P(B)-P(A∩B) = 0.01+0.01-0.0001=0.0019

(희귀 사건 근삿값) P(A+B) ~ P(A)+P(B) =0.02

그러나 P(A) = P(B) = 0.3이라고 하면 P(A+B)의 값은 다음과 같이 계산된다.

(실제 값) P(A+B) = P(A)+P(B)-P(AB) = 0.3+0.3-0.09=0.51

(희귀 사건 근삿값) P(A+B) ~ P(A)+P(B) =0.6

즉, P(A) = P(B) = 0.01인 경우는 오차가 5% 정도지만 P(A) = P(B) = 0.3인 경우는 오차가 18% 가까이 된다. 따라서 희귀 사건 근사는 P(A)나 P(B) 같은 기본사건의 확률값이 커지면 사용할 수 없다.

따라서 현재 원자력 리스크 평가에서 정점사건의 확률을 계산하기 위해 실제 사용되는 방법은 Inclusion-Exclusion Principle 혹은 Minimal Cut Upper Bound (MCUB) 방법이다. 최소단절집합 C_i가 주어졌을 때 Inclusion-Exclusion Principle을 이용하면 다음 식을 통해 정점사건의 발생 확률(계통 이용불능도 등)을 정확히 구할 수 있다[박창규 외, 2003].

$$P(C_1+...+C_n) = \sum_{i-1}^{n} P(C_1) - \sum_{1 \le i < j \le n}^{n} P(C_iC_j) +$$
$$+ \sum_{1 \le i < j < k \le n} P(C_iC_jC_k) - ... + (-1)^{n-1} P(C_1C_2...C_n)$$

또는, Disjoint Probability 합산(Sum of Disjoint Probability: SDP) 방법을 사용하여도 정확한 값을 구할 수 있다. SDP로 값을 구하는 방법은 먼저 우리가 값을 구하고자 하는 MCS 집합을 다음과 같이 Disjoint Probability만을 갖는 요소로 재정리를 한다.

$$S = C_1 + \overline{C_1}C_2 + \overline{C_1}\,\overline{C_2}C_3 + ... + \overline{C_1}\,\overline{C_2}...\overline{C_{n-1}}C_n$$

이후 아래와 같이 각 요소의 확률을 구함으로써 정점사건의 발생 확률(계통 이용불능도 등)을 정확히 구할 수 있다.

$$P(S) = P(C_1) + P(\overline{C_1}C_2) + P(\overline{C_1}\,\overline{C_2}C_3) + ... + P(\overline{C_1}\,\overline{C_2}...\overline{C_{n-1}}C_n)$$

그러나 일반적으로 엄청난 수의 MCS가 있으므로 위 식에 따라 정점사건 발생 확률을 정확히 구하는 것은 매우 많은 계산이 필요하다. 따라서 대부분은 $p(C_iC_j) \sim p(C_i)p(C_j)$의 가정을 사용하고 1차 혹은 3차까지의 합인 다음과 같은 식(F_1, F_3)을 이용해 정점사건 발생 확률의 근삿값을 계산한다. 이 식들은 정확한 결괏값보다 약간 큰 값을 제공한다. 아래 식에서는 $p(C_i)$ = C_i로 표현했다.

$$F_1 = \sum_{i-1}^{n} C_i$$

$$F_3 = \sum_{i-1}^{n} C_i - \sum_{1 \le i < j \le n}^{n} C_iC_j + \sum_{1 \le i < j < k \le n} C_iC_jC_k$$

이 중 1차 근사(F_1)만 사용하면 희귀 사건 근사와 동일한 결과를 준다.

혹은 아래와 같은 MCUB 방법을 사용하면 Inclusion-Exclusion Principle의 1차 혹은 3차까지의 합인 F_1 및 F_3보다 더 정확한 정점사건의 발생 확률값을 구할 수 있다.

$$F_{MCUB} = 1 - \prod_{i-1}^{n}(1 - C_i)$$

MCUB 방법에서 $p(C_iC_j) \sim p(C_i)p(C_j)$라는 가정을 사용하면 Inclusion-Exclusion Principle과 동일한 결과를 얻게 된다. 이외에도 Shannon Decomposition 개념을 이용해 정점사건의 확률을 정확히 계산할 수 있는 BDD (Binary Decision Diagram) 방법도 있다 [W.S.Jung et al., 2004]. 그러나 2023년 현재 BDD 방법은 아직 규모가 작은 고장수목의 정점사건의 확률을 정확히 구할 수 있는 수준이며 전체 원전의 리스크 평가는 하지 못하는 수준이다. 따라서 현재는 MCUB 방법이 가장 대표적인 원전의 리스크 정량화 방법이라고 할 수 있다. 각 계산 방법에 따른 예가 아래 예제에 나와 있다.

[예제 2-9]

각 사건이 아래와 같은 확률값을 갖는다고 할 때 (1) 희귀 사건 가정 (2) Inclusion-

Exclusion Principle (3) SDP 방법 및 (4) MUCB 방법에 따라 정점사건의 확률값을 구하시오.

정점사건(T)=C_1+C_2+C_3,

   P(C_1)=0.05, P(C_2)=0.03, P(C_3)=0.04,

   P(C_1C_2)=0.01, P(C_2C_3)=0.02, P(C_3C_1)=0.01, P($C_1C_2C_3$)=0.005,

   P($C_1\overline{C_2}$)=0.02, P($\overline{C_1}\,\overline{C_2}C_3$)=0.015,

[답]

(1) 희귀 사건 가정

   P(T) = P(C_1)+P(C_2)+P(C_3)=0.12

(2) Inclusion-Exclusion Principle

   P(T) = P(C_1)+P(C_2)+P(C_3)-P(C_1C_2)-P(C_2C_3)-P(C_3C_1)+P($C_1C_2C_3$)=0.085

(3) SDP 방법

   P(T) = P(C_1)+P($C_1\overline{C_2}$)+P($\overline{C_1}\,\overline{C_2}C_3$)=0.085

(4) MUCB 방법

   P(T) = 1- [1-P(C_1)][1-P(C_2)][1-P(C_3)]=0.0115

위의 예제에서 보듯이 Inclusion-Exclusion Principle과 SDP 방법은 정확한 결괏값을 주는 반면, 희귀 사건 가정은 가장 보수적인 결괏값을, MCUB 방법은 정확한 결괏값과 희귀 사건 가정의 사용에 따른 보수적인 결괏값 사이의 값을 주는 것을 알 수 있다.

제4장 신뢰도 자료 분석

원자력 리스크 평가를 위해서는 기본적으로 기기의 고장 확률 혹은 정비에 의한 이용불능도 등 여러 가지 확률값이 필요하다. 이들 값을 얻기 위해서는 원전의 기기 고장 및 정비 이력 등 다양한 자료를 분석해야 한다. 이런 작업을 신뢰도 자료 분석이라고 부른다[박창규 외, 2003].

신뢰도 자료의 분석은 리스크 평가에 있어 매우 중요한 부분이다. 1986년 1월 28일, 우주왕복선 챌린저호가 공중에서 폭발하는 사고가 발생했다. 챌린저호 사고의 주요 원인은 발사 시 뜨거운 가스가 빠져나가는 것을 방지하는 역할을 하는 O-링의 고장 때문이었다. 챌린저호 발사 당일은 기온이 매우 낮았고, O-링이 유연성을 잃어 고장에 취약한 상태였다. 사실 챌린저호 발사 이전에 이미 이에 대한 우려가 있었고, NASA는 이전 7번의 사고를 조사하고, 이들 사고가 기온과 무관하다는 결론을 내리고 챌리저호의 발사를 결정하였다. 그러나 사고 이후, 7번의 사고 이력만이 아니라 발사 성공 이력도 포함하여 재분석한 결과를 보면 기온이 낮을 때 O-링 문제로 인한 사고 발생률이 높은 것으로 나온다. 이와 같이 적절한 자료의 선택과 이에 기반을 둔 신뢰도 평가는 리스크 평가에 있어 매우 중요한 부분이다.

일반적으로 원전의 안전계통은 다중성(Redundancy)를 갖도록 설계된다. 다중성이란 안전계통을 설계할 때 동일한 기능을 갖는 여러 계열을 병렬 구조로 배치함으로써 안전계통의 신뢰도를 높이는 방법이다. 그러나 어떤 특별한 원인에 의해 안전계통의 다중성이 동시에 상실되는 사건이 발생하기도 한다. 이런 사건을 공통원인고장(Common Cause Failure: CCF)이라고 부른다. 따라서 원전 리스크 평가를 위해서는 CCF의 확률 평가도 필요하다. 또한, 원전의 운영 또한 사고대응과정에는 많은 운전원의 행위가 필요하다. 1979년도에 발생한 미국의 TMI 사고에서와같이 일상적인 정비 행위의 실패, 그리고 비상상태 발생 시 이에 대응하는 운전원의 오류가 있다면 사고 발생 혹은 사고 전개 과정에 큰 영향을 미칠 수 있다. 따라서 원전의 리스크 평가를 위해서는 운전원이 오류를 범할 확률의 평가도 필요하다.

실제적으로는 CCF와 인간 오류는 원전의 리스크에 가장 큰 영향을 미치는 두 가지 요인이다. 제4장에서는 기기의 고장 확률 도출 방법, CCF 확률 평가 방법, 그리고 인간 오류 확률을 평가하는 인간신뢰도분석(Human Reliability Analysis: HRA) 방법을 소개한다.

4.1 기기 신뢰도 자료 분석

본 절에서는 기기의 고장 확률 도출을 위한 신뢰도 자료 분석에 대해 다룬다. 원자력 리스크 평가에서 관심을 두는 기기의 고장 확률은 대부분 원전에서 원전 정지를 유발하는 이상 상태가 발생할 때 이와 같은 이상 상태가 중대사고로 진행하는 것을 막기 위한 안전계통의 기능 상실과 관련된 것들이다. 이런 기기의 고장 확률은 크게 가동 중인 기기의 고장 확률과 대기 중인 기기의 고장 확률로 구분할 수 있다. 그리고 어떤 안전계통은 사고 발생 시 해당 안전계통의 정비로 인해 그 안전계통을 사용 못 할 수도 있다. 이처럼 정비로 인한 기기 이용불능도의 평가도 필요하다.

4.1.1. 요구 시 고장

원전의 안전계통은 일반적으로 대기 상태에 있다가 원전에 이상 상태가 발생하면 필요에 따라 기동하게 된다. 혹은 안전계통의 시험 시 기동 실패가 발생하기도 한다. 이처럼 사고 시 혹은 시험 시 기동 요구가 있을 때 해당 계통 혹은 기기가 고장이 나서 기능을 못 하는 경우를 '요구 시 고장(Failure on Demand)'이라고 부른다. 일반적으로 기동 요구가 왔을 때 기기는 성공 혹은 실패의 두 가지 결과만을 갖는다고 가정한다. 만약 특정 요구가 왔을 때의 기기 성공 혹은 실패가 이전에 있었던 요구의 영향을 받지 않는다고 가정할 수 있는 경우는 이항분포를 이용해 해당 기기의 요구 시 고장 확률(P)을 추정할 수 있다.

만약 N 번의 요구가 있었을 때 X 번의 요구 시 고장이 발생했다면, 요구 시 고장 확률 P는 다음과 같이 계산된다.

$$P = \frac{X}{N}$$

즉, 100번의 요구 시 5번이 고장이 발생했다면 이 경우의 요구 시 고장 확률은 0.05가 된다. 이 값은 시험 자료로부터 구할 수 있는 이항분포의 최우 추정량(Maximum Likelihood Estimator: MLE)이다. 이항분포는 안전계통의 펌프, 밸브같이 대기 상태에서 운용되는 기기들의 요구 시 고장 확률 추정에 적용할 수 있다. 만약 어떤 기기가 요구 시 고장 확률이 P라고 하면, 이 기기의 N 번의 작동요구 중 k 번의 실패가 발생할 확률은 다음의 이항분포를 따른다.

$$_N C_k P^k (1-P)^{N-k}$$

물론 고장 자체의 무작위성으로 인해 위 식으로 계산된 고장 확률을 정확한 값이라고 이야기할 수는 없다. 그러나 기기의 실제 요구 시 고장 확률은 어떤 범위 안에 있을 것으로 추정할 수 있다. NRC의 PRA Procedure Guide에서는 요구 시 고장 확률의 추정에서 X가 작고, N이 큰 경우에 $100(1-\alpha)\%$의 신뢰도 구간(Confidence Interval)의 상한치와 하한치는 아래 식과 같이 카이 스퀘어(Chi Square) 분포 χ^2를 이용해 근사적으로 추정하고 있다 [NRC, 1982].

$$\text{하한치}: P_{LowLimit, \alpha/2} = \frac{\chi^2_{\alpha/2}(2X)}{2N}$$

$$\text{상한치}: P_{Upper Limit, 1-\alpha/2} = \frac{\chi^2_{1-\alpha/2}(2X+2)}{2N}$$

반면에 PRA Procedure Guide 이후 출간된 NRC의 PSA 변수 추정 핸드북은 베타분포를 이용해 신뢰도 구간을 다음과 추정하고 있다[NRC, 2003].

$$\text{하한치}: P_{LowLimit, \alpha/2} = \beta_{\alpha/2}(X, N-X+1)$$

$$\text{상한치}: P_{Upper Limit, 1-\alpha/2} = \beta_{1-\alpha/2}(X+1, N-X)$$

4.1.2 시간 관련 고장

어떤 기기/계통은 일상적으로 가동 상태에 있다가, 시간의 경과에 따라 고장이 발생할 수 있다. 일정 시간이 지나는 동안 발생하는 고장을 시간 관련 고장이라고 부른다.

일반적으로 단위 시간 동안 발생하는 고장은 푸아송 과정(Poisson Process)을 따른다고 가정한다. 푸아송 과정의 전제 조건은 제2부 1.2.1에 기술되어 있다. 제2부 1.2.1에 기술한 바와 같이 단위 시간 동안 발생한 고장에 대한 푸아송 과정의 고장 발생 간격은 지수분포를 따른다. 일정 시간 T 동안 X 번의 고장이 발생했다면 고장률(Failure Rate) λ는 시간에 따라 변하지 않는 상수로 가정하며 다음과 같이 정의된다.

$$\lambda = \frac{X}{T}$$

이 경우 단위 시간인 T 동안 X 번의 고장이 발생할 확률은 푸아송분포에 따라 다음의 식과 같이 주어진다.

$$\frac{e^{-\lambda T}(\lambda T)^X}{X!}$$

고장률 λ는 위의 식처럼 실제 관찰한 시간 T 및 고장 횟수 X에 의해 추정되며, 이에 대한 최우 추정량과 100(1-α)%의 신뢰 구간은 다음과 같다.

$$\text{하한치} : \lambda_{LowLimit,\alpha/2} = \frac{\chi^2_{\alpha/2}(2X)}{2T}$$

$$\text{상한치} : \lambda_{UpperLimit,1-\alpha} = \frac{\chi^2_{1-\alpha/2}(2X+2)}{2T}$$

원전의 안전계통은 대기 상태에 있다가 기동 요구가 오면 기동해 필요한 시간 동안 작동해야 하므로 이런 계통의 고장수목을 구성할 때는 기동 실패와 작동 실패를 모두 고려해야 한다. 따라서, 이런 경우 시간 관련 고장은 다음과 같이 두 가지로 구분된다.

(1) 대기 중 고장(Standby Failure)

(2) 작동 중 고장(Running Failure)

'대기 중 고장'은 요구 시 고장의 경우처럼 대기 중인 상태에서 고장 난 경우로서 기기의 고장이 해당 기기에 대한 시험이나 실제의 작동요구에 의해서만 발견될 수 있을 때 사용한다. 대기 중 고장률 λ_s는 기기가 관측된 총 운전시간(T)과 고장 횟수(X)를 이용해 다음과 같이 추정한다.

$$\lambda_s = \frac{X}{T}$$

이때 기기의 대기 중 고장으로 인한 이용불능도(U)는 다음 식으로 구할 수 있다.

$$U = \frac{\lambda_s T_s}{2}$$

여기서, U는 기기 이용불능도, λ_s는 기기의 대기 중 고장률, T_s는 평균 시험 간격(Test Interval)을 나타낸다.

이 식은 다음과 같은 과정을 통해 유도된다. 먼저 대기 중 고장률 λ인 어떤 기기의 대기 중 고장 발생 시간이 지수분포를 따른다고 가정하면, 이 기기의 시험 기간 T_s 동안의 이용불능도 $F(t)$가 다음과 같이 주어진다.

$$F(t) = 1 - e^{-\lambda T}$$

따라서 시험시간 T_s 동안의 평균 이용불능도는 다음과 같이 구해진다.

$$\overline{F} = \frac{1}{T}\int_0^T (1 - e^{-\lambda t}) = 1 + \frac{1}{\lambda T}(e^{-\lambda T} - 1) \approx \frac{\lambda T}{2}$$

반면에 '작동 중 고장'은 기기가 운전 중에 고장이 발생한 경우로 작동 중 고장으로 인한 기기의 이용불능도는 다음 식에 의해 계산된다.

$$U = \lambda_r \cdot T_r$$

여기서, λ_r은 작동 중 고장률(Running Failure Rate), T_r은 기기에 대한 작동 요구 시간(Mission Time)이다.

[예제 4-1]

어떤 원전의 특정 펌프에 관한 신뢰도 자료를 조사한 결과, 다음과 같은 자료를 구했다. 이때 이 펌프의 작동 중 고장률, 대기 중 고장률 및 대기 중 고장확률을 구하라.

(1) 원전 운전 시간 : 17,520시간

(2) 펌프의 운전 시간 : 17,520시간

(3) 펌프의 작동 횟수 : 30번

(4) 펌프의 기동 실패 횟수 : 2번

(5) 펌프의 작동 중 고장 회수 : 3번

(6) 펌프의 고장 및 정비로 인한 이용 불능 시간 : 20시간

[답]

위 자료로부터 다음과 같이 고장 확률을 구할 수 있다.

(1) 작동 중 고장률 = (작동 중 고장 회수)/(펌프의 운전시간) = 3/17,520 = 1.71E-5/hour

(2) 대기 중 고장률 = (기동 실패 고장 회수)/(펌프의 대기 시간) = 2/17,520 = 1.14E-5/hour

(3) 대기 중 고장 확률 = (기동 실패 고장 회수)/(펌프의 작동 횟수) = 2/30 = 0.067

4.1.3 정비 및 시험에 의한 기기 이용불능도

안전계통이 필요할 때 안전계통에 속하는 일부 기기의 정비 혹은 시험으로 인해 해당 안전계통을 사용하지 못하는 경우도 있다. 이때 기기의 이용불능도는 해당 기기의 시험 정책 및 정비 이력에 의해 결정된다. 원전의 경우 시험 및 정비 이력은 해당 원전의 관련 정책에 따라 결정되므로 정비 혹은 시험에 의한 안전계통 기기의 이용불능도는 원전별로 다를 수 있다. 보통 기기의 시험은 관련 규제 요건이나 기기 제공 업체가 제시하는 시험 주기에 따라 수행이 되며, 정비는 기기가 고장이거나 혹은 기기의 성능이 특정 조건을 만족하지 못하는 경우 수행된다. 일반적으로 시험이 수행되는 동안 기기가 이용 불가능한 시간은 매우 짧으므로 이 기간의 이용불능도는 고려하지 않는다. 반면 정비에 의한 이용불능도는 다음과 같이 평가된다.

$$Q_m = \frac{MTTR}{MTTF + MTTR} = M_f \cdot T_m$$

여기서, Q_m = 정비에 의한 이용불능도,

$MTTF$ = 평균고장시간(Mean Time to Failure),

$MTTR$ = 평균수리시간(Mean Time to Repair),

$M_f = \dfrac{1}{MTTF + MTTR}$: 비 계획적 정비 빈도,

T_m = MTTR(정비에 의한 이용불능시간).

위의 식을 사용하기 위해서는 M_f, T_m 등의 값을 알아야 한다. 이들 값은 분석 대상 원전의 시험 및 정비 관련 자료를 이용해 해당 기기에 적절한 값을 구해야 한다. 실제 상황에서는 $MTTF$가 $MTTR$보다 훨씬 크므로 Q_m은 다음식과 같이 가정할 수 있다.

$$Q_m \approx \frac{MTTR}{MTTF}$$

따라서 4.1.2에 나와 있는 [예제 4-1]의 경우, Q_m은 다음과 같이 계산할 수 있다:

Q_m = (20시간/고장 횟수)/(17,520시간/고장 횟수) = 1.71E-3.

4.1.4 신뢰도 자료의 불확실성

확률은 기본적으로 불확실성을 처리하기 위해 도입된 개념이다. 따라서 확률은 본질적으로 불확실성을 내포하고 있다. 흔히 동전을 던지면 앞면 혹은 뒷면이 나올 확률이 0.5라고 이야기하지만, 현실에서 동전 던지기 실험을 할 때 앞·뒷면이 나오는 확률이 정확히 0.5가 되는 경우는 거의 없다. 우리가 동전의 앞·뒷면이 나오는 확률이 0.5라고 하는 것은 일종의 추정치로, 실제로는 동전을 던지는 사건의 결과는 무작위성에 의해 그 값에 불확실성이 존재한다.

기기의 고장 자료로부터 기기의 고장 확률을 구할 때도 마찬가지로 무작위성에 의한 불확실성 문제가 있다. 특히 원전의 안전 관련 계통의 기기들은 매우 높은 신뢰도를 갖기 때문에 일반적으로 원전 기기의 고장 경험 자료가 많지 않다. 해당 기기의 운전 경험·고장 자료가 충분하지 않으면 이에 기반을 둔 고장률 또는 고장 확률을 추정하기 어려울 때도 많다.

이런 불확실성의 영향을 고장률 평가에 고려하기 위해 고장률의 점 추정치만이 아니라 확률분포 함수를 이용해 구간추정을 한다. 즉 실제 자료로부터 얻은 고장률을 고정된 값으로 취급하지 않고 확률변수로 처리해 확률분포 함수를 적용한다. 일반적으로 제2부 1.2.2절에 나와 있는 대수정규분포(Lognormal Distribution)를 고장률과 관련된 불확실성을 나타내는 분포로써 가장 많이 사용하고 있다. 대수정규분포를 사용하는 것은 [그림 2-12]에 나와 있는 대수정규분포의 모양과 유사하게 고장률은 특정 값 부근에 몰려있으며 좌우로 비대칭성을 갖는 경우가 일반적이기 때문이다. 대수정규분포의 확률 밀도 함수는 다음과 같다. 다음의 확률변수 x는 고장 확률 혹은 고장률을 의미한다(대수정규분포의 특성은 제2부 1.2.2절 참조).

$$f(x) = \frac{1}{\sqrt{2\pi}\,\sigma x} \exp\left\{-\frac{1}{2}\left(\frac{\ln x - \mu}{\sigma}\right)^2\right\}, x > 0$$

원자력 리스크 평가에서는 확률 밀도 함수의 5%와 95% 사이의 값을 사용해 특정 자료의 불확실성을 표시한다. 대수정규분포에서 5% 값(X_5)과 95% 값(X_{95})은 각기 다음과 같이 주어진다.

$$X_5 = e^{(\mu - 1.645\sigma)}, \quad X_{95} = e^{(\mu + 1.645\sigma)}$$

또한, 다음과 같이 주어지는 5%, 95% 값과 중앙값(X_{50})과의 비를 에러 팩터(Error Factor: EF)라고 부른다.

$$\text{에러 팩터} \equiv \frac{X_{95}}{X_{50}} \equiv \frac{X_{50}}{X_5} \equiv e^{1.645\sigma}$$

근래에 들어서는 베타분포와 감마분포도 불확실성 분석에 활용되고 있다 [NRC, 2007a]. 원자력 리스크 평가에 사용되는 신뢰도 데이터베이스는 일반적으로 기기 고장률과 더불어 위의 에러 팩터를 제공한다. 에러 팩터가 어떻게 활용되는지는 '제3부 1.1.6 사고경위 정량화, 나. 불확실성 및 민감도 분석' 부분에 나와 있다.

4.1.5 베이지안 추론

앞에서 논의한 요구 시 고장, 시간 관련 고장에서 논의한 확률은 확률의 빈도주의적 정의에 따라 도출되었다. 그러나 원자력 리스크를 평가할 때는 이와 같은 빈도주의적 정의의 확률만으로는 처리하기 어려운 상황이 발생한다. 예를 들어 일반적으로 원전의 안전 관련 계통의 기기들은 높은 신뢰도를 갖기 때문에 고장 경험 자료가 매우 적다. 혹은 해당 기기의 운전 경험 자료가 충분하지 않아서 그것만으로 신뢰성 있는 고장률 또는 고장 확률을 추정하기 어려울 때도 많다.

이런 경우, 원자력 리스크 평가에서는 베이지안 추론(Bayesian Inference)을 이용해 고장률 또는 고장 확률을 평가한다. 베이지안 추론은 베이스 공식을 사용해 기존의 자료와 추가 정보·증거(분석자의 지식과 경험 혹은 전문가 의견 등)를 결합해 매개변수를 추정하거나 가설의 타당성을 평가하는 과정이다. 예를 들어 특정 원전의 리스크를 평가할 때는 해당 원전 기기의 고유 고장 확률을 사용하는 것이 가장 좋다. 그러나 대부분의 경우는 특정 원전의 기기 고장 자료(Plant Specific Data)가 많지 않으므로 해당 자료만으로는 신뢰성 있는 고장 확률을 추정하기 어렵다. 따라서 실제적인 원자력 리스크 평가에서는 베이지안 추론을 사용해 일반적인 기기 고장률(Generic Data)에 해당 원전의 운전 경험을 반영해서 실제 리스크 평가에 사용할 기기 고장률을 추정한다[D. Lurie et al., 2011].

베이스 공식에 대해서는 제2부 1.1.3절에 그 개념을 간단히 기술하였지만, 이 절에서는 기기 신뢰도 자료 평가와 관련해 좀 더 상세히 기술한다. 제2부 1.1.3절에서는 베이스 공식이 다음과 같이 주어졌다.

$$p(A_i|B) = \frac{p(B|A_i)p(A_i)}{p(B)}, p(B) = \sum_{j=1}^{n} p(B|A_i)p(A_i)$$

이 식은 이산확률분포에 대한 베이스 공식이다. 그러나 기기 고장 확률을 추정할 때는 이산확률분포만이 아니라 연속확률분포를 다루어야 하는 경우가 많다. 연속확률분포에 대해서는 베이스 공식이 다음과 같이 주어진다.

$$f(\lambda|E) = \frac{f(\lambda)L(E|\lambda)}{\int_0^\infty f(\lambda)L(E|\lambda)d\lambda}$$

위 식에서 각 항의 의미는 다음과 같다.

(1) λ : 예측하고자 하는 모수

(2) $f(\lambda)$: 사전분포(Prior Distribution), 증거 E가 있기 전 λ의 확률분포

(3) $f(\lambda|E)$: 사후분포(Posterior Distribution), 증거 E가 주어졌을 때 λ의 확률분포

(4) $L(E|\lambda)$: 우도(Likelihood), λ가 주어졌을 때 증거 E가 발생할 확률분포

위의 식은 수학적으로는 정확한 식이지만 베이스 공식의 실제 적용을 위해 필요한 사전분포를 구하기는 쉽지 않다. 사전분포는 정보 제공(Informative) 사전분포와 무정보(Non informative) 사전분포로 구분할 수 있다. 정보 제공 사전분포는 이름에서 알 수 있듯이 가설 λ와 관련된 정보를 포함하고 있는 사전분포이며, 무정보 사전분포는 그와 같은 정보를 거의 또는 전혀 포함하고 있지 않은 사전분포이다.

사전분포를 구하기 위해 PSA에서 자주 사용되는 방법이 2단계 베이지안 업데이트(Two Stage Bayes' Updating) 방법이다. 이 방법에서는 다음과 같은 절차를 통하여 분석 대상 원전의 사전분포를 구한다.

(1) 1단계, 일반 분포 개발 : 1단계에서는 자료원으로 산업체의 원전별 운전 이력과 전문가의 주관적인 추정치를 사용한다. 단, 평가 과정에서 원전 간 혹은 자료원 간 차이를 고려하여여 한다. 먼저 모든 원전에 대한 일반 사전분포를 기반으로 각 원전에 대해 베이지안 추론을 수행하여 원전별 사후분포를 산출한다. 이후 각 원전의 사후분포에 동일

한 가중치를 부여하고 이로부터 다시 분석 대상 원전을 위한 베이지안 업데이트에 사용할 단일 사전분포를 합성한다.

(2) 2단계, 원전별 분석 적용 : 2단계에서는 1단계의 결과를 2단계의 사전분포로 사용한다. 이는 분석 대상 원전이 1단계에서 도출된 사전분포와 같은 고장 확률(1단계 분석에 포함된 모든 원전과 동일한)을 갖는다고 가정하는 것이다. 최종적으로 해당 원전의 자료를 이용하여 1단계에서 얻은 사전분포를 업데이트하여 해당 원전의 고장확률에 대한 사후분포를 구한다.

위의 베이스 공식을 원자력 리스크 평가에 적용하는 경우 λ는 기기 고장률이고 E는 실제 발전소 운전 이력으로부터 얻은 기기의 신뢰도 자료이다. 예를 들어 λ가 펌프의 작동 중 고장(Fails to Run) 고장률과 같이 시간 관련 고장 확률이고 실제 수집한 발전소 운전 자료로부터 얻은 기기의 운전시간과 고장 횟수가 각각 T와 X라고 할 때, T 시간 동안의 기기 운전 중 X 번의 고장이 발생할 우도 $L(E \mid \lambda)$는 푸아송 확률분포를 따른다. 반면에 λ가 요구 시 고장 확률이고 운전 이력으로부터 N 번의 요구횟수와 X 번의 고장 횟수를 얻었다면 N 번의 요구횟수 중 X 번의 기동 실패가 발생할 우도 $L(E \mid \lambda)$는 이항분포를 따른다.

그러나 사전분포를 안다고 해도 위의 베이스 공식을 해석적으로 풀기는 쉽지 않다, 다만 사전분포와 우도가 다음과 같은 분포를 가질 경우는 사후분포가 사전분포와 같은 확률분포를 갖는다. 이런 경우의 사전분포를 켤레 사전분포(Conjugate Prior)라고 부른다. 〈표 2-6〉에 나와 있는 켤레 분포 관계는 원자력 리스크 평가에 자주 사용되는 분포이다. NRC가 수집한 기기 신뢰도 자료에는 사전 분포로 사용할 수 있는 베타분포와 감마분포를 제공하고 있다[NRC, 2007a].

〈표2-6〉의 각 행에서 첫 번째 분포는 λ에 대한 분석자의 사전 믿음을 나타내며 두 번째 분포는 λ의 특정 값에 대해 자료가 생성되는 방법에 대한 모델이다. 그러나 앞서 기술하였듯이 베이스 공식의 분모에 나타나는 적분을 해석적으로 계산하기는 쉽지 않다. 따라서 대부분은 컴퓨터 프로그램을 이용해 베이지안 추론에 필요한 계산을 한다. [그림 2-46]에 한국원자력연구원에서 개발한 베이지안 추론 프로그램인 BURD를 이용한 계산 결과의 예가 나와 있다[박진균, 2001].

〈표 2-6〉 켤레 사전분포-우도-사후분포

사전분포	우도	사후분포
정규분포	정규분포	정규분포
베타분포	이항분포	베타분포
감마분포	푸아송분포	감마분포

베이지안 추론의 예로서 특정 발전소의 자료와 일반 자료를 이용해 어떤 펌프의 기동 실패 확률을 얻기 위한 베이지안 추론의 적용 절차를 살펴보자. 펌프의 기동실패확률 계산하기 위해 특정 발전소의 기기 운전 이력을 조사한 결과 3,000회의 작동요구 중 기동 실패 고장 건수는 13회였다고 하자. 이때 고전적 방법을 사용하면 기동 실패 확률은 4.33E-3이 된다. 그러나 해외 유사 발전소의 운전 경험으로부터 고장 확률에 대한 사전분포가 평균 4.04E-3, 에러 팩터 3인 대수정규분포라는 것을 알고 있다면 이때 사후분포 함수는 베이지안 추론을 이용해 평균 4.17E-3, 표준 편차 1.09E-3인 대수정규분포로 구해진다. 이 결과가 [그림 2-46] 에 나와 있다. [그림 2-46]을 보면 사전분포에 비해 사후분포의 형태가 변했음을 알 수 있다. 해당 기기에 대해 원전 고유 자료의 고장 확률이 높으므로 이로 인해 사후분포 함수의 평균이 사전분포의 평균에 비교해 오른쪽으로 옮겨졌다.

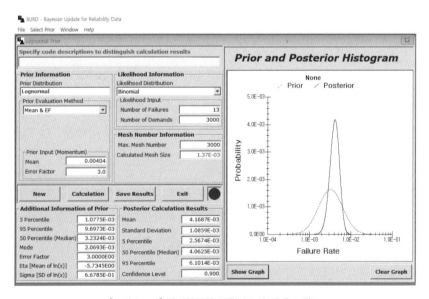

[그림 2-46] 사전분포와 사후분포의 예제 그래프

4.2 공통원인고장 확률 분석

4.2.1 공통원인고장 개요

원전에서 발생하는 고장 중 상호 간에 종속성을 갖는 사건들이 있다. 이렇게 종속성을 갖는 사건 중 (1) 지진이나 냉각수 상실과 같이 초기사건에 관계되는 사건들도 있고, (2) 다른 두 계통이 같은 기기를 공유함으로써 발생하는 계통 간 종속사건도 있다. 또한 (3) 설계 결함, 환경 영향 혹은 인간 오류 등으로 한 계통 내에서 발생하는 종속사건도 있다. 초기사건과 관련된 종속사건이나 계통 간 종속사건은 일반적으로 사건수목이나 고장수목에 직접 모델이된다. 반면에 한 계통 내에서 발생하는 종속사건은 공통원인고장(CCF)으로 불린다. CCF는 2개 혹은 그 이상의 기기가 동시에 혹은 짧은 시간 안에 동일한 원인으로 인해 고장이 나는 것을 의미한다. 이 절에서는 CCF 분석방법에 관해 기술한다. CCF 이외의 다른 종속사건은 고장수목 혹은 사건수목에 기본사건 혹은 초기사건으로 직접 모델 되지만, CCF는 고장 자체가 아니라 CCF의 발생 확률을 추정해 CCF 자체를 일종의 기본사건으로 고장수목에 모델한다. 예를 들어 어떤 밸브의 고장은 고장수목에 '요구 시 개방 실패' 처럼 특정 고장과 이의 발생 확률을 모델한다. 그러나 CCF는 기기의 특정 고장이 아니라 n개의 다중 기기 중 m개의 기기가 CCF로 원하는 기능을 못 한다는 일종의 사건과 이 사건에 대한 추정 발생 확률을 하나의 기본사건으로 고장수목에 모델한다는 의미이다. CCF는 [그림 2-47]에 나온 바와 같이 설계, 운전 및 환경 등 다양한 요인에 의해 발생할 수 있다[K. Koo, 2017].

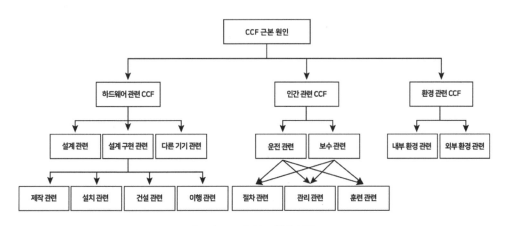

[그림 2-47] CCF 원인 분류

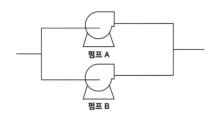

[그림 2-48] CCF 예제 계통

CCF가 중요한 이유는 원전의 중요한 안전 원칙인 다중성을 무력화시키기 때문이다. 예를 들어 어떤 계통에 n개의 유로별로 각기 n개의 펌프가 있다고 해도 펌프의 공통원인고장이 발생하면 n개의 펌프를 동시에 모두 이용할 수 없는 상황이 발생할 수 있다. 예를 들어 [그림 2-48]과 같이 2개의 계열로 이루어진 계통에서 만약 2개 계열에 있는 펌프 A와 B의 고장 확률이 P(A)와 P(B)의 값이 0.1이고, 펌프의 고장 사건이 각기 독립적이라면 이 계열의 이용불능도는 다음과 같이 계산된다.

P(계통 고장) = P(A) · P(B) = 0.1×0.1 = 0.01

그러나 이 두 펌프 A와 B에 설계 결함과 같이 두 펌프를 동시에 고장 내는 어떤 CCF 요인이 있어 이로 인해 두 펌프가 동시에 고장 날 수 있다면 이 계통의 이용불능도는 다음 식과 같이 표현될 수 있다.

P(계통 고장) = P(A) · P(B)+P(CCF)

만약 공통원인 고장 확률 P(CCF)가 각 펌프의 고장 확률인 0.1의 10%인 0.01이라고 가정 하면 P(계통 고장)는 다음과 같이 계산되며 그 결과는 기존 계통 고장 확률의 2배가 된다.

P(계통 고장) = P(A) · P(B)+P(CCF) = 0.1×0.1+0.01 = 0.02

즉, P(CCF)의 값은 개별 펌프 고장 확률의 10%로 그 자체값은 크지 않아도 그 확률이 바로 전체 계통의 고장 확률이 되므로 전체 계통 고장 확률에 미치는 영향은 매우 크다는 것을 알 수 있다.

CCF는 앞서 언급하였듯이 하나의 기본사건으로 모델이 된다. 위의 예제 계통에 대해 CCF가 없는 경우의 고장수목이 [그림 2-49]에, CCF가 있는 경우의 고장수목이 [그림 2-50]에 나와 있다.

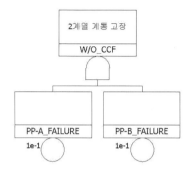

[그림 2-49] 예제 계통 고장수목 (CCF 없는 경우)

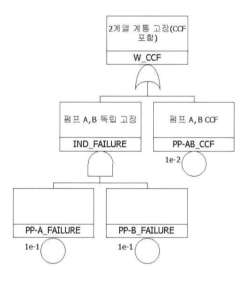

[그림 2-50] 예제 계통 고장수목 (CCF 있는 경우)

CCF를 분석하기 위해 [그림 2-51]에서 보듯이 다양한 방법이 개발되어 있다. 이처럼 다양한 CCF 분석방법이 개발되어 있다는 것은 다른 측면에서 생각하면 CCF를 완벽하게 분석하는 방법이 아직 없다는 의미이기도 하다. 맨 처음 개발된 CCF 분석은 베타 팩터(β-Factor) 분석방법이다. 그러나 베타 팩터 분석방법은 분석 대상의 다중성이 증가하면 매우 보수적인 결과를 주게 된다. 이와 같은 문제점으로 인해 국내에서는 원자력 리스크 평가를 위한 CCF 분석방법으로 베타 팩터 분석방법 대신 MGL (Mult-Greek Letter) 방법[NRC, 1985]이 한

때 사용되었으나 이후 불확실성 분석의 어려움과 같은 MGL 방법의 한계로 인해 현재는 [그림 2-51]의 다양한 방법 중 알파팩터(α-Factor) 방법[NRC, 1998]이 CCF의 기본 분석방법으로 사용되고 있다. 따라서 이 절에서는 알파팩터 방법에 대해서는 상세히 설명하고 베타팩터 및 MGL 분석방법은 개념만을 간단히 소개한다.

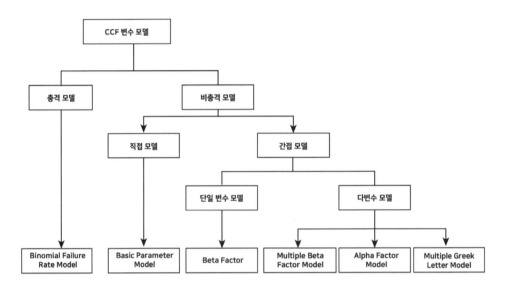

[그림 2-51] CCF 분석방법

4.2.2 베타 팩터 및 MGL 분석방법

A, B, C의 3 계열로 구성된 어떤 계통이 있다면, 이 계열에서 발생할 수 있는 CCF는 다음과 같이 4가지 경우가 있을 수 있다.

(2 계열 CCF) AB, AC, BC

(3 계열 CCF) ABC

만약 이 계통에서 한 계열만 가동돼도 성공이라고 가정하면, 이 계열의 고장 확률은 다음과 같이 계산할 수 있다,

$$P(계열 고장) = P(A) \cdot P(B) \cdot P(C) + P(A) \cdot P(BC\ CCF)$$
$$+ P(B) \cdot P(AC\ CCF) + P(C) \cdot P(AB\ CCF) + P(ABC\ CCF)$$

그러나 베타 팩터 방법에서는 모든 CCF 사건을 다 합쳐 하나의 기본사건으로 모델을 하며, 이때 CCF의 발생 확률은 $\beta \cdot P(A)$ (= $\beta \cdot P(B)$ = $\beta \cdot P(C)$)라고 가정을 한다. 따라서 CCF 분석에 베타 팩터 방법을 사용하면 위의 식은 아래와 같이 정리된다.

P(계열 고장) = $P(A) \cdot P(B) \cdot P(C) + P(CCF)$

여기서 P(CCF) = $\beta \cdot P(A)$

[그림 2-50]의 예는 β = 0.1을 적용한 경우이다. 그러나 베타 팩터 방법은 모든 CCF 사건을 합치기 때문에 보수적인 평가 결과를 초래하고, 따라서 현재는 거의 사용이 되지 않고 있다. 이와 같은 베타 팩터 방법의 단점을 보완해 베타 팩터 방법을 확장한 방법이 MGL 방법이다[NRC, 1985]. 예를 들어 A, B, C, D의 4개 계열을 갖는 계통을 생각하면 이 계통에서 계열 A의 고장을 유발하는 CCF 관련 계통 고장은 다음과 같은 조합으로 나타난다.

AB, AC, AD, ABC, ABD, ACD, ABCD

따라서 A 계열의 전체 고장 확률 Q_t는 다음과 같이 계산될 수 있다.

$Q_t = Q_A + Q_{AB} + Q_{AC} + Q_{AD} + Q_{ABC} + Q_{ABD} + Q_{ACD} + Q_{ABCD}$

여기서 Q_A는 A 계열의 독립 고장 확률, Q_{AB} 등은 A 계열을 포함한 2개 계열의 CCF 확률, Q_{ABC} 등은 A 계열을 포함한 3개 계열의 CCF 확률, Q_{ABCD}는 4개 계열 전체의 CCF 확률을 의미한다.

MGL 방법에서는 계통 구성 요소의 CCF가 동일한 그룹의 다른 구성 요소와 공유될 수 있는 모든 가능한 경우의 조건부 확률을 평가하도록 변수를 정의한다. 예를 들어 동일한 기능을 갖는 4개 계열로 구성된 계통의 경우 다음과 같이 변수를 정의한다.

(1) β : 2개 이상의 구성 요소에서 CCF가 발생할 조건부 확률

(2) γ : 3개 이상의 구성 요소에서 CCF가 발생할 조건부 확률

(3) δ : 4개의 구성 요소에서 CCF가 발생할 조건부 확률

β, γ, δ 간의 상관관계가 [그림 2-52]에 나와 있다.

이때 2개, 3개, 4개 계열의 CCF 팩터는 다음과 같다. CCF 팩터란 특정 기기의 고장률 중 해당 CCF로 인해 발생한 고장의 분율을 의미한다.

(1) 2개 계열 고장 CCF 팩터: $\beta(1-\gamma)/3$

(2) 3개 계열 고장 CCF 팩터: $\beta\gamma(1-\delta)/3$

(3) 4개 계열 고장 CCF 팩터: $\beta\gamma\delta$

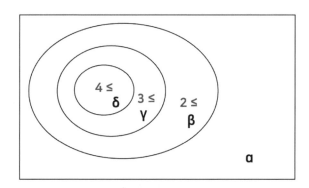

[그림 2-52] MGL 변수 간의 상관관계

2개 계열, 3개 계열 고장 CCF 팩터에서 3으로 나눠주는 것은 2개 계열 CCF, 3개 계열 CCF가 각기 3가지 조합(2개 계열: AB, AC, AD, 3개 계열: ABC, ABD, ACD)으로 발생하므로 개별 조합별로 배당되는 CCF의 확률값은 2개 혹은 3개 계열 CCF 고장 확률 전체값의 1/3에 해당하기 때문이다.

따라서 각 경우의 고장 확률은 다음과 같이 계산된다.

(1) $Q_A = Q_t(1-\beta)$

(2) $Q_{AB} = Q_{AC} = Q_{AD} = Q_t\beta(1-\gamma)/3$

(3) $Q_{ABC} = Q_{ABD} = Q_{ACD} = Q_t\beta\gamma(1-\delta)/3$

(4) $Q_{ABCD} = Q_t\beta\gamma\delta$

이 경우의 고장수목이 [그림 2-53]에 나와 있다.

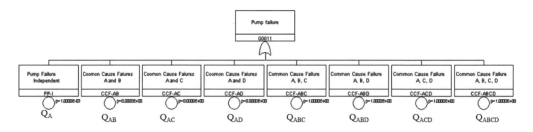

[그림 2-53] MGL 방법을 사용한 고장수목 예제

4.2.3 알파 팩터 분석방법

위에서 설명하였듯이 MGL 방법의 CCF 팩터를 도출할 때는 조건부 확률을 사용한다. 그러나 MGL 방법에서 사용하는 조건부 확률을 기기 고장 자료로부터 구하기 쉽지 않은 경우가 있다. 따라서 이와 같은 문제점을 해결해 고장 자료로부터 바로 CCF 팩터를 도출하는 방법이 알파 팩터 방법이다[NRC, 1998]. 알파 팩터 방법에서 CCF 팩터 α_{km}은 m개 항목으로 구성된 그룹에서 k개 항목의 CCF가 발생하는 비율로 정의된다. 즉, α_{2m}은 m개 항목이 있는 그룹의 2개 구성 요소에서 CCF가 발생한다는 것을 의미한다. α_{km}은 다음과 같이 정의된다.

$$\alpha_{k:m} = \frac{\binom{m}{k} \cdot Q_{k:m}}{\sum_{j=1}^{m} \binom{m}{j} \cdot Q_{j:m}}$$

여기서 분자는 m개 항목이 있는 그룹의 k개 항목에서 CCF가 발생하는 확률이고, 분모는 그와 같은 확률의 합이다. 따라서 α_{km}은 m개 항목으로 구성된 그룹에서 고장이 발생했다고 할 때, k개의 구성 요소에서 CCF가 발생한 조건부 확률이 된다.

따라서 $\alpha_{k:m}$은 고장 자료로부터 바로 다음과 같이 구할 수 있다.

$$\widehat{\alpha_{k:m}} = \frac{n_k}{\sum_{j=1}^{m} n_j}$$

이는 어떤 계통에서 발생한 CCF 사건의 수(n_j)를 알면 α_{km}을 바로 구할 수 있다는 것을 의미한다.

[예제 4-2]

어떤 원전에 있는 대기 중 구동 밸브의 고장 확률(Q_t)이 1.0E-3이고, 이 밸브의 고장 경험 자료가 다음과 같다고 가정한다.

(1) 1개 고장, n_1: 1,000회

(2) 2개 동시 고장, n_2: 10회

(3) 3개 동시 고장, n_3: 15회

이때 알파 팩터($\alpha_1, \alpha_2, \alpha_3$)와 밸브의 이중, 삼중 고장 확률을 구하라.

[답]

이때 알파 팩터(α_1, α_2, α_3)는 다음과 같이 구해진다.

(1) $\alpha_1 = n_1 / (n_1 + n_2 + n_3) = 1,000/1,025 = 9.76\text{E-}1$

(2) $\alpha_2 = n_2 / (n_1 + n_2 + n_3) = 10/1,025 = 9.76\text{E-}3$

(3) $\alpha_3 = n_3 / (n_1 + n_2 + n_3) = 15/1,025 = 1.46\text{E-}2$

(4) $\alpha_t = \alpha_1 + 2\alpha_2 + 3\alpha_3$

α_t를 구할 때 α_2에 2를 곱하고, α_3에 3을 곱하는 것은 실제 기기 고장 횟수를 반영하기 위한 것이다. 즉, 2개 기기의 CCF가 10회 발생했다면 전체 기기 고장 횟수는 2 x 10으로 20회가 발생하였기 때문이다.

이들 알파 팩터가 구해지면 각 경우의 고장 확률은 다음식을 이용해 구한다.

$$Q_{k:m} = \frac{k}{\binom{m-1}{k-1}} \cdot \frac{\alpha_{k:m}}{\alpha_t} \cdot Q_t = \frac{m}{\binom{m}{k}} \cdot \frac{\alpha_{k:m}}{\alpha_t} \cdot Q_t$$

따라서 위의 예에서 각 경우의 고장 확률은 다음과 같이 구해진다.

(1) $Q_1 = (\alpha_1/\alpha_t)Q_t = n_1/(n_1 + 2n_2 + 3n_3)Q_t = (1,000/1,065)Q_t \sim Q_t$

(2) $Q_2 = (\alpha_2/\alpha_t)Q_t = n_2/(n_1 + 2n_2 + 3n_3)Q_t = (10/1,065)Q_t = 9.39\text{E-}6$

(3) $Q_3 = 3(\alpha_3/\alpha_t)Q_t = 3n_3/(n_1 + 2n_2 + 3n_3)Q_t = (45/1,065)Q_t = 4.23\text{E-}5$

그러나 시험 및 고장 이력으로부터 k개의 기기가 동시에 고장 나는 CCF 확률값을 구하는 방법은 대상 기기의 시험 방법에 따라 달라진다. 즉, 한 번의 시험을 수행할 때, 계통 내의 모든 기기를 동시에 시험하는 방법인 비순차 시험(Non-Staggered Test)인지, 시험 주기를 기기 수로 나누어 번갈아 시험하는 방법인 순차 시험(Staggered Test)인지에 따라 아래와 같이 고장 확률의 계산 방법이 다르다.

(1) 비순차 시험의 경우:

$$Q_k^{NS} = \frac{n_k}{{}_mC_k N_D}$$

(2) 순차시험의 경우:

$$Q_k^S = \frac{n_k}{{}_{m-1}C_{k-1} m N_D}$$

여기서 N_D는 계통에 대한 시험 수이다. 이와 같은 다양한 시험 정책을 CCF 평가에 반영하기는 쉽지 않은 일이다. 이에 대한 자세한 내용은 참고 문헌 [NRC, 1998]에 나와 있다.

또한, CCF 자료가 충분하지 않고, 불확실성이 크므로 이와 같은 부분을 보완하기 위해 CCF 자료 분석 시 Impact Vector라고 불리는 방법이 사용된다[NRC, 2007b]. Impact Vector 방법은 소수의 고장 자료로부터 다른 CCF 관련 영향을 유추하여 CCF 자료의 부족을 보완하는 방법이다. 또한, Impact Vector 방법은 2중 계열의 CCF로부터 3중 혹은 그 이상 계열의 CCF 확률을 도출(Mapping-up)하거나, 반대로 3중 계열의 CCF로부터 2중 이하 계열의 CCF 확률을 도출(Mapping-down)하는 데도 사용된다. 실제 Impact Vector를 도출하는 과정은 상당히 복잡하므로 여기서는 예제를 통해 관련 기본 개념만을 소개한다.

예를 들어 3중 기기의 Impact Vector는 다음과 같은 4가지 가설로 구성된다.

[1,0,0,0]: 고장이 없는 경우

[0,1,0,0]: 단일 기기의 고장

[0,0,1,0]: 2개 기기의 동시 고장(독립고장, CCF 포함)

[0,0,0,1]: 3개 기기의 동시 고장(독립고장, CCF 포함)

만약 어떤 3중 기기에 특정 CCF가 발생하면, 분석자는 이의 원인을 분석하고, 가설별 발생 확률을 도출하여 그 영향을 다음과 같이 정리할 수 있다.

0.3x[0,1,0,0]+0.6x[0,0,1,0]+0.1x[0,0,0,1] = [0,0.3,0.6,0.1]

이는 발생한 특정 CCF의 원인으로 단일 기기가 고장 날 확률은 0.3, 2개 2개 기기가 동시에 고장 날 확률은 0.6, 그리고 3개 기기가 동시에 고장 날 확률은 0.1이라는 의미로 이들 값은 분석자에 의해 정해진다.

4.3 인간신뢰도분석

4.3.1 인간신뢰도분석 개요

인간은 일상생활을 하면서도 많은 실수를 한다. 물건을 잃어버리기도 하고, 무엇을 잊기도 하고, 의도치 않은 말실수를 하기도 한다. 이와 같은 인간의 실수-인적 오류(Human Error)는 산업 안전에서도 매우 중요한 요소이다. 인간 오류의 중요성은 기존의 사건, 사고 이력 혹은 사고 분석에서 이미 잘 나와 있다. TMI 원전사고와 체르노빌 원전사고 모두 인간의 오류가 사고 진행에 결정적인 역할을 했다. TMI 원전사고에서는 운전원이 잘 동작하고 있던 안전계통(비상냉각계통)을 정지시켜 사고를 악화시켰다. 또한, 체르노빌 원전사고에서는 운전원이 시험 절차를 의도적으로 어기고 시험을 수행하다 중대사고가 발생했다. 기존의 원자력 리스크 평가 결과에 따르면 전체 노심손상빈도의 30~70%가 인적 오류와 관련이 있다. 따라서 원전과 같은 산업 설비의 안전성을 높이기 위해서는 관련 설비의 운전 및 정비와 관련된 인적 오류를 줄이는 것이 필수적이다.

이를 위해서는 설비의 안전성에 영향을 미치는 인적 오류를 파악하고 그 발생 가능성을 체계적으로 평가해야 한다. 원자력 리스크 평가에서는 이 업무를 인간신뢰도분석(Human Reliability Analysis: HRA)이라고 부른다. HRA를 통해 설비의 안전성에 영향을 줄 수 있는 인적 오류를 파악하고, 이들 인적 오류의 발생 확률(Human Error Probability: HEP)을 평가할 수 있다. 원자력 리스크 평가에서는 인적 오류도 기기 고장과 같은 기본사건으로 간주해 고장수목 혹은 사건수목에 모델한다.

[그림 2-54]와 〈표 2-7〉에 기존에 개발된 HRA 방법이 정리되어 있다. HRA 방법은 해석적 방법과 전문가 판단을 활용하는 방법으로 양분할 수 있다. 해석적 방법에는 THERP (Technique for Human Error Rate Prediction) 방법[A.D.Swain et al., 1983], ASEP (Accident Sequence Evaluation Program) 방법[A.D.Swain, 1987] 그리고 HEP를 시간의 함수로 표현하는 HCR (Human Cognitive Reliability) [G.W.Hanaman et al., 1984] 방법 등이 있다. 있다. 전문가 판단을 활용하는 방법으로는 SLIM (Success Likelihood Index Method)과 Paired Comparison 방법 등이 있다[NRC, 2006]. 최근에는 미국 NRC

에 의해 새로운 HRA 방법인 IDHEAS 방법이 개발되고 있다[NRC, 2021].

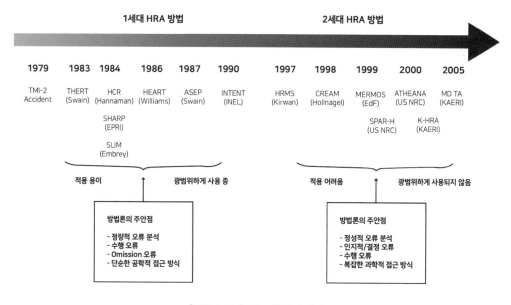

[그림 2-54] HRA 방법의 발전

그러나 HEP가 실제 평가 가능한 것인가에 대해서는 논란이 많다. 즉, 같은 사람이 같은 업무를 한다고 해도 어떤 때는 성공하고, 어떤 때는 실패하기도 한다. 이와 같은 인적 오류는 조직 문화, 업무 환경, 개인 사정 등 매우 다양한 요소의 영향을 받는다. [그림 2-54]와 〈표 2-7〉에 나와 있듯이 매우 다양한 HRA 방법론이 나와 있고, 근래도 HRA에 대한 많은 연구가 진행되고 있다. 이는 반대로 CCF 분석 방법과 마찬가지로 아직 어떤 HRA 방법도 완벽하지 못하다는 것을 의미한다고 볼 수 있다.

그럼에도 불구하고 원자력시설의 정량적 리스크 평가를 위해서는 반드시 정량적인 HEP 값을 평가해야만 한다. HEP 값은 기기 고장 확률과 달리 통계적인 방법만으로는 구할 수 없으므로 앞서 기술하였듯이 다양한 HRA 방법이 활용된다. WASH-1400에서는 HRA를 위해 THERP 방법을 사용했다. [그림 2-54]에서 보듯이 THERP 방법이 개발된 이후에 많은 HRA 방법이 개발되었지만, 아직도 THERP 방법이 다른 HRA 방법의 근간이 되고 있으며 현재도 많이 사용되고 있다. 따라서 본 절에서는 THERP 방법을 중심으로 HRA 수행 절차를 간략히 소개한다. THERP 방법은 기본적으로 다음과 같은 가정에 따라 HEP를 구한다.

<표 2-7> HRA 방법의 분류

유형	HRA 방법	관련 참고 문헌
해석적 방법	Technique for Human Error Rate Prediction (THERP)	NUREG/CR-1278, 1983
	Accident Sequence Evaluation Program (ASEP)	NUREG/CR-4772, 1987
	Cause-Based Decision Tree (CBDT) Method	EPRI/TR-100259, 1992
	Human Cognitive Reliability (HCR)/ ORE Method – revised HCR method	EPRI RP 2170-3, 1984 EPRI/NP-6560, 1990
	Time Reliability Correlation (TRC)	Doughtery, 1988
전문가 판단 방법	Paired Comparison (PC)	NUREG/CR-2743, 1983
	Absolute Probability Judgment (APJ)	NUREG/CR-3688, 1984
	Success Likelihood Index Methodology (SLIM)	NUREG/CR-3518, 1984
모의실험 방법	Maintenance Personnel Performance Simulation (MAPPS)	NUREG/CR-3634, 1985
	Cognitive Environment Simulation (CES)	NUREG/CR-5213, 1990
최근 제안된 차세대 HRA 방법	A Technique for Human Error Analysis (ATHENA)	NUREG/CR-6350, 2002
	Cognitive Reliability and Error Analysis (CREAM)	Hollnagel, 1998
	IDHEAS-G (An Integrated Human Event Analysis System. G is for General Methodology)	NUREG-2199, 2017

(1) 인간의 직무는 일련의 단위 직무로 세분화할 수 있다.

(2) 해당 인간 직무에 대한 HEP는 세분화된 각 단위 직무별 HEP를 합해 구할 수 있다.

THERP 방법도 분석 절차가 상당히 복잡하므로 실제 분석 절차를 여기에 모두 상세히 기술할 수 없다. 따라서 이 절에서는 HRA의 기본 개념을 소개하는 것에 중점을 둔다.

4.3.2 인간 오류 유형

인적 오류는 (1) 오류가 발생하는 즉시 그 영향이 나타나는 활동성 오류(Active Error)와 (2) 오류의 영향이 잠재하고 있다가 특정 조건이 되었을 때 나타나는 잠재 오류(Latent

Error)로 구분할 수 있다. 활동성 오류로는 운전원이 원전 비상운전 중 범하는 오류 등이 있고, 잠재 오류로는 원전 설계 혹은 건설 중 발생한 오류 혹은 정비 오류 등이 있다. 또한, (1) 운전원·작업자가 수행해야 할 일을 하지 않는 오류(Errors of Omission: EOO)와 (2) 수행하지 않아야 할 일을 하는 오류(Errors of Commission: EOC)로 구분할 수 있다.

원자력 리스크 평가에서는 다음과 같은 3가지의 인적 오류를 고려한다.

(1) 초기사건 발생 전 인적 오류 : 대기 중 안전계통의 기능 상실을 유발하는 인적 오류(정비 오류 등)

(2) 초기사건 유발 인적 오류 : 원전의 불시정지와 같은 초기사건을 직접 유발하는 인적 오류(운전원의 가동 계통 정지 등)

(3) 사고 후 인적 오류 : 초기사건 발생 후 사고 대응 과정에서 발생하는 인적 오류(TMI 사고와 같이 운전원이 사고 대응 과정 중 범하는 인적 오류)

이들 3종의 오류는 EOO와 EOC 두 가지 모두에 의해 발생할 수 있지만, 일반적인 HRA 에서는 EOO만을 분석 대상으로 한다. [그림 2-54]에 나온 ATHENA 방법 혹은 최근 미국 NRC가 개발한 IDHEAS 방법은 EOC를 다룰 수 있다고 되어있으나 실제로는 아직 거의 사용되지 않고 있다.

초기사건 발생 전 인적 오류는 기기의 고장과 같이 계통 고장수목에서 모델이 되며, 사고 후 인적 오류는 고장수목 혹은 사건수목에 모델이 된다. 반면에 초기사건 유발 인적 오류는 고장수목 혹은 사건수목에 모델이 되는 것이 아니라 초기사건 빈도 발생 평가 시 고려한다.

4.3.3 인간신뢰도분석 수행 절차

현재 일반적으로 사용되는 HRA 방법에서는 운전원 및 작업의 특성, 작업 환경을 고려해 HEP를 평가하고 있다. THERP와 같은 HRA 방법의 일반적인 수행 절차는 [그림 2-55]에 나와 있다. 첫 번째 업무인 인적 오류의 파악을 위해서는 먼저 시험·정비 관련 자료의 검토 등을 통해 정상운전 중 발생 가능한 오교정 또는 장비 복원 실패 등 잠재적 오류를 파악한다. 또한, 비상운전절차서의 검토 등을 통해 다양한 사고 상황에서 발생할 수 있는 인적 오류를 파악한다. 파악된 인적 오류는 그 특성에 따라 고장수목 혹은 사건수목에 모델이 된다.

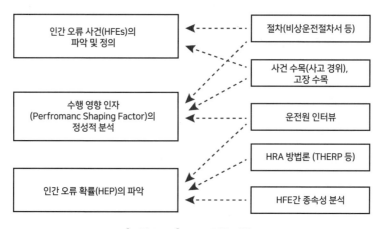

[그림 2-55] HRA 수행 절차

    원자력 리스크 평가에서 고려해야 할 인간 오류의 종류와 수는 매우 많다. 따라서 이들 중 상세 분석이 필요한 중요한 인적 오류를 선별할 필요가 있다. 이와 같은 선별은 정성적으로 이루어질 수도 있으며, 정량적으로도 이루어질 수 있다. 만약 어떤 인적 오류의 발생 여부가 쉽게 파악이 되고 이에 따라 시정 조치가 바로 가능한 경우는 이런 인적 오류는 더 이상 고려할 필요가 없다. 이 같은 방식으로 인적 오류를 선별하는 것이 정성적 선별이다. 정량적 선별을 위해서는 보수적인 HEP 값을 사용해 각 인적 오류가 전체 리스크 평가 결과에 미치는 영향을 살펴본다. 예를 들어 어떤 인적 오류에 대해 매우 보수적인 HEP 값을 사용하였음에도 해당 인적 오류가 최종 리스크 평가 결과에 미치는 영향이 미미하다면 해당 인적 오류의 HEP 값을 더 상세히 평가할 필요가 없다. 그러나 어떤 인적 오류들 사이에 종속성이 있는 경우는 관련 인적 오류는 모두 상세 분석 대상에 포함되어야 한다. 또한, 미국의 ASME/ANS PSA 표준은 PSA 품질을 일정 수준 이상 확보하기 위해서는 사고 후 인적 오류에 대해서는 선별 제거를 하지 말도록 요구하고 있다[ASME, 2013].

    이와 같은 선별 과정을 통해 남은 인적 오류의 HEP 값은 상세 분석을 통해 구하게 된다. 상세 분석에서는 요구되는 정보는 사용하는 HRA 방법에 따라 다를 수 있다. 그러나 일반적으로 분석 대상 직무가 필요한 상황과 직무의 특성에 대한 상세한 검토 및 분석을 하여 HEP 평가에 필요한 정보를 도출한다. 이 과정에는 일반적으로 설계 문서, 운전절차서, 모의 제어반 실습 결과 및 관찰, 그리고 운전원과의 면담 등이 활용된다.

THERP와 같은 HRA 방법의 기본 가정은 운전원의 특정 행위를 여러 부분으로 구분할 수 있고, 각 부분의 오류 확률을 구해 모두 더하면 해당 행위의 인적 오류 확률을 구할 수 있다는 것이다. 예를 들어 사고 후 인적 오류는 [그림 2-56]에 나온 바와 같이 진단 오류와 수행 오류로 구분된다. 진단 오류와 수행오류의 오류 확률을 구하는 데 사용되는 입력의 예가 [그림 2-57]에 나와 있다.

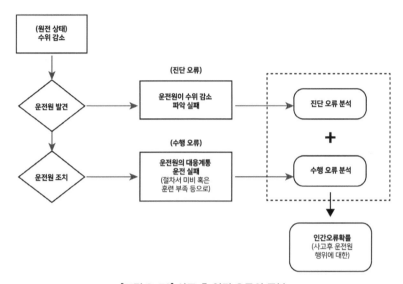

[그림 2-56] 사고 후 인적 오류의 구분

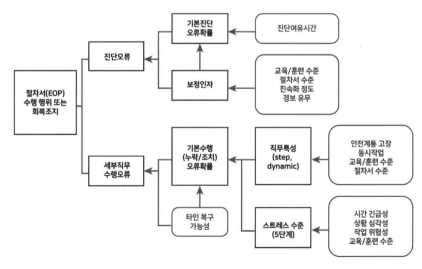

[그림 2-57] 사고 후 인적 오류 분석을 위한 입력 자료

또한, THERP와 같은 해석적 HRA 방법에서는 인적 오류에 영향을 미칠 수 있는 수행특성인자(Performance Shaping Factor: PSF)를 고려해 HEP 값을 조정한다. 이런 경우 일반적으로 다음과 같은 PSF가 고려된다.

(1) 직무복잡도 : 절차서 유무 및 수준(Quality), MMI (Man-Machine Interface) 수준 등

(2) 스트레스 수준 : 직무 여유 시간, 직무 심각성 및 위험성, 직무 친숙도 등

(3) 작업자의 경험 및 숙련도 : 작업자의 경력, 훈련 및 교육의 빈도와 수준 등

(4) 감독자 유무

PSF는 인적 오류 가능성에 긍정적 영향을 미칠 수도, 부정적 영향을 미칠 수도 있다. 또한, HEP를 구할 때 운전원의 추가적인 회복 조치도 고려할 수 있다. 따라서 HEP는 다음과 같은 식으로 정의된다.

HEP = (진단 혹은 수행 HEP) x (PSF) x (회복 조치 HEP)

〈표 2-8〉의 2번째 열에 THERP 방법을 사용할 때의 기본 HEP (Nominal HEP) 평가값이 나와 있다. 이후 해당 행위의 PSF를 평가해 그 값(3번째 열의 값)을 기본 HEP 값에 곱해주면 해당 행위의 HEP (Revised HEP)가 된다. 만약 어떤 단계에 추가적인 운전원 회복 조치가 가능하다면 추가 회복 조치의 실패 확률(Recovery HEP)을 다시 곱해줌으로써 최종 HEP (Final HEP) 값을 구하게 된다.

〈표 2-8〉 인적 오류 확률 평가 예

Action Steps	Nominal HEP	PSFs (weight factor)*	Revised HEP	Recovery HEP	Final HEP
A=MCR Operator omits ordering the following tasks	0.01	1	0.01	0.1	0.001
B=Local Operator omits verifying the position of MU-13	0.006	4	0.024	N/A	0.024
C=Local Operator omits verifying opening the DH valves		4	0.024	N/A	0.024
D=Local Operator omits Isolating the DH rooms	0.006	4	0.024	N/A	0.024

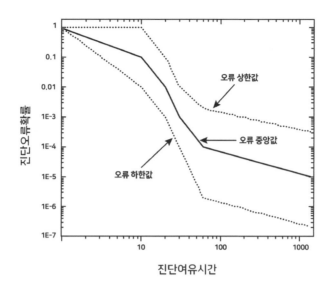

[그림 2-58] 진단 여유 시간별 기본 진단 오류 확률

　THERP 방법은 사고 후 HEP 평가와 관련된 PSF를 평가할 수 있는 다양한 도구를 제공하고 있다. [그림 2-58]은 운전원이 진단에 사용할 수 있는 여유 시간에 따라 TEHRP에서 제공하는 기본 진단 오류 확률값을 제공하는 자료이고, [그림 2-59]는 진단 오류와 관련된 PSF(MMI 수준, 절차서 및 훈련 등) 항목의 수준에 따라 가중치를 결정하는 의사결정수목이다[정원대 외, 2005]. 예를 들어 진단 여유 시간이 30분이라면 [그림 2-58]에 따라 기본 진단 HEP 값은 1.0E-3이 된다. 그러나 이 값은 중앙값(Median)이므로 이를 다시 평균값(Mean)으로 변환해주어야 한다. '1.1.2 연속확률분포, 라. 대수정규분포'에 나오는 중앙값과 평균값의 공식과 '4.1.4 신뢰도 자료의 불확실성'에 나오는 에러 팩터의 정의를 이용하면 해당 인간 오류의 에러 팩터가 주어졌을 때 중앙값으로부터 평균값을 구할 수 있다.

　예를 들어 만약 이 인간 오류의 에러 팩터가 10이라면, 이때 평균값은 2.66E-3이 된다. 이때 해당 행위가 주 업무지만 관련 MMI 수준은 중간(M)이고, 해당 절차서가 없으며, 관련된 훈련도 안 돼 있다면 [그림 2-59]의 논리에 따라 가중치는 25가 된다. 따라서 최종 진단 HEP 값은 6.66E-2이 된다.

　수행오류도 유사한 과정을 통해 평가하게 된다. 수행 HEP 평가에 사용되는 수행 행위 종류 및 스트레스 수준 판단 관련 의사결정수목들이 [그림 2-60]과 [그림 2-61]에 나와 있다 [정원대 외, 2005]. 그리고 〈표 2-9〉는 수행 행위 분류 및 스트레스 수준의 조합에 따른 기본 HEP 값이 나와 있다. 예를 들어 어떤 수행 행위가 규칙(IF-THEN)에 따르는 행위이고 절차서의 수준이 좋으면 해당 행위의 종류는 [그림 2-60]의 의사결정수목에 따라 단계별 행위(Step-by-Step)로 분류가 된다. 또한, [그림 2-61]의 스트레스 수준 의사결정수목에 따라 해당 수행 관련 행위의 스트레스 수준이 결정되면 〈표 2-9〉에 나와 있는 수행 행위 종류 정보와 스트레스 수준에 따라 기본 HEP 값을 결정할 수 있다. 이들 그림과 표를 이용해 수행 HEP를 구하는 과정은 부록에 상세히 나와 있다.

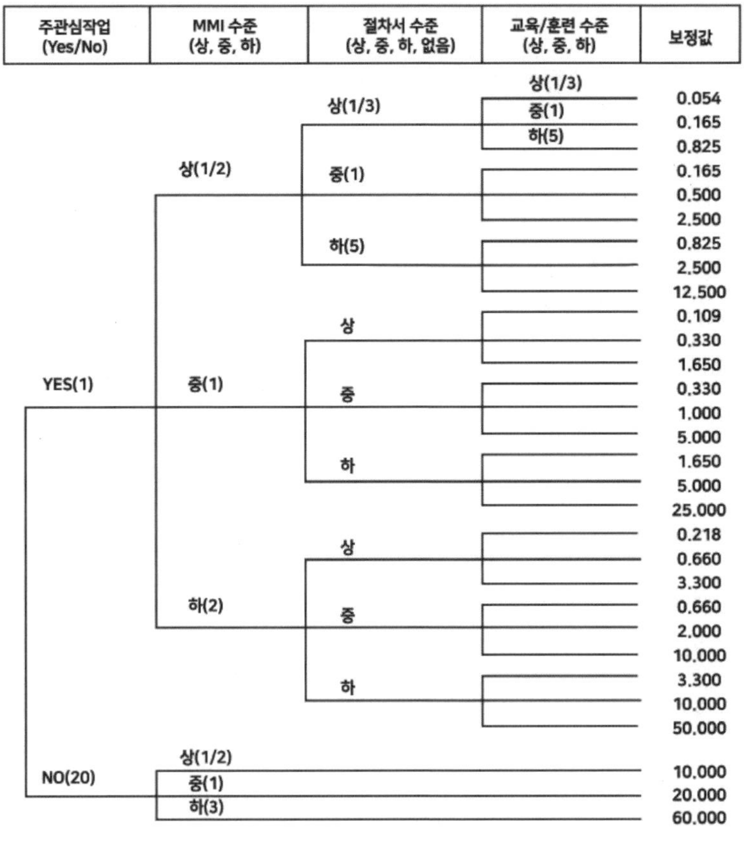

[그림 2-59] PSF에 따른 가중치 결정 수목

<표 2-9> 수행 행위-스트레스 수준별 기본 인간 오류 확률

Subtask type	Stress Level	Basic HEP (mean)
Simple Response	Low	0.002
	Optimum/Moderately High	0.001
	Very High/Extremely High	0.003
Step-by-Step	Low	0.01
	Optimum	0.005
	Moderately High	0.01
	Very High	0.02
	Extremely High	0.05
Dynamic	Low	–
	Optimum	0.01
	Moderately High	0.03
	Very High	0.08
	Extremely High	0.025

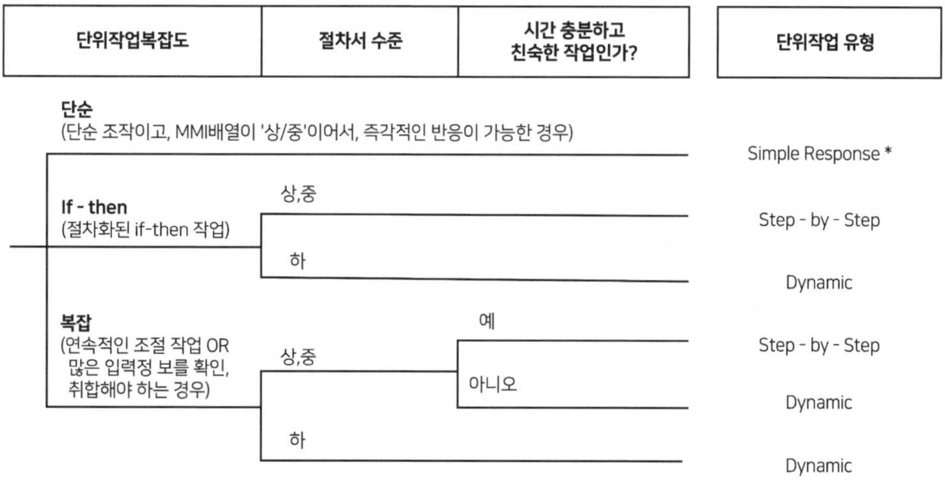

단위작업복잡도	절차서 수준	시간 충분하고 친숙한 작업인가?	단위작업 유형

단순
(단순 조작이고, MMI배열이 '상/중'이어서, 즉각적인 반응이 가능한 경우)
Simple Response *

If - then
(절차화된 if-then 작업)
상,중
Step - by - Step
하
Dynamic

복잡
(연속적인 조절 작업 OR 많은 입력정 보를 확인, 취합해야 하는 경우)
예
상,중
Step - by - Step
아니오
Dynamic
하
Dynamic

* 'simple response'는 상시 운전되는 계통의 운전 중이던 기기가 고장나서 I 대기 중인 기기가 자동 기동해야 할 때, 자동 신호가 실패하여 운전원이 수동으로 신호를 발생시키는 경우에 국한해서 적용

[그림 2-60] 수행 행위 종류 분석용 의사결정수목

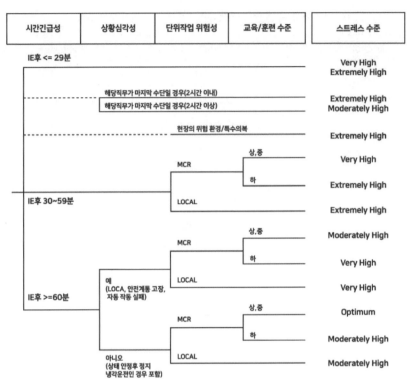

시간긴급성	상황심각성	단위작업 위험성	교육/훈련 수준	스트레스 수준

- IE후 <= 29분 → Very High / Extremely High
- 해당직무가 마지막 수단일 경우(2시간 이내) → Extremely High
- 해당직무가 마지막 수단일 경우(2시간 이상) → Moderately High
- 현장의 위험 환경/특수의복 → Extremely High
- IE후 30~59분
  - MCR: 상,중 → Very High / 하 → Extremely High
  - LOCAL → Extremely High
- IE후 >=60분
  - 예 (LOCA, 안전계통 고장, 자동 작동 실패)
    - MCR: 상,중 → Moderately High / 하 → Very High
    - LOCAL → Very High
  - 아니오 (상태 안정후 정지 냉각운전인 경우 포함)
    - MCR: 상,중 → Optimum / 하 → Moderately High
    - LOCAL → Moderately High

[그림 2-61] 수행 행위 스트레스 수준 결정용 의사결정수목

위에서 소개한 HRA 절차는 THERP 방법을 기반으로 한 것이다. 그러나 근래 미국 산업체는 PSA를 수행할 때 EPRI (Electric Power Research Institute)가 개발한 HRA-Calculator라는 프로그램을 사용하여 HEP를 구하고 있다[K.K.Gunter, 2019]. HRA-Calculator는 특정한 HRA 방법을 사용하는 것이 아니라 여러 가지 HRA 방법을 조합하여 사용한다. 예를 들어 진단 오류 확률 평가는 CBDTM (Caused Based Decision Tree Method)과 HCR (Human Cognitive Reliability)/ORE (Operator Reliability Experiments)을 조합하여 사용하고, 수행오류는 THERP 방법을 사용하는 방식이다[NRC 외, 2014]. 진단 오류 확률 평가에 CBDTM이나 HCR/ORE 방법을 사용하는 것은 THERP 방법에서 제공하는 진단 오류 확률 평가 곡선(그림 2-58)의 근거가 미흡하다는 비판에 대응하기 위한 것이다.

CBDTM 방법은 오류 발생 방식(Failure Mechanism) 및 보상 요인(Compensating Factor) 파악에 근거하는 분석적 접근 방법으로 절차서가 사용되는 경우와 같은 규칙 기반

행동에 적용 가능한 방법이다. CBDTM 방법에서는 두 가지 상위 오류 모드(원전 정보-운전원 인터페이스 오류, 운전원-절차서 인터페이스 오류)를 고려하며, 각 오류 모드는 여러 가지 세부 오류 발생 방식으로 세분화된다. 이 방법은 HRA-Calculator에서 특히 시간이 중요하지 않은 경우에 기본적으로 사용되는 진단 오류 확률 평가 방법이다. 반면에 HCR/ORE 방법은 시간이 중요한 인간 행위작업(예를 들어, 이용 가능 시간이 30분 미만인 경우)과 관련된 인지 오류를 모델하는 방법이다. 이 방법은 경험 자료로부터 도출된 시간-신뢰도 곡선(Time-Reliability Curve)을 사용한다.

그러나 THERP 방법 등 기존의 HRA 방법은 몇 가지 한계를 가지고 있다. 가장 대표적인 한계는 모델할 수 있는 인간 오류 유형의 제한이다. 위에서 설명한 HRA 방법은 주로 EOO를 분석하는 방법으로, EOC를 적절히 모델을 하기는 어렵다. EOC를 모델하기 위해 미국 NRC는 2,000년대 초 ATHENA 방법[NRC, 1996]을 개발하였지만, 실제 사용이 되지 못했다. NRC는 다시 근래 EOC 분석을 포함해 좀 더 종합적인 HRA 방법인 IDHEAS 방법[NRC, 2017]을 개발해 사용하고 있지만, 이 역시 아직은 널리 사용되지 못하고 있다.

근래에 새로 나타나고 있는 THERP 기반 방법의 또 다른 한계점은 주제어실의 환경 변화에 의한 따른 것이다. THERP 방법을 개발·사용할 당시 원전의 계측·제어계통은 아날로그(Analog) 계통이었다. 따라서 THERP 방법은 이런 환경을 고려해 개발된 방법이다. 그러나 최근에 건설되는 원전은 모든 계측·제어계통이 디지털계통이다. 또한, 오래된 원전들도 계측·제어계통을 디지털 계측·제어계통(Digital Instrument & Control System: DI&C System)으로 교체하고 있다. 따라서 기존의 HRA 방법으로는 디지털 계측·제어계통 환경의 주제어실에서 발생하는 인적 오류를 적절히 다루지 못하는 것으로 알려져 있다. 또한, 디지털 계측·제어계통의 다양성, 복잡성 등으로 인해 디지털 계측·제어계통 환경에서 발생하는 인적 오류의 HEP를 평가하기는 쉽지 않다. 현재 세계적으로도 디지털 계측·제어계통 환경에서의 HEP를 평가할 수 있는 공인된 HRA 방법은 없는 상황이다. 따라서 현재로서는 THERP 같은 방법에 디지털 계측·제어계통 환경의 특성을 가미해 PSF 등을 수정하는 방법을 사용하고 있다. 디지털 계측·제어계통 환경에 적용 가능한 공인된 HRA 방법은 현재 국내외 HRA 분야에서 현재 가장 연구가 활발한 분야이다[Jinkyun Park et al., 2022].

[참고 문헌]

A.D.Swain et al., 1983. Handbook of Human Reliability Analysis with Emphasis on Nuclear Power Plant Applications, NUREG/CR-1278, S.N.L

A.D.Swain, 1987. Accident Sequence Evaluation Program Human Reliability Analysis Procedure, NUREG/CR-4772, S.N.L.

ASME, 2013. ASME/ANS RA-Sb-2013, "Standard for Level 1/Large Early Release Frequency Probabilistic Risk Assessment for Nuclear Power Plant Applications - Addenda to ASME/ANS RA-S-20

ASME/ANS, 2009. Addenda to ASME/ANS RA-S-2008 Standard for Level 1/Large Early Release Frequency Probabilistic Risk Assessment for Nuclear Power Plant Applications

D. Lurie et al., 2011. Applying Statistics, USNRC

D.M. Rasmuson, 1992. A comparison of the small and large event tree approaches used in PRAs, Reliability Engineering and System Safety, Vol 37, 1992

G.W.Hanaman et al., 1984. Human Cognitive Reliability Model for PRA Analysis, NUS-4531, NUS Corporation

Jinkyun Park et al., 2022. Comparisons of human reliability data between analog and digital environments, Safety Science, Vol.149

K.C. Kapur et al., 2013. Reliability Engineering, WILEY,

K.K.Gunter, 2019, New Functions and Features Associated with EPRI HRA Calculator Version 5.2, PSA 2019, Charleston, SC, April 28-May 3, 2019

K.Koo, 2017. Common Cause Failure Analysis: Improved Approach for Determining the Beta Value in the PDS Method, Department of Mechanical and Industrial Engineering, Norwegian University of Science and Technology

M. Rausand, 2003. System Reliability Theory: Models, Statistical Methods, and Applications, A John Wiley & Sons, Inc. Publications

N.J. McCormick, 1981. Reliability and Risk Analysis, Academic Press

NRC 외, 2014. Introduction to Human Reliability Analysis (HRA), Joint RES/EPRI Fire PRA Workshop 2014, Rockville, MD

NRC, 1975. Reactor Safety Study: An Assessment of Accident Risks in U.S. Commercial Nuclear Power Plants, NUREG-75/014 (WASH-1400)

NRC, 1981. Fault Tree Handbook, NUREG-0429

NRC, 1982. PRA Procedure Guide, NUREG/CR-2300, ANS and IEEE

NRC, 1985. Procedures for Treating Common Cause Failure in Safety and Reliability Studies,

NUREG/CR-4780, PL&G Inc.

NRC, 1990. A Cause-Defense Approach to the Understanding and Analysis of Common Cause Failures, NUREG/CR-5460, SAND 89-2368

NRC, 1996. A Technique for Human Error Analysis (ATHEANA), NUREG/CR-6350, BNL-NUREG-52467

NRC, 1998. Guidelines on Modeling Common-Cause Failures in Probabilistic Risk Assessment, NUREG/CR-5485, INEEL

NRC, 2003. Handbook of Parameter Estimation for Probabilistic Risk Assessment, NUREG/CR-6823

NRC, 2006. Evaluation of Human Reliability Analysis Methods Against Good Practices, NUREG-1842

NRC, 2007a. Industry-Average Performance for Components and Initiating Events at U.S. Commercial Nuclear Power Plants, NUREG/CR-6928, INL/EXT-06-11119

NRC, 2007b, Common-Cause Failure Database and Analysis System: Event Data Collection, Classification, and Coding, NUREG/CR-6268, Rev. 1, INL/EXT-07-12969

NRC, 2017. An Integrated Human Event Analysis System (IDHEAS) for Nuclear Power Plant Internal Events At-Power Application, NUREG-2199

NRC, 2021. The General Methodology of An Integrated Human Event Analysis System (IDHEAS-G, NUREG-2198

Robert A. Dovich, 1990. Reliability Statistics, ASQC Quality Press

S.K. Park et al. 2021. Probability subtraction method for accurate quantification of seismic multi-unit probabilistic safety assessment, Nuclear Engineering and Technology 53

W.S.Jung et al., 2004. A Fast BDD Algorithm for Large Coherent Fault Trees Analysis, Reliability Engineering & System Safety Volume 83, Issue 3, 1 March 2004

박진균, 2001. Bayesian 분석용 BURD 소프트웨어 개발, Memo ART-2001-024. 한국원자력연구원 종합안전평가부 내부 기술 메모

박창규 외, 2003. 확률론적안전성평가, 브레인코리아

정원대 외, 2005. 원자력발전소 인간신뢰도분석(HRA) 표준 방법 개발, KAERI/TR-2961/2005

제3부

원자력 리스크 평가 체제: 확률론적안전성평가

제3부 | 원자력 리스크 평가 체제: 확률론적안전성평가

현재 원전의 중대사고 관련 리스크를 종합적으로 평가하기 위해 전 세계적으로 가장 많이 쓰이고 있는 방법은 확률론적안전성평가(Probabilistic Safety Assessment: PSA) 방법이다. PSA는 기본적으로 TMI 원전사고와 같이 노심 손상(Core Damage)이 발생하는 사고, 혹은 후쿠시마 원전사고와 같이 방사성 물질이 외부로 대량 누출되는 중대사고를 분석 대상으로 한다.

원전 중대사고의 진행 과정이 [그림 3-1]에 나와 있다. 즉, 어떤 초기사건이 발생한 이후 안전계통이 제대로 기능하지 못해 원전의 노심 손상이 발생하고, 이후 용융된 핵연료가 원자로용기 외부로 누출되어 격납용기의 온도와 압력을 높임으로써 격납용기의 파손을 유발한다. 격납용기의 건전성이 상실되면 방사성 물질이 격납용기 외부로 누출되어 원전 주변 주민과 환경에 영향을 미치게 된다.

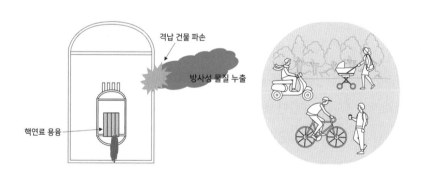

[그림 3-1] 중대사고의 진행 과정

PSA는 평가 대상이 되는 중대사고의 진행 과정에 따라 다음의 3단계로 구분된다[박창규 외, 2003; NRC, 2022b].

(1) **1단계 PSA (Level 1 PSA)** : 노심손상빈도(Core Damage Frequency: CDF) 평가를 위해 초기사건 발생부터 노심손상까지의 사고경위 분석

(2) **2단계 PSA (Level 2 PSA)** : 격납용기 파손 모드 및 빈도 평가를 위한 노심손상 후 격납용기 파손까지의 사고경위 분석 및 누출 방사성 물질 특성(누출량, 누출 시간, 누출 고도 등) 분석

(3) **3단계 PSA (Level 3 PSA)** : 격납용기 외부로 누출된 방사성 물질의 확산에 따라 원전 주변 주민의 보건 영향, 경제적 손실 및 환경 영향 분석

PSA는 이론적으로는 원전에서 발생 가능한 모든 사건의 발생빈도와 영향을 평가해야 한다. 그러나 현실적으로 발생 가능한 모든 사건을 평가하는 것은 불가능하므로 어느 정도는 분석 범위가 결정되어 있다. 〈표 3-1〉(〈표 1-1〉과 동일)에 PSA의 분류가 나와 있다. 〈표 3-1〉에 나온 바와 같이 PSA는 원전 불시정지를 유발하는 원인에 따라 내부사건 PSA와 외부사건 PSA로 구분한다. 내부사건이란 기기의 고장, 인간의 오류 등에 의해 발생하는 사건을 의미한다. 반면에 외부사건이란 지진, 쓰나미 등 원전 외부에서 발생하는 사건을 의미한다. 아울러 원전의 운전 상태에 따라 전 출력(Full Power) 운전 중인 원전에서 발생한 사건에 대한 PSA(전 출력 PSA)와 원전이 정지 혹은 저출력(Low power·Shutdown) 상태일 때 발생한 사건에 대한 PSA(정지·저출력 PSA)로 구분하기도 한다.

〈표 3-1〉에서 보듯이 PSA의 범위는 매우 넓으며, 따라서 여러 분야(설계, 안전해석, 중대사고, 환경 영향, 지진과 같은 외부사건 등)의 지식이 필요하다. 1단계 PSA의 결과물은 2단계 PSA의 입력으로 사용되며, 2단계 PSA의 결과물은 다시 3단계 PSA의 입력으로 사용되어 전체적인 1~3단계 PSA가 완성된다. 1~3단계 PSA의 특성 및 연계사항이 [그림 3-2]와 [그림 3-3]에 나와 있다[NRC, 1982]. 1단계와 2단계 PSA에서는 중대사고 발생 확률(빈도)을 평가하고, 3단계 PSA에서는 사고의 영향을 평가한다. 따라서 1~3단계 PSA가 모두 수행이 되어야 중대사고의 리스크(확률 x 영향)를 구할 수 있다[NRC, 1975; NRC, 1990].

<표 3-1> PSA의 분류

운전상태	원인		단계		
			1단계	2단계	3단계
전 출력	내부사건	내부사건 (냉각재상실사고, 과도사건)	O	⊿	X
		내부 침수	O	⊿	X
		내부 화재	O	⊿	X
	외부사건	지진	O	⊿	X
		기타 외부재해(외부침수, 강풍 등)	⊿	⊿	X
		내부사건(냉각재상실사고, 과도사건)	⊿	⊿	X
정지·저출력	내부사건	내부 침수	⊿	⊿	X
		내부 화재	⊿	⊿	X
	외부사건	지진	X	X	X
		기타 외부재해(외부침수, 강풍 등)	X	X	X

※ PSA 수행 수준: O (전체 수행), ⊿ (부분 수행), X (일반적으로 수행하지 않음)

※ PSA 수행 수준은 국가와 원전별로 다를 수 있음.

단계	분석 목표	주요 변수	결과	임무 수행 시간 (Mission Time)
1단계	- 초기 사건 - 계통 성공/고장 - 인간 오류	- 반응도 제어 - 냉각수량 - 잔열 제거 능력	- 계통 신뢰도 - 노심손상빈도 (CDF)	초기사건 후 24 시간
2단계	- 중대사고 현상 - 격납건물 안전 계통 - 방사선원 항 - 사고관리 전략 ·	- 격납건물 온도/압력 하중 - 격납건물의 기계적 하중	- 격납건물 파손 모드 및 확률 - 방사성 물질 방출량 및 빈도	초기사건 후 72 시간 (LERE: 용기 파손 경혹은 4시간 이내)
3단계	- 방사성 물질 누출 경로 - 피폭 경로 - 피폭 영향	- 방사성 물질 대기 확산 - 방사선 피폭	- 피폭 선량 - 조기/후기 사망	격납건물 파손 후 수일

[그림 3-2] 1~3단계 PSA의 연계 관계 (1)

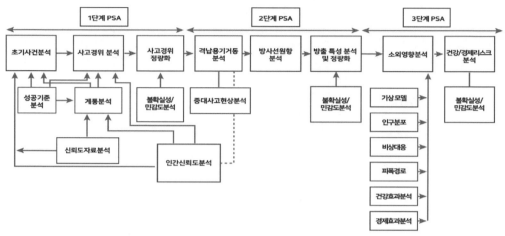

[그림 3-3] 1~3단계 PSA의 연계 관계 (2)

　　PSA의 기본 목표는 원전의 안전성을 저해하는 원전 설계 및 운영상의 취약점을 파악하는 것이다. 이 이외에도 PSA의 결과는 아래와 같은 다양한 분야에 사용되고 있다.

(1) 원전 안전목표(확률 목표)의 충족 여부 확인

(2) 특정 사건의 영향이 원전 전체 리스크에서 불균형적으로 커지지 않도록 원전 안전 설계의 균형 확인 및 개선

(3) 운영 및 비상운전절차의 적절성 확인 및 개선 방안 도출

(4) 중대사고관리 및 비상대응절차의 적절성 확인 및 개선 방안 도출

(5) 특정 원전에 고유한 외부사건을 포함해 외부사건 영향의 종합적 평가

(6) 벼랑 끝 효과(Cliff Edge[14])의 영향 확인

　　제3부 제1장에서는 가압경수로의 내부사건 전 출력 1단계 PSA와 2, 3단계 PSA에 관해 설명한다. 제2장에서는 대표적 외부사건인 지진, 내부 화재 및 내부 침수 PSA의 수행 절차에 관해 설명한다. 정지·저출력 PSA와 전 출력 PSA의 차이는 주로 1단계 PSA 분야에서 발생한다. 따라서 제3장에서는 1단계 전 출력 PSA와 차이를 보이는 1단계 정지·저출력 PSA의 특성에 관해서 기술했다. 또한, 후쿠시마 원전사고 이후 세계적 현안인 다수기 PSA에 관해서도 제3장에 기술했다. 최종적으로 제4장에서는 디지털 계측제어계통 PSA (Digital I&C PSA), 피동계통 신뢰도 분석 및 동적 PSA 등 현재 PSA 분야의 기술적 현안에 관해 간략히 기술했다.

---

14) 어떤 변수가 조금만 증가해도 그 영향이 급격히 증가하여 부정적인 결과를 초래하는 현상

제1장 내부사건 PSA

1.1 1단계 PSA

1단계 PSA는 모든 PSA의 기반이라고 할 수 있다. 1단계 PSA는 초기사건 발생부터 노심 용융까지의 사고경위(Accident Scenario) 분석을 통해 CDF를 평가하는 과정이다.[15] 1단계 PSA의 개략적인 분석 절차는 [그림 3-4]에 나와 있듯이 다음과 같은 순서로 이루어진다.

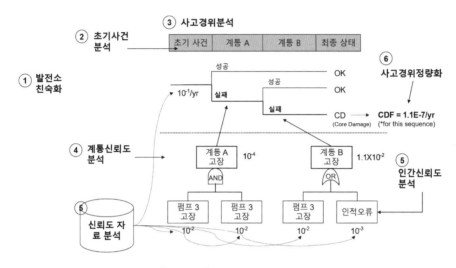

[그림 3-4] 1단계 PSA 수행 절차

(1) 발전소 친숙화(Plant Familiarization)

(2) 초기사건 분석

(3) 사고경위 분석(성공기준 분석)

(4) 계통 신뢰도 분석

(5) 신뢰도 자료 분석(기기 고장 및 인적 오류 확률)

(6) 사고경위 정량화

이 장에서는 위의 절차 순으로 관련 내용을 기술했다.

---

15) 노심 손상의 정의는 아래의 '1.1.3 사고경위 분석'에 상세히 기술되어 있다.

1.1.1 발전소 친숙화

발전소 친숙화란 특정 원전의 PSA 수행을 위해 필요한 정보를 수집하고, 검토해 PSA의 대상인 원전의 설계와 운영, 보수·정비 방식과 현황을 이해하는 과정이다. 이 과정은 PSA 수행 전은 물론 수행 중에도 반복적으로 수행된다. 이 과정은 대상 원전이 설계, 건설 및 운영되는 대로(As designed, as built, as operated) PSA 모델을 개발하기 위한 필수적인 과정이다. 이 과정 중에 수집·검토하는 자료는 매우 다양하다. 가장 기본이 되는 자료는 원전의 기기, 계통 및 구조물(Structure, System and Components: SSCs) 관련 설계 자료로 계통 설명서, 배관과 계측제어 관련 설계 문서는 물론 전기 도면, 기기 배치도 등이 필요하다. 또한, 실제 운전, 시험 및 정비 관련해 운영기술지침서, 비상운전절차서 등의 자료가 필요하다. 아울러 분석 대상 원전의 운전 이력에 관한 조사도 필수적이다. 이를 위해 현장 조사는 물론 운전원과의 면담을 통한 정보 획득도 발전소 친숙화에서 매우 중요한 부분이다.

1단계 PSA는 원전에서 초기사건이 발생한 후 사고의 전개 과정을 모델하는 것이 핵심 요소이므로 사고 시의 원전 거동을 이해하는 것이 매우 중요하다. 따라서 원전 안전성 분석 보고서는 물론 이용 가능한 여러 사고 해석 자료를 수집·검토하는 것도 필수적인 작업이다. 만약 해당 원전에 대한 기존 PSA 보고서 혹은 유사 원전의 PSA 보고서가 있다면 발전소 친숙화에 많은 도움이 된다.

1.1.2 초기사건 분석

1단계 PSA의 출발점은 원전의 정상 상태에 이상을 유발하는 사건, 즉 초기사건(Initialing Event: IE)이다. 초기사건이란 원전의 안전 및 제어계통의 정상 운전을 위협해 노심손상을 유발할 수 있는 이상 상태라고 정의할 수 있다[ASME/ANS, 2013]. 초기사건은 원전의 자동 혹은 수동 불시정지(Reactor Trip)를 유발한다. 원전에서 초기사건이 발생하면 다양한 계통의 운전, 운전원 조치가 필요하게 되며 이러한 운전, 조치의 성공·실패에 따라 원전이 안전한 상태로 유지될 수도 있고, 노심손상이라는 결과를 초래할 수도 있다. 원전의 이상 상태는 기기의 고장, 운전원의 실수와 같은 내부사건 혹은, 지진이나 쓰나미와 같은 외부사건에 의해 유발할 수도 있다. 앞서 설명한 바와 같이 PSA를 내부사건 PSA와 외부사건 PSA로 구분을 한 것은 이와 같은 초기사건의 종류에 따라 구분을 한 것이다.

1단계 내부사건 PSA의 초기사건은 크게 다음의 두 그룹으로 구분된다.

(1) **원자로냉각재상실사고(Loss of Coolant Accident: LOCA) 그룹** : 이 그룹의 초기사건은 원자로의 냉각수 상실을 초래하는 일차 측 압력 경계부의 파손(Rupture)이나 파단(Break) 사건으로 파손 부위의 크기에 따라 일반적으로 소형, 중형 및 대형 LOCA 사건으로 구분한다. 아울러 파손·파단의 위치에 따라 방사성 물질이 격납건물을 우회(Bypass)해 발생하는 증기발생기전열관파단(Steam Generator Tube Rupture: SGTR), 경계 LOCA (Interfacing LOCA) 사건도 이 그룹에 포함된다.

(2) **과도사건(Transient) 그룹** : 이 초기사건 그룹은 LOCA 사고 그룹에 속하지 않으면서 원자로 정지를 초래하는 사고들을 포괄하는 그룹이다. 예를 들어 이 그룹에 속하는 초기사건으로는 소외전원상실사고, 주급수계통상실사고 등이 있다. 이런 초기사건이 발생한 경우 해당 초기사건의 특성에 따라 안전계통, 이차 측 계통 및 보조계통의 이용 가능성이 달라지므로 과도사건에 의해 유발된 사고경위를 분석할 때는 이런 점을 고려해야 한다.

초기사건 분석은 해당 원전에서 발생 가능한 모든 초기사건을 도출하고 각 초기사건의 빈도를 구하는 과정이다. 초기사건 분석은 일반적으로 다음과 같은 과정으로 수행된다.

(1) **정보 수집** : 해당 원전 혹은 유사 원전에서 실제 발생한 정지 사건, 아울러 정지를 유발할 가능성이 있었던 이상 상태에 대한 정보를 수집한다.

(2) **초기사건 목록 작성** : 초기사건 목록을 작성하는 방법은 보통 공학적 방법과 체계적(Systematic) 방법으로 구분된다. 공학적 방법은 앞서 수집한 불시정지 관련 자료, 기타 일반적인 불시정지 관련 자료 및 유사 원전의 PSA 보고서를 활용해 초기사건 목록을 작성하는 방법이다. 체계적 방법은 발전소의 안전 기능(Safety Function)을 저해할 수 있는 사고 유형들을 논리적으로 추적하는 주 논리도(Master Logic Diagram: MLD) 방법 혹은 제2부에서 소개한 Failure Mode and Effect Analysis (FMEA) 방법 등이 사용된다.

이 중 MLD 방법은 원전의 다양한 구성 요소와 이들 요소 간의 상호 작용을 도식적으로 표현하는 방법이다[M.G. Stamatelatos et al., 2009]. MLD는 고장수목과 형태는 유사하지만, 고장수목과 달리 불대수와 같은 수학적 특성은 없는 논리도라고 할 수 있다. MLD 방법은 원전의 고장 또는 이상 사건을 유발하는 요인을 체계적으로 파악하기 위한 하향식(Top-down) 접근 방식을 제공한다. 즉, MLD는 원전의 고장, 이상 상황을 수목 구조 최상위층에 놓고, 이후 이의 원인을 계층적, 하향식, 논리적으로 분석해 나간다. 하위 계층으로 갈수록 점점 상세한 분석이 진행된다. MLD의 목적은 초기사건의 파악하고 초기사건 발생 이후 원전의 거동에 따라 초기사건을 그룹화하는 것을 지원하는 것이다.

반면에 FMEA 방법은 분석 대상 계통에서 발생 가능한 모든 잠재적 고장 및 이러한 고장이 계통에 미칠 수 있는 영향을 정성적으로 파악하고, 이와 같은 고장을 예방하거나, 고장의 영향을 완화할 수 있는 방법을 도출하는데 사용된다[K.C.Kapur, 2013]. FMEA 방법은 정량적 신뢰도 및 리스크 평가의 기반 자료를 제공한다. 그러나 FMEA는 고장수목과는 달리 고장 발생 가능성 및 영향을 전문가 판단에 의존하는 정성적 평가 방법이라는 한계를 가지고 있다.

PSA에서 사용되는 초기사건의 예가 〈표 3-2〉에 나와 있다[박창규 외, 2003]. 일단 초기사건 목록이 작성되면 초기사건별로 사고 대응에 필요한 안전 기능 및 관련 계통을 파악해야 한다. 이후 유사한 안전 기능과 계통을 사용하는 초기사건들을 그룹화하는 과정을 밟는다. 이는 초기사건의 수가 너무 많아지는 것을 방지하기 위한 것이다. 이후 초기사건(그룹)별로 과거의 경험 자료 혹은 공학적 분석을 통해 해당 초기사건의 발생빈도를 평가한다.

초기사건의 발생빈도 평가는 수집된 운전 경험 자료를 기반으로 '제2부 1.1.4 신뢰도 자료 분석'에 나온 방법에 따라 수행된다. 그러나 초기사건 빈도 평가에서만 고려해야 할 특수한 사항도 있다. 이에 대해서는 본 장의 '1.1.5 신뢰도 자료 분석'에 상세히 기술했다.

<표 3-2> 초기사건의 예

초기사건 유형	초기사건
원자로냉각재상실사고 (LOCA)	Large LOCA (LLOCA: 대형 원자로냉각재상실사고)
	Medium LOCA (MLOCA: 중형 원자로냉각재상실사고)
	Small LOCA (SLOCA: 소형 원자로냉각재상실사고)
	Interfacing System LOCA (ISLOCA: 저압경계부파단사고)
	Steam Generator Tube Rupture (SGTR: 증기발생기세관파단사고)
	Reactor Vessel Rupture (RVR: 원자로용기파단사고)
과도사건 (Transient)	Secondary Steam Line Break (SSLB: 이차측증기관파단사고)
	Loss of Main Feedwater (LOMF: 주급수상실)
	Loss of Component Cooling Water (LOCCW: 기기냉각수상실)
	Loss of 4.16KV Bus (4.16KV 모선상실)
	Loss of 125V DC Bus (125V 직류모선상실)
	Loss of Off-site Power (LOOP: 소외전원상실)
	Station Blackout (SBO: 원전정전사고)
	Loss of HVAC (공기조화상실)
	General Transient (GT: 일반과도사건)
	Anticipated Transient without Scram (ATWS: 정지불능과도사건)

1.1.3 사고경위 분석

초기사건 목록이 결정되면 초기사건별로 원전의 사고 진행 경위를 파악해야 한다. 이를 위해 앞의 제2부 3.2절에서 기술한 사건수목을 사용한다. 사고경위 분석이란 최종 선정된 초기사건에 대해 초기사건별로 각기 사건수목을 구축해 해당 초기사건으로 인해 유발되는 모든 사고경위를 파악하는 과정이다. 사건수목은 사고가 안전하게 종결되는 경위와 중대사고(노심손상)를 유발하는 사고경위를 모두 포괄한다. 사건수목을 구성하기에 앞서 종종 ESD (Event Sequence Diagram)이라고 불리는 도식적 분석 방법을 사용하는 경우도 있다[P.G. Prassinos et al., 2011]. 이는 ESD가 사고경위를 설명하고, 이해하는 과정에 사건수목보다 더 적합하기 때문이다. 따라서 사건수목 작성에 앞서 ESD를 구성하여 사고의 전개 과정을 파악하고 난 후, 이를 바탕으로 실제 사건수목을 구성하기도 한다.

1단계 PSA의 사고경위 분석은 이들 사고경위 중 노심손상을 유발하는 사고경위의 발생빈도를 평가하는 것이 주목적이다. 이를 위해서는 먼저 원전의 안전한 상태와 노심손상 상태를 정의해야 한다. 가압경수로의 경우 사고경위가 안전한 상태(안정 상태)로 끝났다는 것은 다음과 같은 조건 중 한 가지 조건을 충족하는 상태를 의미한다.[16]

　　(1) 최종 열제거원(Ultimate Heat Sink)이 이용 가능한 상태에서 정지냉각 운전에 의한 저온정지 상태 유지.

　　(2) 자연 순환에 의해 노심의 잔열이 이차 측으로 전달되어 이차 측에 의한 일차 측 열제거가 유지되는 고온정지 상태 유지.

　　(3) 일차 측 일방관류냉각(Feed and Bleed) 운전 후 재순환(Recirculation) 운전 및 격납건물 살수계통에 의한 노심 잔열 제거 유지(최종 열제거원은 이용 가능 상태 유지).

　　(4) 대형 및 중형 LOCA 시 재순환 운전 및 격납건물 살수계통에 의한 노심 잔열 제거 유지(최종 열제거원은 이용 가능 상태 유지).

　　또한, 노심손상 상태에 대한 정의도 필요하다. 가압경수로 PSA에서는 일반적으로 노심이 일정 기간 이상 원자로 내 냉각수 수위 위로 노출(대형 LOCA 시 핵연료가 잠깐 노출되는 경우는 제외)되는 상태를 노심손상으로 정의하며, 좀 더 정밀하게는 핵연료 피복관 최고 온도(Peak Cladding Temperature)가 일정 온도(2,200°F) 이상으로 올라가는 상태로 정의한다. 그러나 월성의 CANDU 원전과 같이 노심이 다중의 핵연료 채널로 구성되어 있거나, 초고온가스로와 같이 페블 핵연료를 쓰는 경우는 가압경수로 PSA의 노심손상에 대한 정의를 사용할 수 없다. 따라서 노심손상 상태는 원자로의 특성에 맞게 적절히 정의되어야 한다.

　　원전의 사고경위는 초기사건별로 사건을 완화하는 데 필요한 안전 기능(계통)의 성공·실패에 따라 달라진다. 따라서 사건수목분석을 위해서는 초기사건별로 노심을 건전한 상태로 유지하는 데 필요한 안전 기능을 파악해야 한다. 가압경수로의 경우 원전이 안정 상태를 유지하기 위해서는 일반적으로 다음과 같은 안전 기능이 요구된다.

　　(1) 반응도 조절(Reactivity Control)

---

16) 안정 상태는 원자로형에 따라, 또한 각 국가의 규제 지침에 따라 다르게 정의되기도 한다.

(2) 원자로냉각재계통 재고량 유지(RCS[17] Inventory Control)

(3) 원자로냉각재계통 압력 조절(RCS Pressure Control)

(4) 노심 및 원자로냉각재계통 열제거(Core and RCS Heat Removal)

(5) 격납건물 건전성 유지(Containment Integrity)

위의 안전 기능들은 사건수목의 기본적인 표제(Heading)가 된다. 그러나 초기사건의 특성에 따라 위의 안전 기능 중 필요하지 않은 안전 기능도 있고 사용할 수 없는 안전 기능도 있다. 예를 들어 소외전원이 상실되는 경우는 외부전원을 동력원으로 사용하는 기기나 계통은 사용할 수 없게 된다. 따라서 이들 기기나 계통을 사용하는 안전 기능은 유지될 수가 없으므로, 이처럼 초기사건이 안전계통에 미치는 영향이 사건수목의 개발 중 반영되어야 한다.

일반적으로 원전의 다중성, 다양성 원칙에 따라 하나의 안전 기능은 다양한 계통에 의해 유지가 된다. 이들 계통이 어떻게 운전되어야 주어진 안전 기능이 유지되는가 하는 것을 성공기준(Success Criteria)이라고 부른다. 예를 들어 어떤 원전의 고압안전주입계통(High Pressure Safety Injection System: HPSI)이 4개의 계열로 구성되어 있다면 LOCA가 발생하였을 때 이 중 몇 개 계열이 언제, 얼마 동안 운전되어야 안전 기능이 유지되는지를 파악해야 한다. 이와 같은 성공기준은 일반적으로 열수력 분석을 통해 구해진다. 가장 기본이 되는 열수력 분석 자료는 안전성분석보고서(Safety Analysis Report: SAR)에 기술되어 있는 안전해석 자료이며, SAR에 없는 자료는 PSA 지원 분석(PSA Supporting Analysis)이라고 부르는 최적(Best Estimate) 열수력 분석을 통해 구해진다.

필요한 안전 기능을 성공적으로 달성하기 위해서는 어떤 기기나 계통이 일정 시간 동안 성공적으로 운전되어야 한다. 이 시간을 작동 요구 시간(Mission Time)이라고 부른다. 1단계 PSA에서 일반적으로 안전계통의 작동 요구 시간으로 24시간을 사용해 왔다. 즉, 어떤 안전계통이 24시간 동안 요구되는 성능으로 운전을 했다면 그 안전계통의 운전은 성공한 것으로 간주한다. 그러나 1단계 PSA에서 작동 요구 시간을 24시간으로 정한 기술적 근거는 명확하지 않다. 다만 어떤 계통이 24시간 동안 문제없이 운전했다면 그 이후에도 큰 문제 없

---

17) RCS: Reactor Coolant System

이 계속 운전을 할 것이라는 가정하에 혹은 24시간이면 원전 주변 주민이 대피하기에 충분한 시간으로 보아 작동 요구 시간을 24시간으로 정했다는 의견 등이 있다. 그러나 CANDU PSA에서는 중대사고가 발생하고 3개월이 지나면 자연 공기 대류에 의해 원자로 냉각이 가능하다는 열수력 분석 결과에 따라 비상냉각계통의 작동 요구 시간으로 3개월을 사용하는 등 물리적 요건에 의해 작동 요구 시간을 정의하는 경우도 있다. 특히 후쿠시마 원전사고에서 보듯이 원전사고가 장기적으로 진행되는 경우도 있으므로 후쿠시마 원전사고 이후 과연 PSA에 있어 적정한 작동 요구 시간이 얼마인가에 대한 논의가 국제적으로 진행되고 있다 [NEA, 2019].

사건수목 표제의 배열은 사고경위를 추적하고, 이해하기 쉬운 순서로 배열을 한다. 일반적으로는 시간의 경과에 따라 필요한 안전 기능 순으로 표제를 배열한다.[18] 이와 같이 초기사건별로 필요한 안전 기능(계통)과 순서가 결정되면, 각 안전 기능(계통)의 성공과 실패에 따라 사고경위를 도출하며 각 사고경위별 종결 상태에 따라 안전 상태와 노심손상 상태를 할당한다.

사건수목은 기능 사건수목(Functional Event Tree)과 계통 사건수목으로 구분된다. 사건수목 개발 초기에는 상세 계통간의 관계를 고려하기 쉽지 않으므로 우선 표제를 계통이 아닌 안전기능 차원에서 정의하고 각 안전기능의 성공/실패에 따라 사고 경위를 분석한다. 이를 기능 사건수목이라고 부른다. 이후 각 기능을 담당하는 안전계통 차원으로 기능 사건수목을 확장하여 계통 사건수목을 개발하는 것이 일반적인 사건수목 개발 절차이다.

초기사건 중 각 그룹의 가장 대표적인 초기사건인 일반과도사건과 소형 LOCA의 기능 사건수목의 예가 [그림 3-5]와 [그림 3-6]에 나와 있다. [그림 3-5]와 [그림 3-6]에서 상태 (State)가 OK로 표시된 사고경위는 원전이 안전한 상태로, CD로 표시된 사고경위는 원전의 노심손상 상태로 종결된 사고경위를 의미한다. 예를 들어 [그림 3-5]에서 1번 사고경위는 과도사건(GIE-GTRN) 발생 후 원자로 정지 기능이 성공(RT)하고, 주급수 혹은 보조급수 계통을 통한 잔열 제거 기능(SHR)도 성공함으로써 원전이 안전한 상태를 유지하는 경로이

---

18) 실제 사건수목을 작성할 때는 사고 진행을 고려한 비상운전절차서를 활용하므로 이와 같은 고려가 이미 포함이 되어 있다고 할 수 있다.

다. 반면에 6번 사고경위는 원자로 정지 기능은 성공(RT)하였으나, 주급수 혹은 보조급수계통을 통한 잔열 제거 기능(SHR)이 실패하고, 1차 측 감압 기능(BD)도 실패함으로써 노심손상이 발생한 사고경위를 표시한다.

PSA에서 관심을 가지는 사고경위는 노심손상을 유발하는 사고경위이다. 이들 사고경위의 발생빈도를 평가하고, 최종적으로는 모든 노심손상 유발 사고경위의 발생빈도를 합함으로써 원전의 전체 노심손상빈도를 구하게 된다.

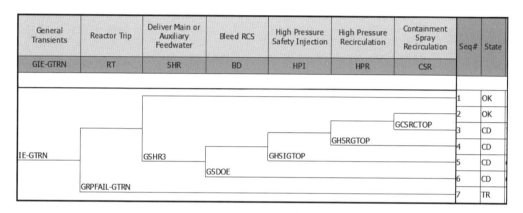

[그림 3-5] 일반과도사건의 기능 사건수목

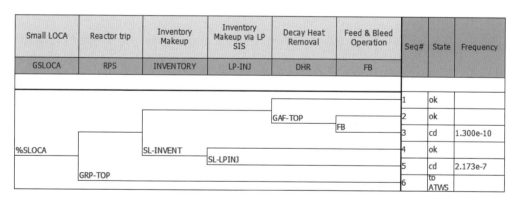

[그림 3-6] 소형 LOCA의 기능 사건수목

[그림 3-5]의 7번째 사고경위와 [그림 3-6]의 6번째 사고경위는 초기사건 발생 후 원자로 정지에 실패한 사고경위를 의미한다. 이들 사고경위도 각 사건수목에서 전개가 되어야

하나 이 사고경위는 모든 초기사건에서 발생하므로 이 사고경위를 위한 별도의 사건수목을 만든다. 이 사건수목의 시작은 초기사건이 아니라 원자로 정지에 실패한 사건, 즉 '원자로정지불능시 예상과도(Anticipated Transient Without Scram: ATWS)'가 된다. 따라서 [그림 3-5]의 7번째 사고경위와 [그림 3-6]의 6번째 사고경위는 ATWS 사건수목에서 고려된다. 이런 경우는 3-5의 7번째 사고경위의 상태인 'TR' 혹은 [그림 3-6]의 6번째 사고경위의 상태 'to ATWS'와 같이 표현되며 이는 ATWS 사건수목으로의 전이(Transfer)를 의미한다.

앞서 기술한 바와 같이 실제 PSA에서는 기능 사건수목의 각 기능을 해당 기능을 수행하는 안전계통들로 대치해 계통 사건수목을 개발한다. 이에 대해서는 부록의 'A.3.2 일반과도사건'에 관련 절차가 기술되어 있다.

1.1.4 계통 신뢰도 분석

사건수목에서 사용되는 여러 안전 기능은 해당 안전 기능을 유지하기 위한 다양한 안전계통을 통해 구현된다. 따라서 어떤 안전 기능이 실패할 확률은 해당 안전 기능을 유지하는 계통들의 이용불능도를 평가해 구해진다. 계통의 이용불능도는 제2부에서 설명한 고장수목을 이용해 평가한다.

분석 대상 계통이 안전 기능을 충족하는지 실패하는지의 판단은 앞에서 설명한 성공기준에 따르게 된다. 동일한 계통도 초기사건 혹은 사고의 전개에 따라 다른 성공기준을 가질 수 있다. 따라서 동일 계통도 각기 다른 정점사건을 갖는 여러 개의 고장수목을 구성해야 하는 경우도 많다. 예를 들어 4개의 계열(Train)을 갖는 HPSI에 대한 성공기준이 어떤 초기사건에 대해서는 2개의 계열만 운전되면 안전 기능이 유지되는 경우도 있고, 다른 초기사건에 대해서는 1개의 계열만 운전되면 안전 기능이 유지되는 경우도 있을 수 있다. 이런 경우 각기 다른 정점사건과 성공기준을 갖는 고장수목을 개발해야 한다.

계통의 고장수목을 구성하기 위해서는 분석 대상인 계통에 대한 다양한 정보가 필요하다. 이런 정보로는 계통의 (1) 기능 (2) 설계 (3) 운전 (4) 시험 및 정비 (5) 다른 계통과의 연계 관계 등이 있다. 이들 정보로부터 계통의 고장 원인을 도출해 고장수목의 기본사건을 구성한다. 계통의 고장 원인으로는 (1) 기계적 고장 (2) 시험 및 정비에 의한 이용 불능 (3) 공통원인 고장(CCF) (4) 인적 오류 등이 있다.

원전의 안전계통은 매우 복잡하며 특히 다중성을 확보하기 위해 일반적으로 여러 계열로 구성이 된다. 따라서 안전계통의 고장수목은 매우 방대해지므로 일반적으로 PSA 전용 컴퓨터 프로그램을 이용해 고장수목을 개발한다. 국내에서는 AIMS-PSA [S.H. Han et al., 2018], SAREX [Seok, H. et. al. 2003] 등의 코드가 고장수목 개발에 사용되며, 미국에서는 CAFTA 코드[EPRI, 2022a]가, 유럽 국가들에서는 RISKSPECTRUM 코드[Risk Spectrum, 2022]가 사용되고 있다.

원전 계통의 고장수목을 구성하는 데 있어 중요한 점은 다른 계통과의 연계 관계를 적절히 고려해야 한다는 점이다. 계통 간의 연계 관계는 (1) 특정 기기의 공유, (2) 전력이나 냉각수 공급과 같은 지원 계통 연계 등이 있다. 대표적인 원전 계통 간 연계 관계의 일부 예가 〈표 3-3〉에 나와 있다.

이런 연관 관계는 고장수목에서 순환 논리(Circular Logic)를 유발할 수 있다. 예를 들어 [그림 3-7]에 나와 있듯이 CCWS의 고장이 EPS의 고장을 유발하고, EPS의 고장이 ESWS의 고장을 유발하고, 다시 ESWS의 고장이 CCWS의 고장을 유발하는 관계이다. 이런 관계를 순환 논리라고 부른다. PSA 모델의 정량화를 위해서는 이런 고장수목 간의 순환 논리를 제거해야 한다. 이런 작업은 일반적으로 전문가가 연계 관계를 모델하지 않아도 큰 영향이 없는 연계 부분을 찾아 고장수목에서 관련 부분을 삭제하는 방식으로 이루어진다. 현재 국내의 PSA 코드는 이런 순환 논리를 자동으로 찾아 삭제해주는 기능이 있다[J.E. Yang et al., 1997]. 그러나 고장수목에 순환 논리가 많은 경우에 자동 삭제 기능을 사용하면 고장수목의 크기를 매우 크게 만드는 결과를 초래하므로 고장수목을 작성할 때 미리 순환 논리가 발생하지 않도록 유의하는 것이 좋다.

<표 3-3> 계통 간 연계 관계의 예

	HPSI	CSS	SDS	AFWS	EPS	DG	CCWS	HVAC	ESFAS	RPS	3단계
HPSI	-					S			S	A	
CSS		-				S		S	S	A	
SDS			-			S					
AFWS				-		S			S	A	A
EPS	D	D	D	D	-	S	D	D	D	D	D
DG					S,D	-	S	S	A		
CCWS			D			S	-	D	S		
HVAC	D	D			D	S	D	-			
ESFAS	AB	AB			AB	S	AB		-		
RPS					AB	S				-	

비고

A: Actuates, AB: Actuated By, C: Shared Components, D: Dependent/S: Supports

AFWS: Auxiliary Feedwater System/CCWS: Component Cooling Water System/
CSS: Containment Spray System/EDG: Emergency Diesel Generator
EPS: Electric Power System/ESFAS: Engineered Safety Feature Actuation System
HVAC: Heating, Ventilation/Air Conditioning system/RPS: Reactor Protection
System/SDS: Safety Depressurization System/SIS: Safety Injection System

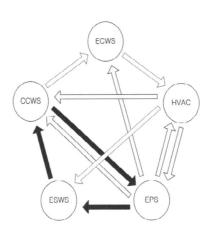

[그림 3-7] 순환 논리의 예

(CCWS: Component cooling water system/ECWS: Essential chilled water system/EPS: Electric power system/
ESWS: Essential service water system/ HVAC: Heating, ventilation, air conditioning system)

1.1.5 신뢰도 자료 분석

사건수목과 고장수목에 사용된 초기사건 혹은 기본사건들에 대해서는 각기 빈도 혹은 확률값을 평가해야 한다. 이는 신뢰도 자료 분석을 통해 이루어진다. 1단계 PSA를 수행하기 위해서는 기본적으로 다음과 같은 5가지 종류의 사건들에 대한 신뢰도 자료 분석이 필요하다.

(1) 초기사건 빈도

(2) 기기 고장률

(3) 공통원인고장 확률

(4) 인적 오류 확률

(5) 보수·시험 빈도 및 기간

이와 같은 정보는 기본적으로 분석 대상 원전의 운전 경험 자료를 기반으로 도출해야 한다. 각 원전은 다른 특성을 가지므로 원전별로 신뢰도 자료를 수집해 관련 정보를 구하는 것이 가장 좋은 방법이다. 그러나 원전에 사용되는 기기 등은 원전의 안전성을 확보하기 위해 높은 신뢰도를 갖고 있다. 따라서 개별 원전의 운전 경험 자료만으로는 통계적으로 유의한 확률값을 도출하기 쉽지 않다. 또한, 대형 원자로 냉각재상실사고처럼 전 세계 원전의 운전 이력 중 한 번도 발생하지 않은 초기사건도 있다.

이처럼 충분한 운전 경험 자료가 없는 경우에는 일반 자료원(Generic Data Source)을 활용할 수밖에 없다. 일반 자료원으로는 미국의 규제 기관인 NRC가 정리한 미국 원전의 신뢰도 자료가 가장 널리 쓰이고 있다. NRC는 현재도 미국 원전에서 발생하는 고장 자료를 수집·정리해 일부는 일반에게도 공개하고 있다. 이외에도 OECD/NEA나 IAEA가 같은 국제기구에서 정리한 신뢰도 자료를 활용하는 경우도 있다. 이런 일반 자료원은 베이지안 추론을 위한 기본 자료가 된다. 즉, 제2부에 소개한 바와 같이 일반자료원으로부터 사전분포를 구하고, 발전소 고유 자료로부터 우도(Likelihood)를 구한 후 베이지안 추론을 통해 사후분포를 구한다. 이렇게 구해진 사후분포의 확률값을 최종적으로 PSA 신뢰도 자료로 사용하는 것이 일반적이다.

설계 중이거나 건설 중인 원전 혹은 신형 원전에 대한 PSA를 수행할 때는 운전 경험 자료가 없으므로 신뢰도 자료 분석에 문제가 발생한다. 이런 경우에는 일반적으로 설계가 유사한 원전의 운전 경험 자료를 활용해 신뢰도 분석을 하거나 전문가 판단을 활용하기도 한다.

위의 다섯 가지 사건 중 초기사건을 제외한 기기 고장률, 공통원인고장 확률, 인적 오류 확률과 보수·시험 빈도나 기간과 관련된 신뢰도 자료 분석에 관한 내용은 제2부에 기술되어 있다. 따라서 이 절에서는 초기사건 분석과 관련된 내용만을 기술했다.

원전 PSA에서 초기사건은 일반적으로 가동 중이던 원전의 불시정지를 유발하는 사건을 의미한다. 초기사건은 기기 고장, 인적 오류로 발생(내부사건)하거나 지진이나 화재와 같이 외부 재해(외부사건)로 발생할 수 있다. 이 절에서는 내부사건 전 출력 PSA의 초기사건 분석에 관해 기술하였으며, 외부사건 PSA의 초기사건 관련 내용은 '제3부 제2장 외부사건 PSA' 부분에 기술하였다. 앞서 기술한 바와 같이 전 출력으로 운전 중인 원전의 초기사건은 크게 (1) 냉각재상실사고(LOCA) 그룹, (2) 과도사건 그룹으로 구분을 한다. 이 같은 구분은 원전 1차 냉각 계통의 건전성이 유지되는지, 안되는지에 따른 구분이다. 앞의 〈표 3-2〉에 나와 있듯이 냉각재상실사고 그룹은 냉각재 상실을 유발하는 파손부의 크기에 따라 대형, 중형, 소형냉각재상실사고로 구분한다. 또한, 추가로 우회(Bypass) 냉각재상실사고도 고려된다. 우회 냉각재상실사고는 〈표 3-2〉의 저압 경계부 파단 사고와 증기발생기 세관 파손 사고와 같이 1차 측은 건전성을 유지해도 방사성 물질이 격납건물을 우회하여 바로 원전 외부로 누출되는 사고를 의미한다. 과도사건 그룹은 냉각재상실사고 그룹에 속하지 않는 모든 초기사건을 포괄한다. 따라서 〈표 3-2〉에서 보듯이 매우 다양한 초기사건이 포함되어 있다.

이런 초기사건은 기기 혹은 계통 고장, 인적 오류 등에 따라 발생하므로 초기사건의 빈도를 평가하는 방법은 기본적으로 제2부에서 설명한 신뢰도 자료 분석 방법과 동일한 방법을 사용해 평가할 수 있다. 초기사건의 빈도는 연간 빈도를 평가한다. 다만 여기서 '연간'은 달력상의 1년(Calendar Year)이 아니라 실제 원전이 전 출력으로 운전한 시간을 기준으로 한 1년(Reactor Year 혹은 Reactor Critical Year)이다. 예를 들어 한 원전에서 달력상 1년 기준으로 어떤 사건이 2회 발생했다면 달력상의 1년 기준으로는 초기사건 빈도가 2회/년이 될 것이다. 그러나 그 1년간 원전이 실제 운전한 기간이 10개월이라면 실제 초기사건 빈도는 2회/1년에 12개월/10개월을 곱한 2.4회/년(Reactor Year)으로 평가되어야만 한다는 것이다.

초기사건 빈도를 평가하는 기간은 PSA의 목적에 따라 달라질 수 있다. 즉, 상황에 따라 리스크 평가 대상이 되는 운전 상태의 실제 운전 기간을 고려해 초기사건 빈도를 재평가하는 경우도 있다. 미국에서는 해당 연도의 원전 가동률을 초기사건 빈도에 곱해 해당 연도의 실제 원전 리스크를 평가하기도 한다. 예를 들어 특정 원전에 대해 Reactor Year로 계산한 초기사건 X의 빈도가 0.3회/년인데, 이 원전이 어떤 연도에 80%의 가동률을 보였다면, 해당 연도의 리스크를 평가할 때 X의 발생빈도를 0.24/년으로 사용하는 방식이다.

경우에 따라서는 어떤 원전에만 있는 특수한 계통이 있을 수 있다. 따라서 이런 계통의 고장에 의한 초기사건은 관련 운전 경험 자료가 없는 경우가 많다. 이런 경우는 전문가 의견에 따라 관련 초기사건 빈도를 평가하거나 초기사건 빈도 분석을 위한 별도의 계통 고장수목을 작성해 초기사건 빈도를 평가하기도 한다. 예를 들어 기기냉각수계통은 원전별로 설계가 다른 경우가 많으므로 이런 계통의 고장에 의한 초기사건 빈도는 이용불능도가 아니라 초기사건 빈도를 평가할 수 있는 별도의 고장수목을 작성해 빈도를 평가하는 경우가 많다.

또한, 앞서 기술한 바와 같이 대형 LOCA와 같이 세계 원전 운전 이력 중 한 번도 발생하지 않은 초기사건도 있다. 이런 경우는 운전 기간을 이용한 통계적 추정을 사용해 대형 LOCA의 빈도를 구하기도 하지만 현재는 NRC에서 전문가 판단을 활용해 구해진 대형 LOCA의 빈도를 사용하는 경우가 많다[NRC, 2008].

1.1.6 사고경위 정량화

사고경위 정량화(Accident Sequence Quantification: ASQ)란 앞의 과정을 통해 구축된 1단계 PSA 모델로부터 노심손상을 유발하는 모든 최소단절집합(Minimal Cut Set: MCS)을 찾아내고 그 값을 평가하는 과정이다. 사건수목과 고장수목을 결합해 MCS를 구하는 방법은 제2부에서 이미 설명했다.

일반적으로 사고경위 정량화는 예비 정량화 및 최종 정량화의 두 단계로 이루어진다. 예비 정량화 과정을 통해 구해진 MCS 중 너무 보수적인 값을 보이는 MCS나 비현실적 조합을 포함하는 MCS 등을 찾아낼 수 있다. PSA는 기본적으로 최적 분석을 하도록 되어있으나, PSA 모델을 개발하며 보수적인 가정이나 확률값을 사용하는 것이 불가피한 예도 있다. 이런 보수적인 가정이 특정 MCS의 값에 큰 영향을 미치는 경우는 해당 MCS와 관련된 가정 사항이나 기본사건에 대한 상세 분석을 수행할 필요가 있다. 또한, 비현실적 조합이란 고장수목의 논리상으로는 나타날 수 있으나 현실적으로는 발생 불가능한 조합을 의미한다. 예를 들어 2개 계열(A, B)로 구성된 어떤 안전계통의 MCS에 계열 A의 정비와 계열 B의 정비가 동시에 나타나는 경우 등이다. 이런 조합은 논리적으로는 가능하지만, 현실에서는 안전계통의 모든 계열을 동시에 정비하는 일은 없으므로 이런 조합은 비현실적 조합이다.

전형적인 1단계 PSA의 정량화 결과가 [그림 3-8]에 나와 있다. [그림 3-8]에 나와 있듯이 1단계 PSA의 정량화 결과로 기본적으로 MCS와 각 MCS로 인한 노심손상빈도, 도출된 모든 MCS의 노심손상빈도를 합한 전체 노심손상빈도 등이 주어진다. 또한, 이들 결과를 해석해 초기사건별 노심손상빈도 등도 계산을 할 수 있고, 중요도 분석 결과도 구할 수 있다.

위에서 언급한 중요도 분석과 같이 정량화 과정에 수반하는 보조분석으로 (1) 중요도 분석(Importance Analysis), (2) 불확실성 분석(Uncertainty Analysis)과 (3) 민감도 분석(Sensitivity Analysis) 등이 있다. 각 분석에 대한 설명이 아래에 기술되어 있다.

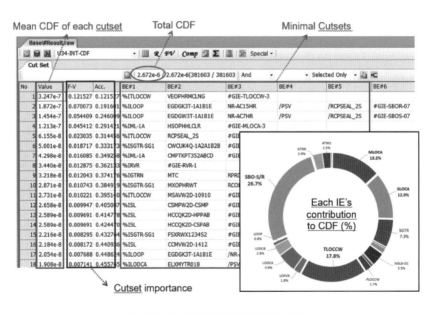

[그림 3-8] 1단계 PSA 정량화 결과 (예)

가. 중요도 분석

1단계 PSA의 결과로 생성되는 MCS의 수는 PSA 모델의 크기와 범위 또한 정량화에 사용된 절삭치(Truncation Limit) 값에 따라 달라지기는 하나 일반적으로 수십만 개에서 수백만 개에 이를 수 있다. 이처럼 많은 MCS가 생성될 경우 어떤 MCS가 중요한 MCS인지를 일일이 사람이 확인하기는 쉽지 않고, 또한 각 MCS가 갖는 의미를 파악하기도 쉽지 않다. 이런 문제를 해결하기 위해 중요도 분석을 수행한다. 중요도는 여러 가지 방식으로 정의가 될 수 있다. 가장 많이 사용되는 중요도 척도로는 FV (Fussell-Vesely), 위험도 달성 가치(Risk Achievement Worth: RAW), 위험도 감소 가치(Risk Reduction Worth: RRW) 등이 있다.

이 이외에도 Birnbaum 중요도, Criticality 중요도와 Inspection 중요도 등도 사용된다. 이 중 많이 사용되는 중요도 척도의 정의는 다음과 같다.

(1) $RAW(x_i) = R(x_i=1)/R(x)$

(2) $RRW(x_i) = R(x)/R(x_i=0)$

(3) $FV(x_i) = R(x_i)/R(x)$

(4) $Birnbaum(x_i) = R(x_i=1) - R(x_i=0)$

여기서 $R(x)$는 기본 PSA 결괏값이고, $R(x_i=1)$은 어떤 x_i라는 기본사건이 항상 실패하는 경우($p(x_i)=1$)의 PSA 결괏값을, $R(x_i=0)$은 x_i라는 기본사건이 항상 성공할 때($p(x_i)=0$)의 PSA 결괏값을 의미한다. 즉, RAW는 x_i라는 기본사건이 항상 실패하는 경우의 상대적 리스크 증가비를 의미하며, RRW는 x_i라는 기본사건이 항상 성공할 때의 상대적 리스크 감소비를 의미한다. 그리고 F-V 척도는 어떤 x_i라는 기본사건을 포함하는 모든 MCS들의 값의 합계값인 $R(x_i)$를 기본 PSA 결괏값으로 나눈 값이다. Birnbaum 중요도 척도는 어떤 x_i라는 기본사건이 항상 실패하는 경우의 PSA 결괏값과 항상 성공할 때의 PSA 결괏값의 차이를 의미한다. 따라서 RAW, RRW 및 F-V 중요도 척도는 상대적 척도이고, Birnbaum 척도는 절대적 척도이다. 사실 F-V 척도와 RRW 척도는 수식적으로 다음과 같은 관계를 가지므로 동일한 의미를 갖는 척도라고 할 수 있다.

$$RRW(x_i) = \frac{1}{1 - FV(x_i)} \sim 1 + FV(x_i) \text{ (FV}(x_i)\text{의 값이 작은 경우)}$$

이런 중요도 척도들은 각기 사용되는 분야가 다르다. RAW 척도는 i라는 요소가 사용 불가능한 경우의 영향을 나타내는 중요도 척도이므로 신뢰도 유지가 중요한 요소를 파악하는 데 사용된다. 예를 들어 정비의 효과성을 높이는 업무에는 RAW 척도가 중요하다. 반면에 RRW와 F-V 척도는 i라는 요소가 항상 성공할 때의 영향을 보여주는 중요도 척도이므로 신뢰도 향상 효과가 큰 요소를 찾아내는 데 유용하다. 즉, 설계 개선 업무 등에는 RRW나 F-V 척도가 중요하다. Birnbaum 척도는 어떤 요소가 완벽하게 작동하는 경우와 완전히 실패하는 경우의 차이를 보여주므로 Birnbaum 척도가 크다는 것은 해당 요소가 신뢰도의 변화에 민감하다는 것을 보여준다. 즉, RRW가 동일한 두 요소가 있다면 그 중 Birnbaum 척도 값이 큰 요소의 신뢰도 개선을 하는 것이 리스크를 줄이는 데 효과적이라고 할 수 있다.

그러나 중요도 척도는 PSA 모델에 포함되지 않은 기기, 기본사건에 사용된 확률값, 현재 원전의 상태(정비 중인 기기 등) 및 절삭치에 따른 MCS 개수의 변화 등 다양한 요소에 의해 영향을 받을 수 있다. 따라서 중요도 분석의 결과를 활용할 때는 이와 같은 요소들을 신중히 고려해야 한다.

나. 불확실성 및 민감도 분석

제2부를 시작하며 리스크 평가란 기본적으로 다음의 3가지 질문에 대한 답을 찾는 과정이라고 하였었다[ASME, 2013]:

(1) 무엇이 잘못될 수 있는가? (What can go wrong?)

(2) 그렇게 될 가능성은 얼마인가? (How likely is it?)

(3) 문제가 발생하면 어떤 결과(Consequence)가 발생하나? (What are the consequence if it occurs?)

그러나 실제로는 다음과 같은 4번 째 질문에 대한 답도 필요하다.

(4) 위 세 가지 질문에 대한 답변에 얼마나 자신이 있는가? (How confident are we in our answers to these three questions?)

이 4번째 질문은 PSA 결과의 불확실성과 관련된 질문이다. 즉, 이 질문에 답하기 위해서는 PSA 결과의 불확실성이 어느 수준인가를 파악해야 한다.

원자력 리스크 평가 분야에서 이야기하는 불확실성(Uncertainty)이란 PSA 모델과 그 모델에 사용된 확률값에 대한 확신의 정도라고 말할 수 있다. 이와 같은 불확실성은 (1) 고장 자료의 희소성, (2) 현상에 대한 지식 부족, (3) 모델에 사용되는 가정, (4) 모델 기법의 한계, (5) 비완결성(Incompleteness) 등에 의해 발생한다. 즉, 고장 자료가 희소한 경우 그로부터 도출되는 고장 확률값의 불확실성은 커질 수밖에 없다. 현상에 대한 지식이 부족해 어떤 사고경위를 잘못 모델할 수도 있다. 계통의 성공기준과 같은 가정 사항도 불확실성의 요인이 된다. 또한, 인적 오류 및 CCF와 같이 분석방법의 한계가 존재하는 분야도 있다. 그리고 후쿠시마 원전 4호기의 수소가스 폭발과 같이 우리가 전혀 예상하지 못한 고장 원인이나 사고경위도 있을 수 있다. 즉, PSA 모델의 완결성에 문제가 있을 수 있다. 이런 요인들로 인해 PSA 모델과 정량화 결과에는 불확실성이 내재할 수밖에 없고, 이와 같은 불확실성의 정도를 파악하는 것이 원자력 리스크 분야에서 수행되는 불확실성 분석(Uncertainty Analysis)의 목적이다.

원자력 리스크 분야에서는 불확실성을 유발하는 근본 원인에 따라 크게 (1) 무작위성 관련 불확실성(Aleatory Uncertainty 혹은 Random Uncertainty)와 (2) 지식 한계 불확실성 (Epistemic Uncertainty 혹은 State-of-Art Knowledge Uncertainty)으로 구분한다. 우리는 어떤 사건을 발생시키는 근본 원인에 대한 지식이 부족하므로 그런 사건이 무작위로 발생하는 것으로 보이므로, 이런 종류의 사건을 기본적으로 확률을 사용해 모델을 한다. PSA에 포함되는 초기사건 발생빈도, 기기 고장률 및 인적 오류 확률 등이 이에 해당한다. 예를 들어 초기사건은 발생빈도 λ를 갖는 푸아송 과정을 따른다고 가정하는 방식 등이 무작위성 관련 불확실성을 처리하는 방식이다.

그러나 또 다른 문제는 우리가 가지고 있는 지식의 부족으로 인해 초기사건 발생빈도 λ의 정확한 값을 모른다는 점이다. PSA에서는 이와 같은 지식의 부족을 λ에 확률분포를 줌으로써 이 문제를 처리한다.

무작위성 관련 불확실성은 자료가 많아져도 줄어들지 않지만, 지식 한계 불확실성은 관련 자료가 많아지면 줄어드는 특성이 있다. 예를 들어 어떤 과정을 이항분포로 모델을 한다고 할 때, 관련 실험 자료가 많아져도 우리가 무작위성 관련 불확실성을 처리하기 위해 도입한 이항분포라는 가정은 변하지 않는다. 그러나 실험자료가 많아지면 이항분포의 평균값과 분산값에 대한 정확도는 증가할 것이다.

이런 불확실성은 그 불확실성이 영향을 미치는 분야에 따라 (1) 변수 불확실성(Parameter Uncertainty), (2) 모델 불확실성(Model Uncertainty), (3) 완결성 관련 불확실성(Completeness Uncertainty) 등으로 구분을 하기도 한다. 예를 들어 고장 자료의 희소성은 변수 불확실성을 유발하며, 현상에 대한 지식 부족, 모델에 사용되는 가정 및 모델 기법의 한계 등은 모델 불확실성을 유발한다. 그리고 우리가 전혀 예상하지 못한 고장 원인이나 사고 경위는 비완결성(Incompleteness)을 초래해 결국 완결성 관련 불확실성을 유발할 것이다.

불확실성 분석에는 베이스 공식을 이용하는 방법, 몬테카를로 시뮬레이션(Monte Carlo Simulation)을 이용하는 방법 및 주요 가정 사항을 변화시키며 그 영향을 파악하는 민감도 분석(Sensitivity Analysis) 방법 등 다양한 방법이 있다.

일반적으로 모델 불확실성 분석은 민감도 분석을 통해 이루어지며, 완결성 불확실성에 대한 검토는 다른 PSA와의 비교, 동렬 검토 등을 통해 이루어지지만, 완결성 불확실성은 현재 PSA 방법이 갖는 한계로서 수용할 수밖에 없는 부분도 있다. 현재 원자력 리스크 분야에서 수행되는 불확실성 분석에서 중요한 부분은 변수 불확실성 관련이다.

일반적으로 초기사건 빈도 혹은 기기 고장 확률값의 분포는 베이지안 추론을 통해 주어진다. 그리고 이 분포를 모델을 통해 전파함으로써 변수 불확실성을 분석한다. 변수 불확실성을 분석하는 방법으로는 몬테카를로 시뮬레이션 이외에도 LHS (Latin Hypercube Sampling) 방법, 반응 표면 기법(Response-Surface Technique) 등 다양한 방법이 사용되기도 하지만 근래 PSA 전산 코드는 대부분 몬테카를로 시뮬레이션 기능을 제공하므로 이 절에서는 몬테카를로 시뮬레이션 방법을 중심으로 기술한다.

몬테카를로 시뮬레이션은 불확실한 사건으로부터 발생 가능한 결과를 추정하는 데 사용되는 방법이다. 몬테카를로 시뮬레이션은 불확실성을 가진 변수에 대해 특정 분포를 가정하고 난수를 이용해 이들 분포로부터 변수의 값을 추출한 후 이를 기반으로 반복적으로 계산을 하여 결과를 구한다. 몬테카를로 시뮬레이션에서는 이런 계산을 수천 번에서 수만 번 반복함으로써 불확실성의 분포를 구한다. 일반적인 몬테카를로 시뮬레이션 절차가 [그림 3-9]

에 나와 있다.

변수 불확실성의 분석 범위에는 (1) 초기사건 빈도, (2) 기기 고장 확률, (3) CCF, (4) 인적 오류 확률 등이 포함된다. 이외에도 지진 PSA에서 사용되는 기기 취약도(Fragility)와 같은 외부사건 PSA의 변수도 변수 불확실성 분석의 대상이 될 수 있다.

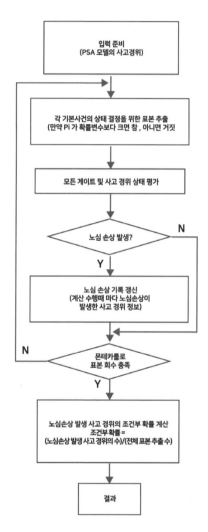

[그림 3-9] 몬테카를로 시뮬레이션 절차

앞서 제2부 1.2.2절에서 언급하였듯이 어떤 사건의 확률값에 분포를 줄 때 주로 사용되는 분포는 대수정규분포이다. 제2부 4.1.4에서 기술한 바와 같이 PSA를 위한 기기 신뢰도 자료는 일반적으로 대수정규분포에 대한 정보를 에러 팩터(Error Factor: EF)라는 방식으로 포함을 하고 있다. 제2부 4.1.4에 기술한 바와 같이 EF는 다음과 같은 식으로 정의가 된다.

$$EF = (x_{50}/x_5) = (x_{95}/x_{50}) = \sqrt{(x_{95}/x_5)}$$

여기서 x_{50}는 중앙값(Median)을 의미하며, x_5는 5 백분위 수(the 5th percentile value)를, x_{95}는 95 백분위 수(the 95th percentile value)를 의미한다. 에러 팩터의 예가 [그림 3-10]에 나와 있다(여기서 X축은 로그스케일이다).

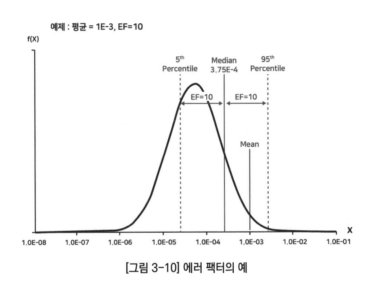

[그림 3-10] 에러 팩터의 예

MCS에 포함된 모든 기본사건의 EF가 주어지면 몬테카를로 시뮬레이션 방법을 이용해 변수 불확실성을 분석할 수 있다. AIMS-PSA의 몬테카를로 시뮬레이션 기능을 이용한 변수 불확실성 분석 결과가 [그림 3-11]에 나와 있다. [그림 3-11]에 나와 있는 결과는 10,000번의 표본 추출(Sampling)로 몬테카를로 시뮬레이션을 수행한 결과이다. 이 결과에 따르면 CDF의 평균값은 2.676E-6/년이지만 불확실성 분석에 따르면 분포의 5% 값은 1.126E-6/년, 95% 값은 5.476E-6/년임을 알 수 있다.

변수 불확실성을 분석할 때 한가지 유의해야 하는 사항은 지식 상관 계수(State of Knowledge Correlation: SOKC) 관련 사항이다[NRC, 2017a]. SOKC란 동일한 정보를 이용해 모든 특정 기기에 대한 불확실성 분포를 산정하는 경우 나타나는 통계적 효과이다.

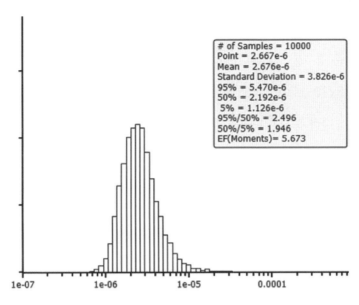

```
# of Samples = 10000
Point = 2.667e-6
Mean = 2.676e-6
Standard Deviation = 3.826e-6
95% = 5.470e-6
50% = 2.192e-6
 5% = 1.126e-6
95%/50% = 2.496
50%/5% = 1.946
EF(Moments)= 5.673
```

[그림 3-11] 변수 불확실성 분석 결과 (예)

예를 들어 A라는 펌프 종류에 속하는 모든 펌프에 대한 가동 중 실패 확률분포를 구할 때 동일 정보를 사용하는 경우이다. 즉, 몬테카를로 시뮬레이션을 수행할 때 동일 종류의 기기에 대해 동일한 자료원으로부터 추출된 확률 분포를 사용할 때 나타나는 효과를 의미한다. 이런 경우 서로 상관 관계가 있는 기기를 포함하고 있는 MCS의 평균값이 과소 평가되게 된다. 예를 들어 병렬 구조를 갖는 2개의 동일한 종류의 밸브(X_1, X_2)가 있는데 X_1, X_2이 모두 고장이 날 때 이 계통의 고장(T)이 발생한다고 하면 이 계통의 고장 확률은 다음과 같이 구해진다.

(1) X_1, X_2가 상관 관계가 있는 경우

$$T = X^2,$$

$$E(T) = E(X^2) = E^2(X) + \sigma_x^2$$

(2) X_1, X_2가 상관 관계가 없는 경우

$$T = X_1 X_2,$$

$$E(T) = E(X_1, X_2) = E^2(X)$$

즉, X_1, X_2 사이에 상관 관계가 있음에도 불구하고 상관 관계가 없다고 가정하고 분석을 하면 계통 고장 확률을 σ_x^2 만큼 과소평가된다는 의미이다. 예를 들어 이 종류 밸브의 고장 확률이 다음과 같은 경우를 살펴본다[NRC, 2016].

$$E(X) = 1.5 \times 10^{-3}, E(X^2) = 6.0 \times 10^{-6}, E(X^4) = 1.6 \times 10^{-9}$$

분산의 정의에 따라 분산은 다음과 같이 계산된다.

$$\sigma_x^2 = E(X^2) - E^2(X) = 3.8 \times 10^{-6}$$

이와 같은 상관 관계가 있는 경우와 없는 경우의 값의 차이가 〈표 3-4〉에 나와 있다[NRC, 2016].

〈표 3-4〉 SOKC를 고려한 경우와 고려하지 않은 경우의 결과 차이

변수	상관 관계가 있는 경우	상관 관계가 없는 경우	비율
평균, $E(T)$	6.0×10^{-6}	2.3×10^{-6}	0.38
분산, σ_T^2	1.6×10^{-9}	3.1×10^{-11}	0.02

즉 상관 관계가 있는데 이를 고려하지 않으면 평균은 실제 평균 6.0×10^{-6}의 약 40%에 해당하는 2.3×10^{-6}으로, 분산은 실제 값의 약 2%인 1.6×10^{-9}로 과소평가를 하게 된다. 따라서 이와 같은 상관 관계는 MCS 값 계산은 물론 불확실성 분석에서 신중히 고려되어야만 한다.

1.2 2단계 PSA

원전의 노심이 손상되는 중대사고가 발생하고 나면 사고가 진행됨에 따라 다양한 중대사고 현상(핵연료 용융, 수소가스 발생 및 폭발, 원자로용기 파손, 증기 폭발 등)이 발생할 수 있다. 최종적으로는 이의 영향으로 방사성 물질 누출을 막는 최종 방벽인 격납건물이 파손되어 방사성 물질이 격납건물 외부로 누출될 수 있다.

2단계 PSA의 목적은 방사성 물질 누출의 최종 방벽인 격납건물의 파손 특성(파손 시간, 파손 위치, 파손 크기 등) 및 관련 확률을 평가하는 것이다. 또한, 격납건물의 파손 이후 원전 외부로 누출될 수 있는 방사성 물질[19] 의 종류 및 특성(방출시간, 방출 위치, 방출량 등)을 파악하는 것이다. 2단계 PSA의 결과는 기본적으로는 방사성 물질이 외부에 미치는 영향을 평가하는 3단계 PSA의 입력으로 사용되며 또한 아래와 같이 다양한 업무에도 활용된다.

(1) 중대사고 발생 시 격납건물의 취약 부위 파악

(2) 분석 대상 원전의 리스크 안전목표 및 성능목표 충족 여부 확인

(3) 중대사고관리전략 개발 및 개선을 위한 정보 제공

(4) 분석 대상 원전의 리스크 저감 방안 도출

2단계 PSA의 결과로 사용되는 대표적인 리스크 척도는 대량방출빈도(Large Release Frequency: LRF)이다. LRF는 다시 조기대량방출빈도(Large Early Release Frequency: LERF)와 후기대량방출빈도(Large Late Release Frequency: LLRF)로 나누기도 한다. 이중 가장 대표적인 2단계 PSA의 척도는 LERF이지만 사실 LERF의 정의에 대한 논란도 있는 상황이다. 즉 LERF를 정의함에 있어 얼마나 빨리 방출이 되어야 '조기'에 해당하고, 얼마나 많이 방출되어야 '대량'인가 하는 부분이다. 일부 PSA에서는 원자로 내 방사성 물질의 일정 비율이 누출되는 것을 '대량'으로 정의하기도 하고 다른 PSA에서는 1명 이상의 조기 사망을 유발하는 방사성 물질 누출량으로 '대량'을 정의하기도 한다. 따라서 2단계 PSA를 수행할 때는 해당 PSA에서 사용할 LERF의 정의를 명확히 할 필요가 있다.

후쿠시마 원전사고 이전까지의 2단계 PSA는 대부분 LERF까지만 구하는 제한적 2단계

---

19) 2단계 PSA에서는 이를 방사선원항(Source Term)이라고 부른다.

PSA (Limited Level 2 PSA)를 수행하는 것이 일반적이었다. 그러나 후쿠시마 원전사고 이후에는 전 세계적으로 LERF만이 아니라 LLRF도 구하도록 규제 요건이 변화하고 있다. 한국도 현재 Cs-137이 100 TBq 이상 누출되는 사고의 빈도가 연간 1.0E-6 이하일 것을 요구하는 안전목표가 도입되어 있다. 이 안전목표를 검증하기 위해서는 LERF만이 아니라 LLRF의 평가도 필요하다. 따라서 2단계 PSA의 중요성이 커지고 있으나 후쿠시마 이후 2단계 PSA와 관련된 새로운 문제도 나타나고 있다. 예를 들어 후쿠시마 원전사고는 2단계 PSA의 분석 범위만이 아니라 2단계 PSA의 작동 요구 시간에도 영향을 미쳤다. 1단계 PSA의 작동 요구 시간과 관련해 기술한 바와 같이 2단계 PSA의 작동 요구 시간도 기존에 많이 사용했던 72시간에서 1주일 등 더욱 길게 작동 요구 시간을 설정하는 방안에 대한 논의가 OECD/NEA 등 국제기구에서 진행되고 있다.

2단계 PSA 방법은 WASH-1400에서 사용된 방법부터 시작해, NUREG-1150 [NRC, 1990]에 사용된 방법 등 몇 가지 방법이 있지만, 현재 전 세계적으로 통용되는 2단계 PSA 방법은 IAEA의 "Development and Application of Level 2 Probabilistic Safety Assessment for Nuclear Power Plant" 보고서[IAEA, 2010]에 나와 있는 방법이라고 할 수 있다.

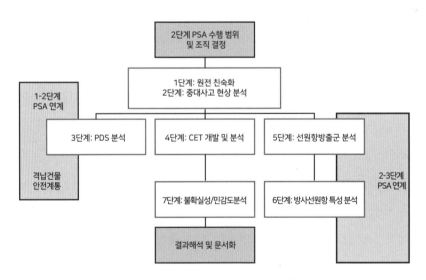

[그림 3-12] 2단계 PSA 수행 절차 (1)

2단계 PSA의 전반적인 수행 절차가 [그림 3-12]에 나와 있다. [그림 3-12]에 나와 있는 바와 같이 2단계 PSA는 원전 친숙화부터 시작해 7단계로 구분할 수 있다. 또한, [그림 3-13]에 나와 있듯이 2단계 PSA는 중대사고경위를 분류하기 위한 발전소 손상군(Plant Damage State: PDS) 사건수목, 격납건물 파손 모드를 분류하기 위한 격납건물 사건수목 (Containment Event Tree: CET), 그리고 방사선원항 분류를 위한 선원항방출군(Source Term Category: STC) 논리도(Logic Diagram)를 통한 분석이 이루어진다.

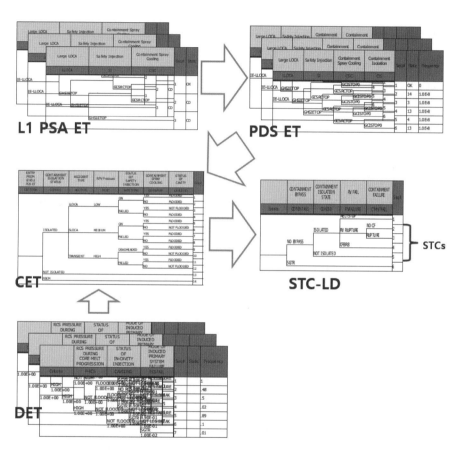

[그림 3-13] 2단계 PSA 수행 절차 (2)

1단계 PSA의 결과로 얻어지는 노심손상 사고경위는 격납건물의 성능을 유지하기 위한 안전계통의 성공과 실패, 중대사고 현상의 발생 여부 등에 따라 다시 다양한 사고경위로 분기될 수 있다. 사고경위의 수를 분석이 가능한 적절한 수준으로 유지하기 위해 먼저 격납건물 관련 안전계통의 성공과 실패에 따라 분기된 사고경위 중 유사한 사고경위를 PDS 사건수목 (PDS-ET)을 이용해 적절한 PDS로 그룹화한다. 또한, 동일한 PDS에 속하는 사고경위도 중대사고 현상의 발생 여부에 따라 다시 다양한 사고경위로 분기되므로 CET를 통해 각 PDS를 특정 격납건물 파손 모드로 분기하게 된다. 그러나 이 경우 우리가 고려해야 하는 중대사고경위의 수가 다시 증가하며, 이런 경우 모든 중대사고경위별로 방사성 물질 누출 특성을 평가하기는 어렵다. 따라서 CET로 분류된 중대사고경위를 사고경위 특성에 따른 방사선원항을 도출하기 위해 선원항방출군 논리도(STC-LD)가 사용된다. 이 절차가 [그림 3-13]에 나와 있다. 이 절에서는 이들 분석 절차에 관해 기술했다.

1.2.1 발전소 친숙화

[그림 3-12]의 첫 단계인 발전소 친숙화 단계는 1단계 PSA의 발전소 친숙화 단계와 유사하나, 2단계에서는 격납건물 내부 구조 및 압력 경계 등 격납건물 특성과 관련된 정보와 살수계통 등 2단계 PSA에서만 사용되는 격납건물 안전계통에 대한 정보의 파악이 포함된다. 격납건물 압력 경계에 대한 검토는 격납건물 파손 위치 및 파손 방식의 분석을 위해 필요하며, 격납건물 내부 구조물 관련 정보는 중대사고 시 생성되는 노심 용융물의 이동 경로를 예측하는 데 활용된다. 또한, 중대사고 분석 코드의 입력 자료를 작성하기 위한 정보도 발전소 친숙화 단계에서 수집이 되어야 한다.

1.2.2 중대사고 현상 분석

2단계 PSA에서 중요한 정보는 중대사고 현상과 진행 과정에 대한 정보이다. 실제 2단계 PSA를 수행하기 위해서는 해당 원전에서 발생하는 중대사고 현상에 대한 이해가 필수적이다. 원전에서 발생하는 중대사고 현상은 매우 다양하며 복잡하다. 따라서 여기서는 국내의 2단계 PSA에서 고려되는 중대사고 현상을 간략히 소개만 한다[이승준 외, 2021].

(1) **노심 노출로 인한 핵연료 가열** : 원전 냉각수가 상실되고, 비상 냉각수를 공급하는 안전계통도 고장이 난다면 핵연료가 가열되며 피폭재가 손상되고, 방사성 물질이 핵연

료 외부로 누출된다.

(2) **원자로용기 내 수소 발생 및 수소 폭발** : 핵연료 피복관 재료인 지르칼로이는 일정 온도 이상이 되면 물과 반응하며 수소를 발생한다. 생성된 수소가 제거되지 않고 국부적으로 축적되어 일정 농도가 넘으면 수소 가스 폭발이 발생할 수 있다.

(3) **노심 재배치(Relocation)** : 핵연료가 녹으면 녹은 핵연료(노심 용융물)가 원자로용기의 하부로 이동해 재배치된다.

(4) **원자로용기 하반구 노심 용융물 거동** : 노심 용융물이 원자로 하부에 재배치될 때 밀도가 낮은 노심 용융물은 상부에, 밀도가 높은 노심 용융물은 하부에 배치되며 2개의 층으로 분리된다. 하부층에서는 열이 계속 발생하며, 상부층과 원자로용기로 열을 전달한다. 노심 용융물이 원자로용기와 접촉하는 경계에서는 고화층(Crust)이 생성된다.

(5) **원자로용기 파손** : 원자로용기 하부에 노심 용융물이 재배치되고 이 노심 용융물이 냉각되지 않으면 결국 원자로용기는 파손된다.

(6) **격납건물 직접가열(Direct Containment Heating: DCH)** : 원자로용기가 파손되면 노심 용융물이 원자로용기 외부로 누출된다. 원자로가 고압인 상태에서 원자로용기가 파손되면 노심 용융물이 고압으로 원자로용기 외부로 분출된다. 이 경우 격납건물의 압력 및 온도가 급격히 올라가게 되며, 이로 인해 격납건물이 파손될 수 있다.

(7) **증기폭발(Steam Explosion)** : 고온의 노심 용융물이 물과 만나면 대량의 증기가 매우 짧은 시간 사이에 폭발적으로 발생한다. 이를 증기폭발이라고 부른다. 증기폭발은 노심 용융물이 원자로용기 내부의 냉각수와 만나 발생할 수도 있고, 원자로용기 외부로 유출되어 원자로 공동의 냉각수와 만나 발생할 수도 있다. 증기폭발은 원자로용기 파손 혹은 격납건물 파손을 유발할 수 있다.

(8) **노심 용융물과 콘크리트 반응(Molten Core Concrete Interaction: MCCI) 및 냉각 성능** : 원자로용기 외부로 누출된 노심 용융물은 원자로 하부의 콘크리트와 반응하게 된다. 고온의 노심 용융물과 콘크리트가 반응하면 가연성 가스가 방출되며 콘크리트가 침식된다. 만약 콘크리트의 침식이 계속되면 방사성 물질이 격납건물 밑의 토양 혹은 지하수와 접촉해 외부의 방사능 오염을 유발할 수 있다.

(9) 방사성 물질 격납건물 외부 방출 : 중대사고가 발생하고 격납건물이 파손되면 방사성 물질이 격납건물의 파손 부위를 통해 외부로 누출될 수 있다. 또한, 격납건물의 건전성이 유지되더라도 증기발생기 세관 파손 혹은 1차 측과 격납건물 외부를 연결하는 배관의 파손(ISLOCA)이 발생하면 방사성 물질이 파손 부위를 통해 격납건물의 외부로 누출될 수 있다.

중대사고 현상은 아직도 불확실성이 많은 부분이다. 예를 들어 증기폭발 관련 연구에 따르면 증기폭발의 가능성은 매우 희박한 것으로 나타나고 있으나 이와 관련된 불확실성을 고려할 때 증기폭발의 가능성을 완전히 배제하기 어렵다. 또한, 노심 용융물과 콘크리트 반응은 노심 용융물의 성분과 콘크리트 조성에 따라 달라지므로 이 현상을 일반화하기도 쉽지 않다.

현재로서는 이와 같은 중대사고 현상을 분석하기 위해 중대사고 분석 코드(MAAP [EPRI, 2022b], MELCOR [NRC, 2000] 등)를 사용한다. 발생하는 중대사고 현상은 사고경위에 따라 다르므로 분석할 중대사고경위를 선정해야 한다. 분석할 중대사고경위의 선정 작업은 아래에 기술된 다양한 사건수목의 결과 검토를 통해 이루어진다. 중대사고 분석 코드를 이용한 중대사고경위의 분석을 통해 격납건물의 파손 압력, 파손 모드 및 파손 위치 등이 계산된다.

1.2.3 발전소 손상군 분석

2단계 PSA는 1단계 PSA의 결과인 노심손상 발생 사고경위로부터 시작한다. 그러나 2단계 PSA에서 분석해야 할 노심손상 발생 사고경위의 수가 너무 많으므로 이 중 유사한 사고를 포괄하는 PDS로 그룹화하는 작업이 필요하다. 이를 위해서는 고려되는 대표적 변수의 예가 아래에 나와 있다.

(1) 초기사건
(2) 원자로냉각재계통의 압력
(3) 비상냉각계통 작동 여부
(4) 격납건물보호계통 작동 여부
(5) 격납건물 격리상태

(6) 원자로 공동 충수 상태

위의 변수 중 초기사건, 원자로냉각재계통의 압력 및 비상냉각계통 작동 여부 등은 1단계 PSA 사건수목에 이미 반영이 되어있는 변수이지만, 격납건물보호계통 작동 여부와 격납건물 격리상태 등은 격납건물의 상태를 파악하기 위해 추가로 고려되는 변수이다. 1단계 PSA 사건수목에 이런 추가변수를 고려해 PDS 분류를 위한 PDS-ET를 구성한다.

[그림 3-14]에 대형 LOCA 사건수목을 PDF-ET로 확장하고 이로부터 PDS를 분류하는 과정이 나와 있다. [그림 3-14]의 (a)는 1단계 PSA의 대형 LOCA 사건수목이다. 여기에 격납건물 살수계통(CSC 표제) 작동 및 격납건물 격리(CIS 표제) 여부 등 격납건물 안전 기능을 추가해 [그림 3-14]의 (b)와 같은 PDS-ET를 구성한다. 이에 따라 3개였던 [그림 3-14]의 (a)의 사고경위가 6개로 늘어난다.

[그림 3-14]의 (b)에 나와 있는 1단계 PSA 사건수목의 최종상태는 OK(안정 상태)와 CD(노심손상)이지만, PDS-ET는 각 사고경위의 특성에 따라 [그림 3-14]의 (c)와 같이 CD 대신 3, 4 등 적절한 PDS 그룹 번호를 배정한다. 이처럼 PDS 그룹을 분류하는 작업은 [그림 3-14]의 (d)와 같은 PDS-ET 논리도(Logic Diagram)를 이용해 이루어진다. PDS 사건수목의 각 사고경위는 PDS-ET 논리도의 논리에 따라 사고경위의 특성에 맞는 PDS 그룹으로 배정된다. 예를 들어 [그림 3-14]의 (b)의 세 번째 사고경위는 안전주입계통(SI)은 실패했고, 격납건물 살수(CSS 표제)와 격리(CIS 표제)는 성공한 사고경위이다. 이 조건에 맞는 그룹을 [그림 3-14]의 (d)의 PDS-ET 논리도에 따라 분류해 이 사고경위에 3번 PDS 그룹을 배정하는 방식이다. 어떤 PDS 그룹에 배정된 개별 사고경위의 빈도를 모두 합하면 해당 PDS 그룹의 발생빈도가 된다. 예를 들어 [그림 3-14]의 (c)의 4번째, 6번째 사고경위는 13번 PDS 그룹으로 분류되었으므로, 13번 PDS 그룹의 발생빈도는 4번째, 6번째 사고경위의 발생빈도를 합해 구하게 된다. 2단계 PSA의 PDS-ET의 개수는 대략 1단계 PSA의 사건수목 수와 유사하나, PDS-ET 논리도는 1개만 사용이 된다. 실제 국내 원전 2단계 PSA에서는 대략 50~100여 개의 PDS ET가 사용되고 있다.

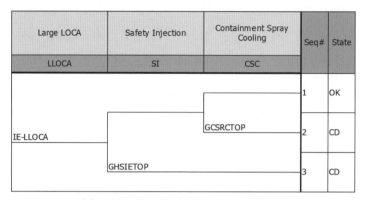

Large LOCA	Safety Injection	Containment Spray Cooling	Seq#	State
LLOCA	SI	CSC		
IE-LLOCA			1	OK
		GCSRCTOP	2	CD
	GHSIETOP		3	CD

(a) 1단계 PSA 대형 냉각재 상실사고 사건수목

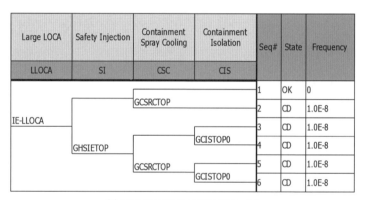

Large LOCA	Safety Injection	Containment Spray Cooling	Containment Isolation	Seq#	State	Frequency
LLOCA	SI	CSC	CIS			
IE-LLOCA				1	OK	0
		GCSRCTOP		2	CD	1.0E-8
				3	CD	1.0E-8
	GHSIETOP		GCISTOP0	4	CD	1.0E-8
		GCSRCTOP		5	CD	1.0E-8
			GCISTOP0	6	CD	1.0E-8

(b) 대형 냉각재 상실사고 PDS-ET

Large LOCA	Safety Injection	Containment Spray Cooling	Containment Isolation	Seq#	State	Frequency
LLOCA	SI	CSC	CIS			
IE-LLOCA				1	OK	0
		GCSRCTOP		2	14	1.0E-8
				3	3	1.0E-8
	GHSIETOP		GCISTOP0	4	13	1.0E-8
		GCSRCTOP		5	4	1.0E-8
			GCISTOP0	6	13	1.0E-8

(c) 대형 냉각재 상실사고 PDS-ET에 의한 PDS 분류

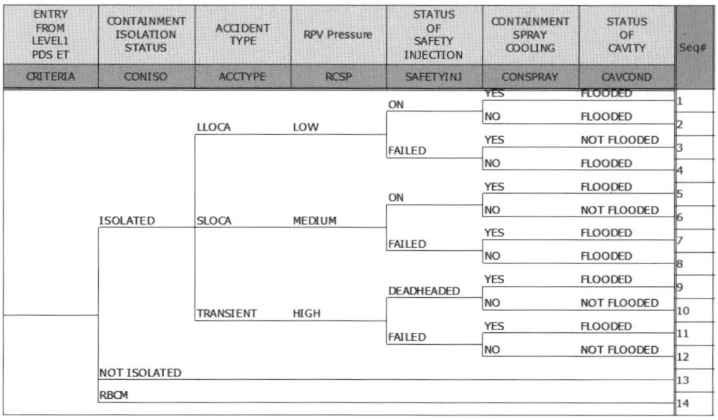

CRITERIA	CONISO	ACCTYPE	RCSP	SAFETYINJ	CONSPRAY	CAVCOND	Seq#
ENTRY FROM LEVEL1 PDS ET	CONTAINMENT ISOLATION STATUS	ACCIDENT TYPE	RPV Pressure	STATUS OF SAFETY INJECTION	CONTAINMENT SPRAY COOLING	STATUS OF CAVITY	
	ISOLATED	LLOCA	LOW	ON	YES	FLOODED	1
					NO	FLOODED	2
				FAILED	YES	NOT FLOODED	3
					NO	FLOODED	4
		SLOCA	MEDIUM	ON	YES	FLOODED	5
					NO	NOT FLOODED	6
				FAILED	YES	FLOODED	7
					NO	FLOODED	8
		TRANSIENT	HIGH	DEADHEADED	YES	FLOODED	9
					NO	NOT FLOODED	10
				FAILED	YES	FLOODED	11
					NO	NOT FLOODED	12
	NOT ISOLATED						13
	RBCM						14

(d) PDS-ET 논리도 (Logic Diagram)

[그림 3-14] PDS 분류 과정

1.2.4 격납건물 사건수목 분석

PDS 분류가 완료되면 노심손상 후 격납건물 파손 및 방사성 물질 누출에 이르기까지의 사고경위를 분석하기 위한 CET를 구성한다. CET 분석에서는 앞서 분류한 PDS가 1단계 PSA의 초기사건에, CET는 1단계 PSA의 사건수목에 상응하는 역할을 한다. 즉, CET를 이용해 특정 PDS에 대해 발생 가능한 중대사고 현상들의 전개를 모델하고, 격납건물의 파손 모드 및 그 발생 확률을 평가한다. CET의 예가 [그림 3-15]에 나와 있다. [그림 3-15]에 나와 있듯이 CET는 1단계 PSA의 사건수목과 달리 분기점이 2개 이상이 될 수 있다.

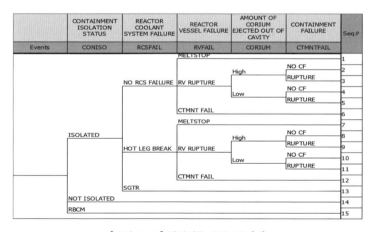

[그림 3-15] 격납건물 사건수목 (예)

CET의 표제는 중대사고 현상과 다중방호를 이루는 방벽으로 구성된다. CET의 대표적인 표제는 다음과 같은 것들이 있다.

  (1) **원자로냉각재계통 경계 파손** : 중대사고로 원자로냉각재가 고온·고압의 증기가 되어 원자로냉각재계통 내에서 자연 순환을 하면 고온관의 취약한 부분이나 증기발생기의 세관이 파손될 수 있다.

  (2) **원자로용기 파손** : 노심 용융물이 원자로용기의 하부에 모이게 되면 잔열에 의해 원자로용기가 파손된다.

  (3) **조기 격납건물 파손** : 증기폭발, 고압의 노심 용융물 방출에 따른 DCH 혹은 수소가스 폭발 등이 발생하면 격납건물이 조기에 파손될 수 있다.

  (4) **노심 용융물 냉각** : 원자로 파손 이후 공동으로 누출된 노심 용융물이 냉각되지 않으면 MCCI를 유발해 대량의 가스가 발생한다.

  (5) **후기 격납건물 파손** : 수소 가스 폭발, MCCI에 의한 다량의 가스 발생 등은 격납건물의 압력을 증가시킨다. 격납건물의 압력이 격납건물의 극한내압성능 이상으로 증가하면 격납건물 파손이 발생할 수 있다.

  (6) **격납건물 바닥 관통** : MCCI가 지속해서 진행되면 결국 콘크리트의 침식으로 노심 용융물이 격납건물 하부를 관통해 외부로 방출될 수 있다.

CET의 구성이 완료되면 이제 각 분기의 확률값을 평가해야 한다. 이를 위해 분해사건수목(Decomposition Event Tree: DET)을 구성한다. DET는 특정 표제에 대한 분기 확률을 평가하기 위한 수목이므로 CET의 표제별로 각기 1개씩 개발된다. DET의 예로 CET 표제 중 "원자로냉각재계통 경계 파손"에 대한 DET가 [그림 3-16]에 나와 있다.

[그림 3-16]에 예시되어 있는 원자로냉각재계통 경계파손의 DET를 개발하기 위해서는 원자로냉각재계통 경계파손에 영향을 주는 PDS 변수와 중대사고 현상을 파악해야 한다. PDS 변수는 사전에 정해진 IF-THEN-ELSE 형식의 규칙에 따라 분기를 하며, 중대사고 현상은 분기 확률에 따라 분기를 한다.

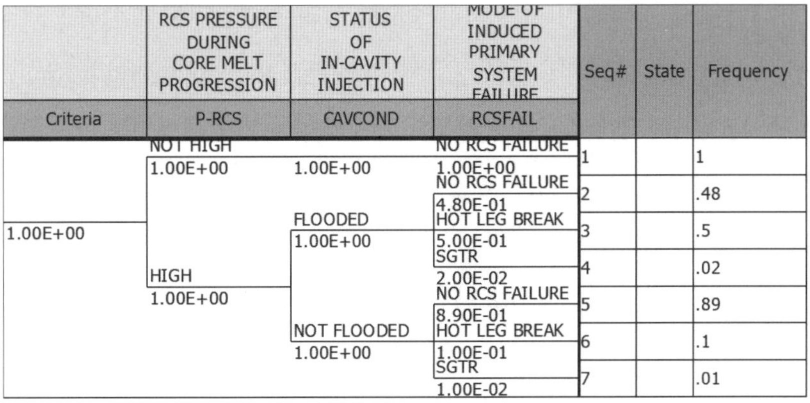

Criteria	RCS PRESSURE DURING CORE MELT PROGRESSION	STATUS OF IN-CAVITY INJECTION	MODE OF INDUCED PRIMARY SYSTEM FAILURE	Seq#	State	Frequency
	P-RCS	CAVCOND	RCSFAIL			
1.00E+00	NOT HIGH 1.00E+00	1.00E+00	NO RCS FAILURE 1.00E+00	1		1
	HIGH 1.00E+00	FLOODED 1.00E+00	NO RCS FAILURE 4.80E-01	2		.48
			HOT LEG BREAK 5.00E-01	3		.5
			SGTR 2.00E-02	4		.02
		NOT FLOODED 1.00E+00	NO RCS FAILURE 8.90E-01	5		.89
			HOT LEG BREAK 1.00E-01	6		.1
			SGTR 1.00E-02	7		.01

[그림 3-16] '원자로냉각재계통 경계 파손' 표제 관련 DET (예)

중대사고 현상 발생 가능성에 대해 적절한 확률을 배정하는 것이 2단계 PSA에서 매우 중요한 부분이다. 이 확률은 베이지안 확률로 분석자가 해당 중대사고 현상의 발생에 대한 믿음의 정도(Degree of Belief)를 0~1 사이의 값으로 표현한 것이라고 할 수 있다. 이런 확률 값은 기존 2단계 PSA 보고서나, 중대사고 해석 코드를 이용한 불확실성 분석을 통해 구하게 된다. 중대사고 현상 발생 가능성에 베이지안 확률을 표준화한 예가 〈표 3-5〉에 나와 있다[이승준 외, 2021].

〈표 3-5〉 중대사고 현상 발생 가능성에 대한 베이지안 확률 (예)

주관적 의미	확률 범위	대표값
확실함 (Certain)	P = 1.0	1.0
가능성이 상당히 큼 (Highly Likely)	1.0 〉 P ≥ 0.995	0.999
가능성이 매우 큼 (Very Likely)	0.995 〉 P ≥ 0.95	0.99
가능성이 큼 (Likely)	0.95 〉 P ≥ 0.70	0.9
미확정 (Indeterminate)	0.70 〉 P ≥ 0.30	0.5
가능성이 작음 (Unlikely)	0.30 〉 P ≥ 0.05	0.1
가능성이 매우 작음 (Very Unlikely)	0.05 〉 P ≥ 0.005	0.01
가능성이 상당히 작음 (Highly Unlikely)	0.005 〉 P ≥ 0.0	0.001
불가능함 (Impossible)	P = 0.0	0.0

CET와 DET 분석을 통해 얻어지는 가장 중요한 결과는 격납건물 파손 모드와 파손확률이다. 일반적으로 격납건물의 파손확률은 응력-강도 분석 (Stress-Strength Analysis)을 통해 구한다. 즉, [그림 3-17]에 예시된 바와 같이 구조해석을 통해 얻어지는 파손 압력의 확률 밀도 함수와 중대사고로 인해 격납건물에 가해지는 압력 부하의 확률 밀도 함수가 중첩되는 부분에 대해 합성곱(Convolution)을 수행하여 파손확률값을 구하게 된다. 압력 부하는 [그림 3-17]에 나타난 바와 같이 분포로 주어질 수도 있으며, 단일 값으로 주어질 수도 있다.

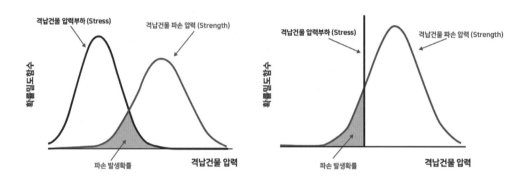

[그림 3-17] 격납건물 파손확률 평가

격납건물의 파손 모드는 일반적으로 '누설(Leakage)'과 '파손(Rupture)'으로 구분을 한다. 이 두 파손 모드의 구분은 파손 부위의 크기, 격납건물 감압 시간 등에 따라 이루어진다.

1.2.5 방사선원항 분석

CET 분석을 통해 도출되는 중대사고경위의 수는 매우 방대하다. 이들 중대사고경위별로 방사성 물질 누출 특성을 분석하기는 쉽지 않으므로 이들 중대사고경위 중 유사한 특성을 갖는 사고경위를 STC를 이용해 다시 그룹화한다. 이 작업에는 다음과 같은 변수들이 고려되어야 한다.

(1) 격납건물 우회
(2) 격납건물 격리
(3) 원자로용기 내부 사고 종결

(4) 격납건물 파손 시간

(5) 노외 노심 용융물 냉각 성능

이들 변수를 사용해 [그림 3-18]과 같은 선원항방출군 논리도(Source Term Category Logic Diagram: STC LD)를 구성한다. STC LD는 위에 열거한 변수의 상태에 따라 각 중대사고경위를 특정 선원항방출군으로 분류한다.

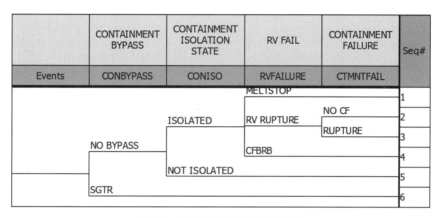

[그림 3-18] 선원항방출군 논리도 (예)

STC LD를 이용해 선원항방출군이 분류되면 각 선원항방출군의 특성(방출량, 방출 지속시간 등)을 분석해야 한다. 이를 위해 선원항방출군별로 다음과 같은 방법으로 대표적인 중대사고경위를 선정한다.

(1) 발생빈도가 가장 큰 PDS에 속하는 사고경위 중 발생빈도가 가장 큰 사고경위를 선정

(2) 방사선원항이 가장 클 것이라고 예상되는 사고경위를 선정

선정된 사고경위는 중대사고 해석 코드인 MAAP이나 MELCOR를 사용해 분석한다. 그러나 노심 안에 존재하는 방사성 핵종들이 매우 다양하므로 모든 방사성 핵종을 고려할 수는 없다. 따라서 방사성 핵종의 화학적 및 물리적 특성에 따라 다시 핵분열 생성물 그룹으로 분류를 한다. 이와 같은 핵분열 생성물 그룹은 MAAP이나 MELCOR와 같은 중대사고 해석 코드별로 다르다. 〈표 3-6〉에 MELCOR 코드의 핵분열생성물 그룹이 나와 있다.

<표 3-6> MELCOR 코드의 핵분열생성물 그룹

Class	Class Name	Chemical Group	Representative Member	Elements
1	XE	Noble Gas	Xe	He, Ne, Ar, Kr, Xe, Rn, H, N
2	CS	Alkali Metals	Cs	Li, Na, K, Rb, Cs, Fr, Cu
3	BA	Alkaline Earths	Ba	Be, Mg, Ca, Sr, Ba, Ra, Es, Fm
4	I_2	Halogens	I_2	F, Cl, Br, I, At
5	TE	Chalcogens	Te	O, S, Se, Te, Po
6	RU	Platinoids	Ru	Ru, Rh, Pd, Re, Os, Ir, Pt, Au, Ni
7	MO	Early Transition Elements	Mo	V, Cr, Fe, Co, Mn, Nb, Mo, Tc, Ta, W
8	CE	Tetravalent	Ce	Ti, Zr, Hf, Ce, Th, Pa, Np, Pu, C
9	LA	Trivalents	La	Al, Sc, Y, La, Ac, Pr, Nd, Pm, Sm, Eu, Gd, Tb, Dy, Ho, Er, Tm, Yb, Lu, Am, Cm, Bk, Cf
10	UO_2	Uranium	UO_2	U
11	CD	More Volatile Main Group	Cd	Cd, Hg, Zn, As, Sb, Pb, Tl, Bi
12	AG	Less Volatile Main Group	Ag	Ga, Ge, In, Sn, Ag

1.2.6 기타 분석

2단계 PSA도 1단계 PSA와 마찬가지로 다양한 요인에 의해 불확실성이 존재하며 이에 대한 불확실성 및 민감도 분석이 필요하다. 특히 2단계 PSA 결과에 영향이 큰 요인은 중대사고 현상과 관련된 불확실성이다. 이의 분석을 위해 CET와 DET에서 고려되는 주요 불확실성 인자를 선정하고, 이들 인자의 불확실성 정도를 확률분포로 표현한다. 이후는 1단계 PSA와 유사한 방법으로 불확실성을 분석하게 된다.

1.3 3단계 PSA

원전의 안전성 문제는 결국 원전 외부로 누출되는 방사성 물질이 원전 주변의 주민과 환경에 미치는 영향의 정도와 관련되어 있다. 원전의 노심 손상이 발생하고 격납건물이 파손되어 방사성 물질이 외부로 누출되면 누출된 방사성 물질은 다양한 경로로 주민과 환경에 영향을 미치게 된다.

이중 가장 대표적인 방사성 물질 누출 경로는 대기를 통한 확산이다. 이 이외에도 지표에의 침적, 수질 오염 등 다양한 경로가 있다. 누출된 방사성 물질이 이런 경로를 통해 주민과 환경에 미치는 단기, 장기 영향을 평가하는 것인 PSA의 최종 단계인 3단계 PSA의 목적이다. 1, 2단계 PSA를 통해 중대사고 및 방사성 물질 누출의 '빈도(Frequency)'를 평가했다면, 3단계 PSA를 통해 그 '영향(Consequence)'을 평가함으로써 최종적으로 원전의 '리스크'를 평가할 수 있다. 즉, 원전의 리스크를 평가하기 위해서는 3단계 PSA가 필수적이다.

3단계 PSA의 수행 체계가 [그림 3-19]에 나와 있다. 원전의 중대사고로 인해 누출되는 방사성 물질은 대기를 통해 확산되어, 지표 등에 침적된다. 방사성 물질의 대기 확산은 방사성 물질의 특성, 기상 조건 등에 영향을 받게 된다. 방사성 물질이 대기를 통해 확산되는 동안, 또한 지표 등에 침적된 이후 사람과 주변 생물 등에 영향을 미치게 된다. 이들 영향을 평가하는 일이 선량평가 작업이다. 원전사고가 발생하면 원전 주변의 주민, 토지 등 환경에 영향을 미치며 이에 따른 피해를 줄이기 위한 비상대응조치가 취해진다. 3단계 PSA는 앞의 다양한 요소를 고려해 주민의 보건 영향, 사고의 경제적 영향을 평가하는 과정이다[IAEA, 1994].

2단계 PSA를 수행하기 위해서 중대사고 현상에 대한 이해가 필요했다면, 3단계 PSA는 [그림 3-19]에 나와 있듯이 대기를 통한 확산 평가, 방사성 물질의 인체 및 환경 영향 평가 등 더욱 광범위한 분야의 지식이 요구된다. 3단계 PSA를 수행함으로써 그 결과로 조기 사망률, 암 사망률 및 환경 오염 정보 등을 얻을 수 있고, 이런 결과는 원전 안전목표의 충족 여부, 비상 계획 개선 등 다양한 분야에 활용이 될 수 있다.[박창규 외, 2003].

후쿠시마 원전사고 이전까지의 2단계 PSA는 제한적 2단계 PSA를 수행하는 것이 일반적이었음을 앞서 소개한 바 있다. 따라서 후쿠시마 원전사고 이전에는 규제와 관련된 실제적인 3단계 PSA는 수행되지 않고, 주로 연구 차원에서 3단계 PSA가 수행되었다. 그러나 2단계 PSA 경우와 마찬가지로 후쿠시마 원전사고 이후 3단계 PSA에 관한 관심이 증대되고 있다. 국내에서는 3단계 PSA가 신규 원전 인허가의 필수적인 요건이 되었다.

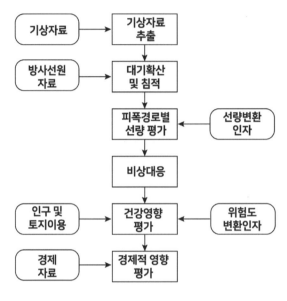

[그림 3-19] 3단계 PSA 수행 절차

3단계 PSA는 3단계 PSA 전용 코드를 이용해 수행된다. 대표적으로는 미국 NRC가 개발한 MACCS 코드[NRC, 2017b]가 있다. 3단계 PSA 코드의 현황에 대해서는 후반부의 1.3.8절에 따로 기술했다. 앞서 언급한 광범위한 분야의 지식은 3단계 PSA 코드의 입력을 구성하는 데 필요하다. 이런 다양한 분야의 지식을 본 절에서 상세히 기술하기는 어려우므로 여기서는 3단계 PSA 수행에 필요한 핵심 요소에 대해서 [그림 3-19]에 나와 있는 순서에 따라 간략히 기술했다[이승준 외, 2021].

1.3.1 방사선원항

앞서 기술한 바와 같이 2단계 PSA의 결과로 대표적 중대사고경위별로 각기 누출되는 방사선원항의 특성이 얻어진다. 이와 같은 특성에는 방사성 물질의 종류와 방출량, 입자의 크기, 물리·화학적 특성, 방출 고도, 열 함량, 방출 관련 시간 변수 및 방출 확률 등의 정보가 포함되어 있다. 또한, 방출 고도 관련해서는 실제 방출 높이와 방사성 물질의 상승에 따른 영향도 같이 고려를 해야 한다. 즉, 온도가 높거나 방출 속도가 빠른 방사성 물질이 더 높이 상승한다. 실제 방출 높이(h_s)와 방사성 물질의 상승 높이(Δh)를 합쳐 유효방출 높이(h)라고 부른다(그림 3-20 참조). 입자 크기는 방사성 물질의 확산과 침적에 큰 영향을 미치는 요소이다. 방사성 물질은 대기 중에서 에어로졸(Aerosol)[20] 이나 기체의 형태로 이동한다.

1.3.2 대기 확산 및 침적

3단계 PSA 결과에 가장 큰 영향을 미치는 요소는 대기 확산 및 침적이다. 3단계 PSA에서는 수리적 모델을 이용해 누출된 방사성 물질의 대기 확산을 평가한다. 가장 기본적인 확산 모델은 [그림 3-20]에 나와 있는 가우시안 플룸 모델(Gaussian Plume Model)로 만약 방사성 물질의 방출 지점이 3차원 좌표의 (0,0,h)이라면 방출 지점으로부터 위치가 (x, y, z)인 지점의 방사성 물질 방출 농도는 다음 식으로 주어진다.

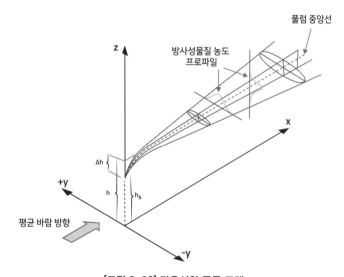

[그림 3-20] 가우시안 플룸 모델

$$\chi(x,y,z) = \frac{Q}{2\pi\sigma_z(x)\sigma_y(x)\bar{u}} \exp\left[-\frac{y^2}{2\sigma_y^2(x)}\right] \left\{ \exp\left[-\frac{(z+h)^2}{2\sigma_z^2(x)}\right] + \exp\left[-\frac{(z-h)^2}{2\sigma_z^2(x)}\right] \right\}$$

---

20) 에어로졸이란 입자가 고체 또는 액체 형태로 기체 중에 부유하는 것을 의미한다.

여기서, 각 변수의 의미는 다음과 같다.

Q: 방출되는 방사성 물질의 양(Ci),

h: 유효 방출 높이(m),

$\sigma_y(x)$, $\sigma_z(x)$: 수직 및 수평 방향의 분산 계수(m),

x: 풍하 방향의 거리(m),

y: 풍향과 수평 방향의 거리(m),

z: 지표면으로부터의 고도(m),

$\bar{u}$: 높이 h에서 x 방향으로의 평균 풍속(m/sec)

분산 계수 $\sigma_y(x)$, $\sigma_z(x)$는 대기의 안정도, 풍속 및 풍향 등과 같은 기상 조건에 의해 결정된다. 분산 계수를 구하는 도표의 예가 [그림 3-21]에 나와 있다. [그림 3-21]에서 A~F는 기상상태(A; 매우 불안정, F: 적당히 안정 등)를 나타낸다.

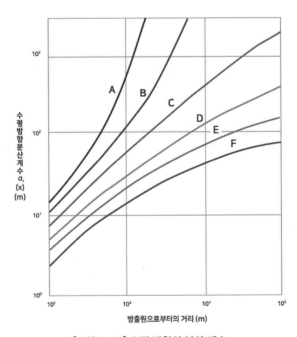

[그림 3-21] 수평 방향의 분산 계수

가우시안 플룸 모델은 가장 단순한 대기 확산 모델로 근래에는 Puff 모델 등 확산 현상을 좀 더 상세히 평가하려는 모델이 도입되고 있다. 그러나 위의 가우시안 플룸 모델에서 요구되는 정보들은 모든 확산 모델에 공통의 요구되는 정보이다. 이들 여러 정보 중 대기 확산에 가장 큰 영향을 미치는 요소는 기상 조건이다. 예를 들어 풍속 및 풍향 조건 이외에도 낮에는 지표면 온도가 올라가며 상승기류가 생기므로 대기가 불안정해져 더 멀리 확산이 되며, 밤에는 지표면 온도가 내려가 대기가 안정화되므로 확산 거리가 줄어든다. 기상 조건 이외에도 확산 도중에 발생하는 방사성 붕괴, 플룸 상승, 역전층 고도, 방출 지속시간, 지표면의 거칠기(Surface Roughness), 건물 와류(Building Wakes), 해변의 대기 순환 등 여러 요소가 확산에 영향을 미치므로 이런 조건들도 대기 확산 평가에 고려되어야 한다.

침적은 방사성 물질의 농도 변화에 가장 큰 영향을 미치는 현상이다. 침적은 맑은 기상 조건에서의 침적(건식 침적)과 비가 오는 등 습기가 많은 기상 조건에서의 침적(습식 침적)으로 구분된다. 건식 침적은 표면의 저항과 중력 침강으로 이뤄지며 건식 침적이 되는 정도는 지표면의 농도와 침적 속도(Deposition Velocity, m/sec)를 이용해 계산된다. 방사성 물질이 에어로졸 형태를 취할 때는 입자 크기가 건식 침적에 큰 영향을 미치는 요소이다. 반면, 습식 침적은 비나 눈이 내릴 때 발생하며 이로 인해 오염물이 제거되는 과정을 나타낸다. 습식 침적 정도는 대기 안정도에 따른 상수와 강우 속도에 따라 달라진다. 지표면에 침적된 방사성 물질은 주민의 외부 피폭 혹은 음식물 섭취로 인한 내부 피폭에 영향을 미칠 수 있다. 또한, 침적된 물질은 바람이나 차량 이동 등에 의해 다시 대기 중으로 재부유(Resuspension)해 다시 주민과 환경에 영향을 미칠 수 있다.

1.3.3 비상대응

원전에서 중대사고가 발생해 방사성 물질이 누출되면 이로 인한 일반 대중의 건강 및 재산을 보호하기 위한 비상대응조치(Emergency Response Actions)를 취하게 된다. 비상대응조치는 (1) 방사선 피폭을 방지하거나 그로 인한 선량을 감소시키는 보호조치(Protective Action)와 (2) 건강검진, 심리상담 등 기타 보호조치로 구분할 수 있다.

보호조치로는 다시 중대사고 발생 후 몇 시간 또는 하루 이내에 즉각적으로 수행하는 긴급보호조치(Urgent Protective Action)와 수일 또는 수 주 이내에 행해지는 조기보호조치(Early Protective Action)로 구분할 수 있다. 긴급보호조치로는 갑상샘 방호 약품

(Potassium Iodide) 배포, 옥내 대피(Sheltering), 소개(Evacuation) 등이 있으며, 조기보호 조치로는 일시 이주(Relocation)와 음식물 섭취 제한 등이 있다. 이외에 좀 더 장기적인 보호 조치로는 오염된 지역의 제염(Decontamination), 인구의 일시적인 복귀 차단(Temporary Interdiction), 토지 불용 처분 및 영구 이주(Condemnation), 작물 생산 제한(Restricted Crop Production) 등을 있다. 현실적인 3단계 PSA 결과를 얻기 위해서는 위에서 언급한 다양한 보호조치를 고려해 사고 영향을 평가해야 한다. 대부분의 3단계 PSA 코드는 이와 같은 영향을 평가할 수 있는 기능이 있다.

1.3.4 피폭 선량 평가

중대사고가 발생한 원전으로부터 누출된 방사성 물질이 인체에 미치는 영향은 크게 (1) 신체 외부에서 피폭을 당하는 외부 피폭과 (2) 방사성 물질이 신체 내부로 들어와 영향을 미치는 내부 피폭으로 구분할 수 있다. 외부 피폭과 내부 피폭은 다음과 같은 다양한 경로를 통해 이루어질 수 있다.

(1) 외부 피폭

　　1) 방사성 플룸에 의한 피폭(Cloudshine)

　　2) 침적된 지표상의 방사성 물질에 의한 외부 피폭(Groundshsine)

　　3) 피부나 의복에 침적된 방사성 물질에 의한 외부 피폭(Skin and Clothing)

(2) 내부 피폭

　　1) 방사성 물질의 호흡으로 인한 내부 피폭(Inhalation)

　　2) 재부유된 방사성 물질 호흡으로 인한 내부 피폭(Resuspension Inhalation)

　　3) 방사성 물질에 오염된 음식물 섭취에 의한 내부 피폭(Ingestion)

이들 경로 중 (1) 흡입으로 인한 내부 피폭, (2) 지나가는 방사성 플룸에 의한 외부 피폭, (3) 수 시간에서 수일에 걸친 오염된 지표면에 의한 외부 피폭 등은 조기 보건 영향과 관련이 많다. 반면에, (1) 오염된 지표면에 의한 단기 및 장기간에 걸친 외부 피폭, (2) 지나가는 방사성 구름 및 재부유된 방사성 물질에 의한 흡입에 의한 피폭, (3) 오염된 음식물 섭취에 의한 내부 피폭 등은 잠재성 보건 영향에 중요한 피폭 경로이다.

확산 평가를 통해 방사성물질의 대기 중 농도와 지표 침적량이 구해지면, 이로부터 선량 계수(Dose Coefficient)를 이용해 피폭 선량을 평가한다. 선량 계수는 피폭의 원인이 되는 방사성 물질의 양과 피폭 선량 사이의 관계를 평가해 놓은 계수이다[ICRP, 2007]. 국제방사선방호위원회(International Commission on Radiological Protection: ICRP)가 다양한 방사성 핵종에 대해 도출해 놓은 선량 계수를 사용하면 외부 피폭과 내부 피폭 경로에 대해 선량 평가를 할 수 있다.

1.3.5 보건 영향 평가

원전의 중대사고로 인해 원전 주변의 주민이 받은 방사선 피폭으로 인한 보건 영향은 결정론적 보건 영향(Deterministic Health Effect)과 확률론적 보건 영향(Stochastic Health Effect)으로 구분한다. 결정론적 보건 영향은 세포의 사멸과 기능 마비와 관련되므로 신속한 의학적 조치가 필요한 급성 방사선 증후군(Acute Radiation Syndrome)을 포함하며 피폭 후 단기간 내 사망을 초래할 수 있다. 반면에 확률론적 보건 영향은 방사선으로 세포가 돌연변이를 일으키는 측면을 고려한 것으로 암 발생 및 사망, 그리고 유전 영향 등을 포함한다. 따라서 결정론적 보건 영향과 확률론적 영향을 각각 조기 영향(Early Effects)과 만성 영향(Late Effects)으로 구분하기도 한다.

결정론적 보건 영향은 피폭 선량이 특정한 문턱 선량(Threshold Dose) 이상일 때에만 발생하는 반면 확률론적 보건 영향은 문턱 선량을 고려하지 않으며 피폭 선량에 선형적으로 비례해 피폭 영향의 발생 확률이 증가한다고 가정한다. 즉, 현재는 LNT 모델(Linear Non-threshold Model)을 사용해 확률론적 보건 영향을 평가하고 있다. 따라서 피폭 선량을 문턱 선량 이하로 낮출 수 있으면 결정론적 보건 영향은 방지할 수 있지만, 확률론적 보건 영향은 피폭 선량이 0이 아닌 이상 항상 그 영향이 나타날 수밖에 없다. 따라서 확률론적 보건 영향은 가능한 한 합리적 최소화(As Low As Reasonably Achievable: ALARA)를 한다는 개념으로 접근하고 있다[이재기, 2000].

결정론적 영향에 의한 개인의 위험도는 다음과 같은 위해 함수(Hazard Function)를 이용해 평가한다.

$$r = 1 - e^{-H}$$

여기서 H는 위험의 누적치로 아래와 같이 2개의 변수를 갖는 Weibull 함수로 주어진다.

$$H = \ln 2 \left(\frac{D}{D_{50}} \right)^{\beta} \quad \text{for} \quad D > T$$

여기서, D는 해당 장기에 대한 피폭 선량, D50은 피폭자의 50%가 영향을 받게 되는 피폭 선량, β는 선량·반응 곡선의 기울기를 결정하는 인자(Shape Parameter)이고 T는 문턱 선량치를 나타낸다. 선량·반응 함수의 예가 [그림 3-22]에 나와 있다.

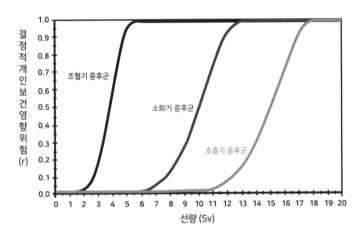

[그림 3-22] 결정론적 보건 영향의 선량·반응 함수

확률론적 보건 영향에서 가장 중요한 결과는 피폭 받은 인구 집단에서 암 발생이 증가하는 정도이다. 암 발생의 효과는 사고 이후 오랜 기간에 걸쳐 나타난다. 암 발생 리스크(r)를 평가하는 식의 예가 아래에 나와 있다.

$$r = aD(b + cD)$$

여기서, D는 해당 기관의 피폭 선량, a는 단위 피폭 선량당 해당 암의 리스크를 나타내는 생애 위험(Lifetime Risk), b는 선형 인자, 그리고 c는 2차 인자를 의미한다.

c가 0이면 암 발생 리스크는 평균 피폭 선량에 선형적으로 비례하며 c가 0이 아니면 암 발생 리스크는 피폭 선량의 제곱에 비례한다. 확률론적 보건 영향에 사용되는 다양한 선량 · 반

응 함수가 [그림 3-23]에 나와 있다.

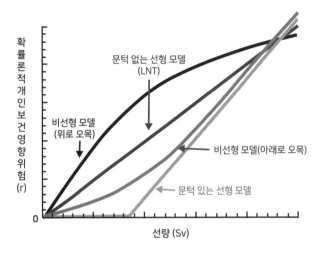

[그림 3-23] 확률론적 보건 영향에 사용되는 선량·반응 함수의 예

인구 집단에 대한 확률론적 보건 영향을 평가할 때는 피폭 받은 인구 집단의 예상 수명과 연령 분포, 피폭 후 수십 년간 만성 효과가 나타나지 않거나 나타나기 전에 자연사하는 경우 등 매우 다양한 요인의 영향을 고려해야만 한다. 따라서 확률론적 보건 평가 결과의 불확실성은 매우 커질 수 밖에 없다. 또한, 방사선 방호를 위해 개발된 LNT 모델을 보건 영향 평가에 사용하는 것이 적절한 지에 대해서는 아직도 논란이 있는 상황이다.

1.3.6 경제적 영향 평가

원전의 중대사고에 의한 인한 방사성 물질의 누출은 인명 피해만이 아니라 다양한 경제적인 손실을 초래한다. 이는 사고 대응과 관련된 비용(Cost), 사고에 따른 손실과 보상 비용, 보건 영향에 따른 비용 및 원전을 사용하지 못하게 됨에 따른 비용 등 여러 요소가 있다. 이들 비용은 직접 비용, 간접 비용으로 구분하기도 하며, 유형 자산, 무형 자산으로 구분하기도 한다.

중대사고로 인한 경제적 영향을 비용으로써 나타낸다면 이는 중대사고의 영향을 비교하기 편리한 척도가 될 것이다. 그러나 중대사고에 따른 경제적 손실을 적절히 평가하기 위해서는 원전별, 국가별로 고려해야 할 요소가 서로 다르다. 예를 들어 프랑스는 원전사고 영향의 평가에 관광객 감소에 따른 비용을 포함하기도 한다.

실질적인 경제적 영향을 종합적으로 평가하기 위해서는 국가 경제 통계 등 경제와 관련된 방대한 자료가 필요하다. 따라서 대부분의 3단계 PSA 코드에서는 비상대응조치 비용과 피폭 받는 주민들의 보건 영향 비용 등만을 평가하고 있다. 미국의 3단계 PSA 코드인 MACCS 코드는 다음과 같은 비용을 고려해 경제 영향을 평가한다 [Bixer et al. 2021; 최선영 외, 2016].

(1) 소개 및 일시 이주로 인한 비용

(2) 자산의 제염 비용

(3) 한시적 생산 활동 중단으로 인한 경제적 손실 비용

(4) 농작물 처분으로 인한 경제적 손실 비용

(5) 자산의 영구 몰수로 인한 경제적 손실 비용

1.3.7 3단계 PSA 결과 표시

3단계 PSA 결과로는 앞서 기술한 원전 주변의 방사성 물질 농도, 주민의 피폭 선량 및 보건 영향, 그리고 경제적 영향 등이 있다. 이중 보건 영향의 경우, 그 결과는 일반적으로 [그림 3-24]와 같이 빈도·결말 곡선(FC Curve)로 주어진다. 여기서 한가지 유의할 점은 이 결과는 상보 누적 함수(CCDF)라는 점이다. 상보 누적 함수에 대한 설명은 제2부 1.1.4절에 나와 있다. 여기서, 그림의 한 점은 특정 영향에 대한 x축 방향의 값 이상의 결과를 나타내는 확률을 의미한다. 즉, [그림 3-24]에 나와 있는 WASH-1400 보고서의 결과를 보면 미국에서 100개의 원전이 운전될 때 1,000명의 사망자가 나올 사건의 발생빈도가 연간 1.0E-6인 것이 아니라 1,000명 '이상'의 사망자가 나올 사건의 발생빈도가 연간 1.0E-6이라는 의미이다.

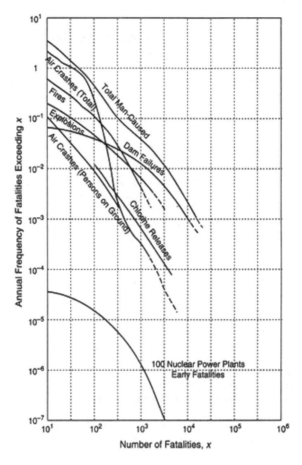

[그림 3-24] WASH-1400의 결과 예시

1.3.8 3단계 PSA 코드

앞서 설명한 바와 같이 3단계 PSA는 확산, 침적, 선량평가, 건강평가, 경제성 평가 등 매우 광범위한 분야를 포괄하고 있다. 또한, 이들 분야가 서로 긴밀히 연계되어 평가가 이루어져야 한다. 따라서 이와 같은 분석을 할 수 있는 컴퓨터 코드가 없이는 3단계 PSA를 수행하는 것이 불가능하다. 세계 최초의 원전 PSA인 WASH-1400에서는 CRAC (Calculation of Reactor Accident Consequence) 코드가 사용되었다. 그 이후 [그림 3-25]에 나와 있는 바와 같이 여러 종류의 3단계 PSA 코드가 개발되었다[이승준 외, 2021]. 이 중 MACCS, ARANO, PACE, OSCAAR 코드 등이 현재에도 활용되고 있는 코드이다.

미국은 NUREG-1150에서 MACCS (MELCOR Accident Consequence Code System) 코드를 사용하였으며, 현재는 윈도즈 기반의 WinMACCS [K. McFadden et al., 2007]코드를 사용하고 있다. 국내에서는 현재 한국원자력연구원에서 한국 고유 3단계 PSA 코드인 RCAP (Radiological Consequence Analysis Program)을 개발했다[한석중 외, 2021].

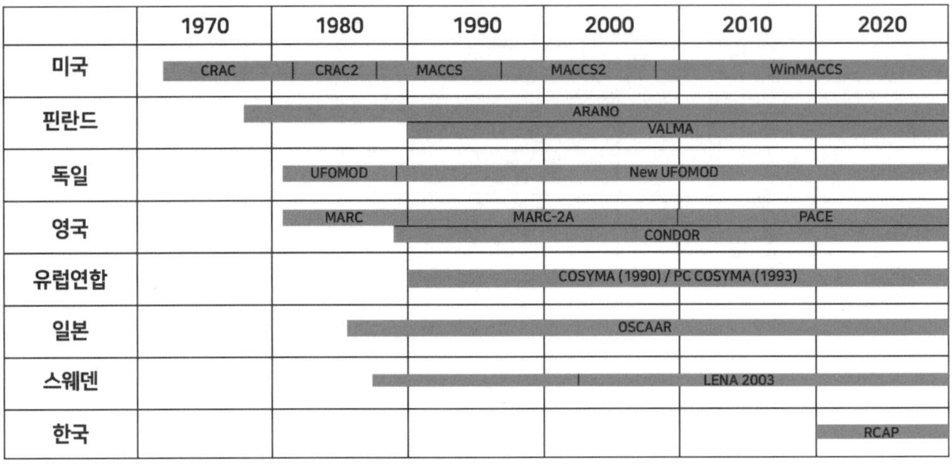

	1970	1980	1990	2000	2010	2020
미국	CRAC	CRAC2	MACCS	MACCS2	WinMACCS	
핀란드		ARANO				
			VALMA			
독일		UFOMOD	New UFOMOD			
영국		MARC	MARC-2A		PACE	
			CONDOR			
유럽연합			COSYMA (1990) / PC COSYMA (1993)			
일본		OSCAAR				
스웨덴			LENA 2003			
한국						RCAP

[그림 3-25] 3단계 PSA 코드 현황

제2장 외부사건 PSA

외부사건 PSA는 기본적으로 원전의 기계 고장이나 인적 오류 이외에 원전 안전을 위협하는 외부 재해에 의해 원전에 가해지는 리스크를 평가하는 작업이다. 어떤 외부사건에 대해 PSA를 수행할 것인가는 분석 대상 원전이 위치한 지역의 특성에 따라 달라진다. 〈표 3-7〉에 외부재해 리스트의 예가 나와 있다 [Knochenhauer et al., 2003; 김동창 외, 2022]. 이들 사건 중 분석 대상 원전에 대해 외부사건 PSA를 수행해야 하는 재해를 선정해야 한다.

그러나 〈표 3-7〉에 나와 있는 외부재해 리스트는 하나의 예시로 분석 기관별로 다른 분류 방식과 다른 외부재해를 포함하기도 한다 [SKI, 2003; EPRI, 2015]. 따라서 외부사건 PSA의 분석 대상이 되는 외부재해를 선정할 때는 다양한 요소를 고려하여야 한다.

예를 들어 미국의 원전과 같이 강 주변에 위치한 원전은 쓰나미에 대해 고려할 필요가 없는 반면, 일본의 원전은 쓰나미에 대해 고려가 필요하다. 또한, 미국 원전 중 토네이도가 발생하는 지역에 있는 원전은 토네이도에 대해 고려가 필요하지만, 국내 원전은 토네이도에 대해 고려할 필요가 없을 것이다.

하지만 현재는 지진, 내부 화재, 내부 침수에 대한 PSA를 수행하는 것이 기본 외부사건 PSA의 범위이다[21]. 이는 미국이 80년대 후반 처음 수행한 외부사건 PSA의 범위이며, 이후 다른 나라에서도 이를 외부사건 PSA의 기본 분석 범위로 삼았기 때문이다. 그러나 국내 산불 현황을 고려하면 〈표 3-7〉에 나와 있는 화재(산림 화재) 등도 외부사건 PSA의 대상으로 검토가 필요하다. 또한, 〈표 3-7〉에 나와 있지는 않지만, 국내 원전에서는 바다 생물에 의한 취수구 막힘 문제가 발생한 적도 있다. 따라서 외부사건 PSA를 수행해야 하는 외부재해는 해당 원전의 위치, 운전 경험 등 다양한 요소를 고려해 선정해야만 한다.

---

21) 내부 화재, 내부 침수는 일종의 내부사건이지만 미국 NRC가 1988년 외부사건 PSA 수행에 대한 행정명령을 내며 내부 화재, 내부 침수를 외부사건에 포함했다. 이후 관행적으로 내부 화재 및 내부 침수 PSA도 외부사건 PSA라고 불리고 있다.

〈표 3-7〉 외부재해 리스트

대분류	중분류	자연재해	인공재해
대기재해	대기속도	강풍(태풍 포함) 토네이도	
	대기온도	높은 대기온도 낮은 대기온도	
	대기압력	극한 대기압	발전소 부지 내에서의 폭발 발전소 부지 외부에서의 폭발 수송사고 후의 폭발 배관사고 후의 폭발 사보타지 또는 전쟁
	강수	폭우 폭설(눈보라 포함) 극한우박	
	습도	안개 서리 가뭄	
	대기오염	소금폭풍 모래폭풍	부지 내부 또는 외부의 화학물질 누출 수송사고 후의 화학물질 누출 배관사고 후의 화학물질 누출
	전자기 영향	낙뢰	자기장 교란 전자기 펄스
	직접충돌	운석	위성충돌 항공기 충돌
지반재해	지반운동	지진	전쟁
	국지적 영향	지반상승 흙의 동결 짐승	굴착작업
	직접충돌	화산 눈사태 산사태	부지내 중량물 수송 군사활동으로 인한 미사일 부지내 타 발전소의 비산물
	화재	화재	타 발전소부터 확산된 내부 화재
	지상오염		화학물질에 의한 오염
수중재해	유속	강한 유속(수중침식포함)	
	수위	낮은 해수위 높은 해수위	

수온	높은 해수온도 낮은 해수온도	
수중토사 영향	수중 산사태	
얼음 영향	표면결빙 침상결빙 결빙장애	
불순물 영향	수중 유기물	선박 유출물
수중 오염	해수로 인한 부식	선박에서 유출되는 고체 또는 유체 불순물 화학물질 누출
직접적 충돌		선박충돌로 인한 충돌

외부사건 PSA는 내부사건 PSA를 기반으로 수행된다. 내부사건 PSA 모델에 외부사건의 특성을 반영해 사건수목, 고장수목 등을 수정하고, 재해의 특성(발생빈도, 원전 SSCs에의 영향 등)을 반영해 인간신뢰도분석(HRA)도 다시 수행하는 것이 일반적이다.

본 장에서는 외부사건 PSA로 외부사건 PSA의 기본 분석 대상인 지진 PSA, 내부 화재 및 내부 침수 PSA에 관해 기술했다. 지진 PSA는 지진과 구조에 대한 전문 지식이 필요하며, 화재 PSA는 화재 발생, 성장 및 전파에 대한 전문 지식이 필요하다. 이처럼 외부사건 PSA를 적절히 수행하기 위해서는 해당 재해에 대한 전문 지식이 필수적이다. 따라서 이 장에서 각 외부사건 PSA의 수행 절차를 상세히 기술하는 것은 불가능하다. 다만 지진 PSA, 내부 화재 및 내부 침수 PSA 수행 체제는 다른 외부재해 PSA의 기반 기술로 활용되므로 이들 PSA의 기본적인 접근 방법 및 수행 절차를 간략히 기술했다[박창규 외, 2003; 이승준 외, 2021]. 후쿠시마 원전사고 이후 쓰나미, 복합 재해(Combined Hazard) 등 극한 재해에 관한 연구가 진행 중이다. 그러나 이런 재해에 대한 PSA 방법은 아직 정립되지 않았고, 기본적으로 여기서 소개하는 지진, 화재 및 침수 PSA 방법을 활용해 수행되므로 여기서는 별도로 기술하지 않았다.

2.1 지진 PSA

원전 안전에 지진이 미칠 수 있는 영향에 대한 우려는 미국에서 원자력 발전이 시작되던 1950년대부터 이미 나오고 있었다. 지진은 원전 안전을 확보하는 가장 중요한 기본 원칙의 하나인 다중성을 무력화시킬 수 있다는 점에서 지진에 의한 리스크를 평가하는 것은 원자력 안전에 있어 매우 중요한 작업이다. 또한, 지진은 규모의 차이만 있을 뿐 전 세계에서 발생하므로 전 세계 대부분 원전에 대해 수행되는 대표적인 외부사건 PSA이다.

지진 PSA는 분석 대상 원전에 영향을 미칠 수 있는 잠재적 지진에 의해 유발될 수 있는 사고의 빈도와 그 영향을 평가하는 과정으로 정의할 수 있다. 지진 PSA의 수행 절차는 [그림 3-26]에 나와 있듯이 기본적으로 다음의 4가지 주요 절차로 구성된다.

(1) 지진재해도 분석(Seismic Hazard Analysis)

(2) 구조물·기기의 지진취약도 평가(Structure·Equipment Fragility Evaluation)

(3) 사고경위 분석(Accident Sequence Analysis)

(4) 지진사건 정량화 및 결과 분석(Consequence Evaluation)

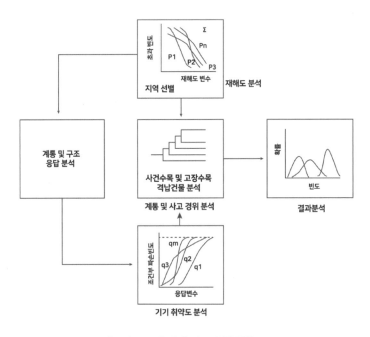

[그림 3-26] 지진 PSA 수행 절차

2.1.1 지진재해도 분석

지진 PSA를 수행하기 위해서는 먼저 분석 대상 원전에 관한 지진재해도를 알아야 한다. 지진재해도는 [그림 3-27]과 같은 지진재해도 곡선으로 주어진다. 지진재해도 곡선은 지진 강도별로 그 지진 강도를 초과해 발생하는 지진동이 1년 동안 발생할 빈도를 나타내는 곡선으로 이는 확률론적 지진재해도 분석(Probabilistic Seismic Hazard Analysis: PSHA)을 통해 구해진다.

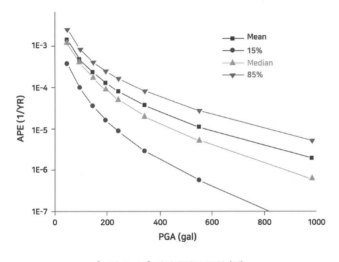

[그림 3-27] 지진재해도 곡선 (예)

확률론적 지진재해도 분석은 (1) 분석 대상 원전의 부지 주변에서 해당 원전에 영향을 미칠 수 있는 지진원을 선정하고, (2) 지진원별로 발생할 수 있는 지진 규모별로 지진 발생빈도를 구한 후 (3) 이의 영향을 종합하는 절차이다. 지진원별로 발생 가능한 지진의 영향은 원전까지의 거리에 따른 지진 세기의 감쇄식을 적용해 원전 부지에 영향을 미칠 지진 세기를 산정함으로써 평가한다. 이를 종합해 최종적으로는 원전 부지에 대한 재현주기별 지진 세기를 산정한다. 확률론적 지진재해도 분석에서는 지진의 위치, 크기 등의 영향을 확률론적 모델로 조합해 여러 가지 불확실성을 반영한다.

지진재해도 곡선은 일반적으로 [그림 3-27]에 나온 바와 같이 가중치가 주어진 여러 개의 지진 세기·발생빈도 관계 그래프로 주어진다. 지진 PSA에서는 지진의 강도를 표시하는 단위로 최대지반가속도(Peak Ground Acceleration: PGA)를 사용한다. 언론에 흔히 나오는 내진성능 0.1g 등의 표현에서 0.1g가 PGA를 의미한다. 0.1g는 지표면이 0.98 m/s²의 가속도로 움직이는 지진 규모를 의미한다(gal은 일본에서 사용하는 계측진도로 PGA를 별도의 공식으로 변환한 값이다).

확률론적 지진재해도 분석은 분석을 수행하는 그룹 간에 매우 다른 결과를 도출하는 사례가 많다. 따라서 지진 PSA를 수행할 때는 지진재해도와 관련된 불확실성에 대한 이해와 불확실성을 줄이기 위한 노력이 필수적이다.

2.1.2 취약도 분석

원전 구조물·기기의 취약도(Fragility)란 지진에 의한 하중으로 인한 구조물·기기의 조건부 파손확률을 의미한다. 취약도 분석을 위해서는 먼저 분석 대상 원전의 구조물·기기 중 지진에 의해 파손되면 원전의 안전성에 영향을 미칠 구조물·기기를 선정한다. 이를 위해서는 원전의 계통 및 내진 설계 관련 자료를 검토해야 한다.

선정된 구조물·기기에 대해서는 현장 답사를 통해 실제 상태를 확인하는 작업이 필수적이다. 또한, 현장 답사 중에는 보조계통의 점검도 수행하며, 현장 답사를 통해 지진에 취약할 것으로 판단되는 구조물·기기를 취약도 분석 대상으로 추가하기도 한다. 취약도 분석 대상 중 충분한 지진 내력(Seismic Capacity)을 가진 구조물·기기는 취약도 분석 대상에서 제외한다.

취약도 분석 대상으로 선정된 구조물·기기에 대해서는 지진으로 인해 발생 가능한 파손 모드 중 가장 발생 확률이 높은 파손 모드에 대해 개략적인 취약도 분석을 수행한다. 분석 결과 매우 높은 지진 안전 계수(Seismic Safety Factor)를 갖는 구조물·기기는 다시 취약도 분석 대상에서 제외하고 나머지 분석 대상에 대해 상세한 취약도 분석을 수행한다.

취약도 분석 결과는 [그림 3-28]에 나온 것 같이 취약도 곡선으로 주어진다. 취약도 곡선은 지진 PSA의 입력값으로 사용하기 위해 다음 식과 같이 내력의 중앙값과 무작위성·불확실성에 대한 두 개의 대수표준 편차로 표현된다[이승준 외, 2021].

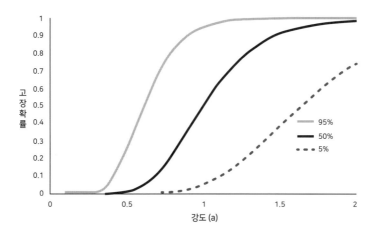

[그림 3-28] 취약도 곡선 (예)

$$F(a) = \Phi\left[\frac{\ln(a) - \ln(A_m) + \beta_U \Phi^{-1}(Q)}{\beta_R}\right]$$

여기서 Φ는 누적 정규분포 함수이고 a는 지진의 세기이며, A_m은 손상이 일어나는 세기의 중앙값이다. β_R은 무작위성과 관련된 불확실성을 나타내는 표준 편차이고 이는 지진취약도 곡선이 기울어진 정도를 나타낸다. β_U는 재료의 물성치나 모델의 불확실성 등 지식의 한계와 관련된 항목으로 지진취약도 곡선 표현식에 중앙값의 위치에 대한 확률분포의 표준 편차이다. 그리고 Q는 취약도 곡선의 신뢰도를 의미한다(그림 3-28의 5%, 95% 등).

취약도 곡선은 구조물·기기 파손의 무작위성과 불확실성을 감안한 계산 값을 누적 분포 함수로 나타낸 것이다. [그림 3-28]에 나온 취약도 분석 곡선의 X 축은 지진재해도 분석에서 사용한 PGA 값이며 Y 축은 취약도(구조물·기기의 파손확률)을 나타낸다.

구조물·기기의 취약도 평가에는 해석적 방법, 실험 등 다양한 방법이 사용된다. 즉, 구조 해석 프로그램을 이용해 구조물·기기의 취약도를 구할 수도 있고, 실험 혹은 실제 지진 경험 자료 등으로부터 구조물·기기의 취약도를 유추할 수도 있다. 취약도 곡선은 부지 지진재해 도 곡선과 결합해 기기 고장 확률을 평가하게 된다. 기기 고장 확률은 [그림 3-29]에 나온 것 처럼 2단계 PSA에서 사용한 응력-강도 분석 방법을 통해 구한다. 즉, 재해도 곡선과 성능 분포가 겹치는 부분에 대해 합성곱(Convolution)을 수행하여 기기 고장 확률을 구하게 된다.

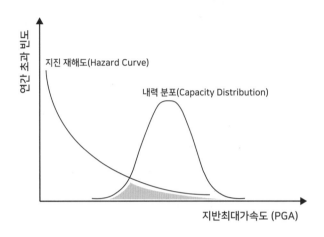

[그림 3-29] 지진에 의한 구조물·기기의 파손확률 평가 (예)

2.1.3 사고경위 분석

지진으로 유발된 사고경위의 분석은 다음과 같은 절차로 진행이 된다.

(1) 지진 PSA 모델에 포함될 지진 기기 목록(Seismic Equipment List: SEL) 도출

(2) 지진 파괴 모드를 내부사건 PSA 모델에 통합

(3) 사고경위 정량화를 위해 지진재해도 곡선과 지진취약도 곡선 통합

SEL은 PSA 전문가와 구조 해석(취약도) 전문가의 협업으로 도출된다. SEL에는 내부사건 1, 2단계 PSA에서 고려된 SSCs만이 아니라 내부사건 1, 2단계 PSA에서는 제외되었던 SSCs라도 지진으로 파손되어 원전 안전에 영향을 줄 가능성이 있는 SSCs도 포함해야 한다. 예를 들어 탱크, 배관 및 전력 혹은 계측계통의 캐비닛같이 능동 SSCs가 아닌 SSCs도 지진 PSA에는 포함되어야 한다. 또한, 지진 후의 운전원 조치와 관련된 SSCs, 접근 경로도 SEL에 포함되어여 한다.

이와 같은 SEL은 내부사건 PSA 모델에 반영하기 위해서는 먼저 지진으로 인한 초기사건을 도출한다. 초기사건이 도출되면 PSA 모델(사건 및 고장수목)에서 지진 PSA와 무관한 부

분은 제외하고, 남은 부분에 지진 고장 모드를 추가해 수정한다. 이를 위해서는 기존 고장 모드를 그대로 사용하기도 하지만, 기존 고장 모드를 더욱 상세하게 나누거나 새 고장 모드를 추가하기도 한다. 예를 들어 지진 2단계 PSA 모델에서는 지진에 의한 격납건물 파손 모드를 고려해야만 한다.

지진에 의한 CDF와 LERF를 구하기 위해서는 먼저 지진으로 유발되는 초기사건의 빈도를 구해야 한다. 이 초기사건의 빈도는 [그림 3-29]에 나온 과정과 같이 지진재해도와 취약도를 조합해 구해진다. 초기사건 빈도와 사고경위별 안전계통의 파손확률을 조합함으로써 CDF와 LERF를 구한다. 또한, 지진이 발생하였을 때 운전원의 운전 조건이나 수행 능력이 영향을 받을 수 있으므로 이를 고려해 지진 PSA를 위한 HRA를 별도로 수행해야 한다.

지진 PSA를 수행함으로써 다음과 같은 정보와 통찰을 얻을 수 있다.

(1) 부지의 확률론적 지진재해도

(2) SSCs의 지진취약도 및 내진여유도

(3) 지진 대비 원전 안전성 확보에 중요한 SSCs

(4) 지진 세기별 지진 리스크 기여도(CDF, LERF 등)

(5) 설계 및 절차 변경에 따른 내진 성능 향상 정도

2.2 화재 PSA

WASH-1400 보고서를 작성하던 1975년도에 미국의 브라운즈페리 원전의 케이블 포설실에서 화재가 발생했다. 이 화재는 관통부를 통해 다른 방으로 전파되며 원전 정지계통 및 비상냉각계통의 기능 상실을 유발했다. 원전에서 화재가 발생하면 먼저 화재로 인한 열로 능동기기가 손상된다. 아울러, 화재에 따른 연기, 그을음 등도 기기의 운전에 악영향을 미칠 수 있고, 인체에 유해한 유독 가스도 발생한다. 또한, 화재는 브라운즈페리 원전 화재 사고와 같이 화재 발생 장소에서 다른 곳으로 전파되어 상황을 더욱 심각하게 만들 수도 있다. 원전은 화재 방호 체제를 통해 화재를 예방하기 위해 노력하고 있지만, 화재는 점화원과 가연성 물질이 존재하고 있는 곳이라면 언제라도 발생 가능하므로 화재로 인한 원전의 리스크를 평가해야 한다. 원전 화재는 원전 정지가 필요한 초기사건을 유발할 수 있으며, 만약 안전 정지가 어려운 상태가 되면 노심손상을 유발할 수도 있다.

미국에서는 브라운즈페리 원전 화재 사고를 계기로 화재 관련 규제가 강화되었으며, NRC는 1991년에 미국의 전체 원전에 대한 외부사건 PSA 범위에 화재 PSA를 포함했다[NRC, 1991]. 초창기 화재 PSA 방법에 따른 화재 리스크 평가 결과를 보면 화재로 인한 원전의 리스크는 그리 크지 않은 것으로 나타났고, 따라서 화재 PSA가 당시 원자력계의 주요 현안은 아니었다.

그러나 2001년 미국에서 원전에 대한 새로운 성능기반 화재 방호 표준인 NFPA-805 (National Fire Protection Association Standard 805)가 나왔고, 이후 NFPA-805가 법적 요건이 되면서 상황이 바뀌었다[NRC, 2022a]. 미국의 원전들은 대부분 건설된 지 오래된 원전으로 NFPA-805를 충족하기 위해서는 대대적인 화재 방호 설비의 보완이 필요한 상황이었다. 이에 NRC는 미국 원전 사업자에게 화재 방호 설비를 보완하던지, 아니면 화재로 인한 원전의 리스크(이하 화재 리스크)를 정밀 평가해 화재 리스크가 크지 않음을 입증하도록 요구했다. 이후 NRC는 미국 전력연구소(EPRI)와 공동으로 정밀한 화재 리스크 평가를 위한 신규 화재 PSA 방법을 개발하고, 이 방법을 기술한 NUREG/CR-6850 보고서를 발간했다[EPRI, 2005]. 본 절에서는 NUREG/CR-6850 화재 PSA 방법을 간략히 소개한다. NUREG/CR-6850 화재 PSA 방법에서는 화재 리스크를 다음과 같은 식으로 표현한다.

$$CDF = \sum_{k=1}^{n} CDF_k = \sum_{k=1}^{n} (\%F_k \times S\%F_k \times N\%F_k \times CCDP_k)$$

여기서 각 항의 의미는 다음과 같다.

CDF_k = 화재구역(Fire Compartment)[22] 혹은 사고경위 k에 의한 노심손상빈도

$\%F_k$ = 화재구역 혹은 사고경위 k의 화재점화빈도

$S\%F_k$ = 화재구역 혹은 사고경위 k의 심각도(Severity Factor)

$N\%F_k$ = 화재구역 혹은 사고경위 k의 화재 소화 실패 확률

$CCDP_k$ = 화재구역 혹은 사고경위 k의 조건부 노심손상확률(Conditional Core Damage Probability: CCDP)

NUREG/CR-6850 화재 PSA 방법의 개략적인 수행 절차가 [그림 3-30]에 나와 있다.

[그림 3-30]에 나온 바와 같이 NUREG/CR-6850 화재 PSA 방법은 총 16개의 업무(Task)와 2개의 지원 업무(Support Task)로 구성되어 있다. 또한, 여러 개의 업무와 연계된 5개의 모듈을 포함하고 있다. 이 절에서는 각 업무 및 모듈에 대해 간략히 기술했다.

(업무 1) 원전 경계 정의 및 분할(Plant Boundary Definition and Partitioning) : 화재 PSA의 대상 영역을 결정하고 이를 화재 PSA의 기본 분석 대상인 화재구역 으로 분할한다.

(업무 2) 화재 PSA 대상 기기 선정(Fire PRA Component Selection) : 내부사건 PSA에 모델 된 기기, 화재 안전 정지 분석에 포함된 기기 및 화재 PSA에 추가로 포함해야 하는 고유 기기를 고려해, 화재 PSA에 포함될 기기를 선정한다. 예를 들어 화재로 인해 손상 시 초기사건이나 오동작을 유발하는 기기, 운전원 행위에 부정적 영향을 줄 수 있는 기기 등이 화재 PSA 고유 기기로 선정된다.

(업무 3) 화재 PSA 케이블 선정(Fire PSA Cable Selection) : 화재로 인한 회로 고장의 분석은 기존 화재 PSA 방법과 NUREG/CR-6850 화재 PSA 방법이 가장 큰 차이를 보이는

---

22) 화재구역(Fire Compartment)은 화재 PSA의 기본 분석 단위로 잘 정의된 폐쇄구역을 의미한다. 화재구역이 반드시 화재 방호벽(Fire Barrier)으로 구분되어 있을 필요는 없으며, 일반적으로 비연소성 방벽(Non-combustible Barriers)을 경계로 갖는다[EPRI, 2005].

부분이다. 화재로 인한 회로 고장의 분석은 본 업무인 '(업무 3) 화재 PSA 케이블 선정'과 아래에서 설명할 '(업무 9) 상세 회로 분석,' '(업무 10) 회로 고장 모드 발생 확률 분석'의 3가지 업무로 구성이 되어있다. 화재 PSA 케이블 선정은 (1) 화재 PSA 대상 기기와 연계된 케이블 파악, (2) 이들 케이블의 위치 및 경로 파악, (3) 전원(Power Supply) 파악을 통해 분석 대상인 케이블을 화재 PSA 분석 대상 기기 및 위치(화재구역)와 연계하는 작업이다.

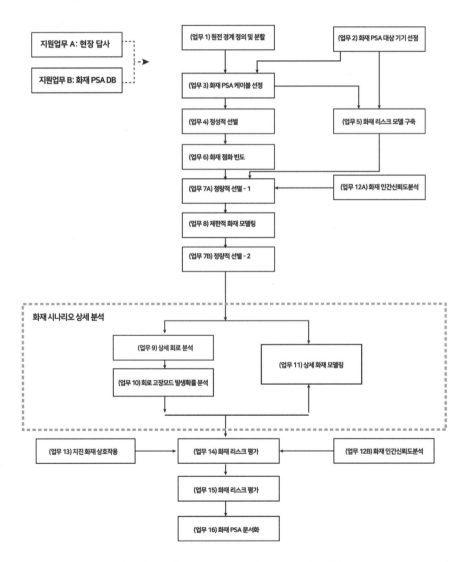

[그림 3-30] NUREG-6820 화재 PSA 수행 절차

(업무 4) 정성적 선별(Qualitative Screening) : 화재 리스크에 큰 영향이 없는 화재구역을 정성적으로 파악해 화재 리스크 정량화 분석 대상에서 선별 제외한다. 예를 들어 화재 PSA 대상 기기, 케이블이나 회로가 없는 화재구역 혹은 원전 자동·수동 정지와 무관한 화재구역 등은 정량화 분석 대상에서 제외할 수 있다. 단, 여기서 선별 제외된 화재구역도 추후 다중 화재구역 분석(Multi-compartment Fire Analysis)에서는 다시 고려의 대상이 될 수 있다.

(업무 5) 화재 리스크 모델 구축(Fire-Induced Risk Model) : 이 업무에서는 내부사건 PSA 모델을 기반으로 분석 대상 기기, 운전원 조치 영향 및 화재 PSA 고유 사고경위 등을 반영해 화재로 인한 CDF, LERF를 평가하기 위한 화재 PSA 모델(사건수목, 고장수목)을 구축한다.

(업무 6) 화재 점화 빈도(Fire Ignition Frequency) : 이 업무에서는 화재구역 및 사고경위의 화재 점화 빈도를 평가한다. 이를 위해 원전 고유 화재 빈도 자료를 검토하고, 필요시는 일반 화재 자료를 이용한 베이지안 추론을 수행한다. 아울러, 화재구역별 점화원과 구성 특성을 고려해 화재구역별 화재 점화 빈도를 도출한다. 또한, 화재 점화 빈도와 관련된 불확실성에 대해서도 고려해야 한다.

(업무 7) 정량적 선별(Quantitative Screening) : 이 업무에서는 보수적으로 평가된 정량적 화재 리스크가 작은 화재구역을 선별해 상세 분석 대상에서 제외한다. 일반적으로 해당 화재구역의 화재로 인한 CDF와 LERF가 각기 연간 1.0E-7, 연간 1.0E-8 이하인 경우에는 이들 화재구역을 상세 분석 대상에서 제외한다. 그러나 화재 리스크가 과소평가 되지 않도록 상세 분석 대상에서 제외되는 화재구역의 CDF와 LERF의 누적 합계가 전체 화재 리스크의 10%를 넘지 않아야 하며, 조건부 CDF와 조건부 LERF의 합은 각기 1.0E-6과 1.0E-7 이하여야 한다.

(업무 8) 선별 화재모델링(Scoping Fire Modeling) : 이 업무에서는 분석 화재 점화원(Fire Ignition Source) 중 다른 가연성 물질로 전파되지 않거나 분석 대상인 기기, 케이블 등의 손상을 유발하지 않을 화재 점화원을 파악해 이를 분석 대상에서 제외한다. 아울러, 제외되지 않은 화재 점화원의 심각도(Severity Factor)를 평가하고, 이에 따라 (업무 6)에

서 평가한 화재점화빈도를 재평가한다.

(업무 9) 상세 회로 분석(Detailed Circuit Failure Analysis) : 이 업무도 앞서 기술한 화재로 인한 회로 고장 분석과 관련된 업무이다. 이 업무에서는 특정 케이블의 손상이 분석 대상인 기기, 회로에 어떻게 영향을 주는지를 상세 분석한다. 기기가 주어진 기능을 수행하는 데 영향이 없는 것으로 나타나는 케이블은 분석 대상에서 제외한다.

(업무 10) 회로 고장 모드 발생 확률 분석(Circuit Failure Mode Likelihood Analysis) : 이 업무는 회로 고장 분석 업무의 3단계로 분석 대상인 회로의 고장 모드 발생 확률을 평가해 이를 특정 기기와 연계하는 업무이다. 제어 회로의 고장은 오동작(Spurious Operation)을 유발할 수도 있으므로 회로의 고장 분석은 화재 PSA에서 매우 중요한 업무이다. 그러나 아직 이 분야는 제한된 자료와 기술에 의존하고 있는 상황으로, 특히 국내에서는 앞으로 지속적인 개선이 필요한 상황이다.

(업무 11) 상세 화재 모델링(Detailed Fire Modeling): (업무 8)에서는 특정 화재구역에서 화재가 발생하면 그 영향이 해당 화재구역 전반에 영향을 미치는 것으로 가정했다. 그러나 (업무 11)에서는 분석 화재구역에서 발생 가능한 중요 화재 사고경위(화재원, 손상 가능 기기 등)를 대상으로 화재구역 내 특정 대상(Target)에 손상이 발생하는지에 대해 화재 성장, 전파, 손상 정도에 대해 상세한 화재 분석을 수행한다. 또한, 상세 화재 분석에는 화재 감지 및 진압 기능도 포함해 분석을 수행한다. 상세 화재 모델링을 수행하려면 CFAST 등 화재 시뮬레이션 프로그램의 활용이 필수적이다[이윤환 외, 2004].

(업무 12) 화재 인간신뢰도분석(Post-Fire Human Reliability Analysis) : 이 업무에서는 화재 발생 시 기기 조작과 관련된 HRA를 수행한다. 이 업무는 아래에서 설명할 '모듈 #4 화재 인간신뢰도분석'과 연계되어 수행된다.

(업무 13) 지진 · 화재 상호 작용(Seismic Fire Interactions) : 이 업무는 지진으로 인해 원전에서 유발될 수 있는 지진과 화재의 상호 작용을 정성적으로 분석하는 업무이다.

(업무 14/15) 화재 리스크 평가(Fire Risk Quantification) : 이 업무에서는 화재로 인한 CDF와 LERF를 평가한다. 아울러 관련 불확실성 및 민감도 분석을 수행하며, 정량적 기준에 따라 제외된 화재구역의 잔여 리스크에 대한 검토를 포함해 전체 화재 리스크를 종

합적으로 평가한다.

(업무 16) 화재 PSA 문서화(Fire PSA Documentation) : 이 업무는 화재 PSA 수행 절차 및 결과를 문서화 해, 추후 화재 PSA 결과 활용을 위한 기반 문서를 작성하는 업무이다.

이제 여러 업무에서 공통으로 활용되는 5개의 모듈에 대해 아래에 간략히 기술했다.

(모듈 #1) PSA·계통 분석 : 화재에 대응하는 원전 거동을 모사하는 사건수목과 고장수목을 개발하고 및 이를 이용해 화재 리스크를 평가하는 모듈이다.

(모듈 #2) 전기 회로 분석 : 전기 회로를 추적하고, 그 영향을 파악해 이를 기반으로 화재로 인한 전기 회로의 고장 모드 및 발생 확률을 평가하는 모듈이다.

(모듈 #3) 화재 분석 : 화재 점화원에서 시작된 화재가 분석 대상 기기에 영향을 미치기까지의 화재 거동을 분석하는 모듈이다. 화재 발생, 성장, 지속(열방출), 전파·손상(열전달), 감지·진압 특성 등이 화재 분석에 반영된다.

(모듈 #4) 화재 인간신뢰도분석 : 화재 사고와 관련된 운전원 조치를 파악하고, 해당 운전원 조치의 인적 오류 확률을 평가하는 모듈이다.

(모듈 #5) 화재 모델링(Advanced Fire Modeling) : 화재 시뮬레이션 프로그램을 이용해 화재 사고경위 선별 및 상세 분석을 수행하는 모듈이다.

모듈과 업무 간의 연계 관계는 〈표 3-8〉에 나와 있다. 〈표 3-8〉에 나온 바와 같이 모듈은 여러 업무와 연계되어 사용된다.

이 절에서는 NUREG/CR-6850 화재 PSA 방법을 간략히 소개하였지만, 이 방법에 따라 화재 PSA를 수행하는 데에는 막대한 재원이 필요하다. 따라서 현재 미국에서는 PSA 분야의 가장 큰 현안 중 하나가 화재 PSA인 상황이다. 미국에서 새로운 NUREG/CR-6850 화재 PSA 방법이 도입되면서 새로운 다양한 문제가 나타나고 있다.

예를 들어 다중오동작(Multi-Spurious Operation: MSO)과 화재 시 인적 오류분석 관련 현안이 나타났다. 화재로 인해 케이블, 전기 회로 등이 손상을 입으면 오신호를 발생해 정지해 있던 펌프가 기동한다든지, 밸브가 닫히거나 열리는 등 원전의 기기가 원하지 않는 방향으로 오동작할 수 있다. 또한, 한 곳의 화재로 인해 여러 장소에 있는 다양한 기기에서 이런 오동작이 발생할 수 있으며, MSO는 원전의 안전에 많은 영향을 미칠 수 있다[이상곤, 2021]. 그러나 MSO의 분석에는 화재 모델링뿐만 아니라, 전기 회로 분석 등 방대한 작업이 필요하며 현재 관련 전문가도 많지 않은 상황으로 이를 해결하기 위한 작업이 지금도 계속되고 있다. 또한, 화재가 발생하면 운전원이 주제어실을 떠나 다른 장소로 옮겨 원전을 운전해야만 하는 상황이 발생할 수도 있고, 운전원이 현장에서 화재와 관련된 추가적인 조치를 해야 하는 상황도 발생한다. 이런 상황에서 운전원의 오류 확률을 평가하는 것은 내부사건 PSA에서 인적 오류 확률을 평가하는 것과는 다른 측면이 많다. 따라서 근래에 이 분야도 화재 PSA 관련 현안으로 떠오르고 있다.

〈표 3-8〉 NUREG-6820 화재 PSA 업무와 모듈의 연계 관계

M/T	T-01	T-02	T-03	T-04	T-05	T-06	T-07	T-08	T-09	T-10	T-11	T-12	T-13	T-14	T-15	T-16
M-I		O		O	O		O					a		O	O	
M-II			O						O	O						
M-III	O					O		b			b		O			
M-IV												a				
M-V								b			b					

비고	a: (업무-12)에서 (모듈 #1)은 HFE (Human Failure Event)를 식별하고 플랜트 응답 모델에 통합하는 것에 초점을 맞추고, (모듈 #4)는 HEP를 정량화하는 것을 포함한 보다 상세한 분석에 중점을 둠. b: (업무-8), (업무-11)에서 (모듈 #3)은 화재 분석의 전체 구조와 내용에 초점을 맞추고, (모듈 #5)는 화재 시뮬레이션 프로그램을 이용한 보다 상세한 분석에 중점을 둠. c: 표에서 (M-?)은 각 숫자에 상응하는 모듈을 의미하며, (T-?)는 각 숫자에 상응하는 업무를 의미한다.

2.3 침수 PSA

후쿠시마 제1 원전 1호기에서는 1991년에 내부 침수로 인해 비상디젤발전기의 기능이 상실되는 사고가 있었다. 또한, 1999년에는 프랑스의 블레이아이스 원전이 폭풍해일로 인해 부분적인 외부전원 상실사고가 발생했다. 동경전력이 1991년의 침수 사고를 겪었음에도 침수 PSA를 수행하지 않았던 점에 대해 후쿠시마 원전사고 이후 논란이 있었다. IAEA의 후쿠시마 보고서도 동경전력이 미리 침수 PSA를 수행하였었다면 후쿠시마 원전사고 시 좀 더 적절히 대응을 할 수 있었을 것이라고 지적하고 있다[IAEA, 2015].

침수 사건도 지진, 화재와 마찬가지로 다중의 안전 설비를 동시에 이용불능 상태로 만들 수 있는 사건으로 원전 안전에 큰 영향을 미칠 수 있다. 침수 사건은 앞에서 기술한 바와 같이 내부적 혹은 외부적 요인으로 발생할 수 있지만 일단 발생을 하고 나면 그 이후의 사고 경위는 유사하다. 따라서 이 절에서는 PSA 수행 절차가 잘 정립되어 있는 내부 침수 PSA에 관해 기술했다.

내부 침수 사건은 원전 내부의 배관이나 탱크 등의 파손, 정비 실수에 따른 누설 등으로 발생할 수 있다. 침수 PSA의 목적은 이와 같은 침수 사건으로 인한 CDF와 LERF를 평가하는 것이다. 침수 PSA를 통해 침수와 관련된 원전의 취약점을 파악하고, 이에 대한 보완을 할 수 있다. 원전별로 계통, 탱크, 배관, 배수 설비 등이 다르므로 침수 PSA도 분석 대상 원전의 특성을 잘 반영하는 것이 중요하다.

본 절에서는 미국의 EPRI가 개발한 내부 침수 PSA 방법에 관해 기술했다[EPRI, 2009]. [그림 3-31]에 내부 침수 PSA 절차 및 관련 업무(Task)가 나와 있다.

(업무 1) 침수구역 및 SSCs 파악(Identify Flood Area & SSCs) : 가압경수로의 경우 침수 PSA의 주된 분석 대상은 보조 건물(Auxiliary Building) 내 구역이다. 기타 건물은 해당 원전의 특성에 따라 분석 대상에 포함될 수도 있고, 제외될 수도 있다. 침수 PSA의 분석 대상이 되는 구역을 침수구역이라고 부른다. 이를 위해서는 건물의 배치, 각 구역의 구조, 구역 내 기기와 기기별 설치 높이 등 다양한 정보가 필요하다. 이런 정보는 원전 설계도면과 침수 분석 계산서 등을 통해 얻을 수 있다.

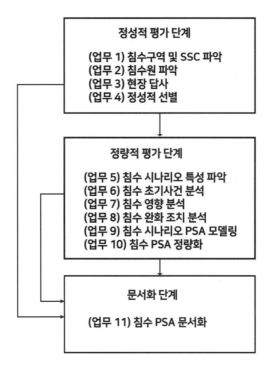

정성적 평가 단계

(업무 1) 침수구역 및 SSC 파악
(업무 2) 침수원 파악
(업무 3) 현장 답사
(업무 4) 정성적 선별

정량적 평가 단계

(업무 5) 침수 시나리오 특성 파악
(업무 6) 침수 초기사건 분석
(업무 7) 침수 영향 분석
(업무 8) 침수 완화 조치 분석
(업무 9) 침수 시나리오 PSA 모델링
(업무 10) 침수 PSA 정량화

문서화 단계

(업무 11) 침수 PSA 문서화

[그림 3-31] EPRI 내부 침수 PSA 수행 절차

(업무 2) 침수원 파악(Identify Flood Source) : 이 업무에서는 분석 대상 원전의 침수 구역별 잠재적 침수원 및 침수 방식에 대한 분석을 수행한다.

(업무 3) 현장 답사(Perform Plant Walk-down) : 현장 답사를 통해 침수구역, SSCs 및 침수원 관련 정보를 확인하고, 침수 사고경위 개발을 위한 침수 초기사건 특성과 침수 영향 및 침수 완화 정보 등을 수집한다.

(업무 4) 정성적 선별(Qualitative Screening) : 이 업무에서는 정성적 분석을 통해 침수가 발생해도 침수 리스크에 큰 영향이 없는 침수구역 및 침수 사고경위를 선별해 분석 대상에서 제외한다.

(업무 5) 침수 사고경위 특성 파악(Characterize Flood Scenarios) : 이 업무에서는 잠재적 침수원별로 관련 고장 모드, 전파 경위, 침수 영향을 받는 SSCs 등을 고려해 침수 사고경위를 개발한다. 이때 원전의 안전성과 관련된 부분 침수, 전체 침수 및 자동·수동 침수 완

화 조치 등도 고려해 사고경위를 개발해야 한다.

(업무 6) 침수 초기사건 분석(Flood Initiating Events Analysis) : 침수 사건은 피동계통의 고장, 혹은 정비 및 인적 오류로 유발되므로 이들로부터 침수 초기사건을 도출하고, 이의 빈도를 평가한다. 이를 위해서는 침수구역별로 침수 사고가 발생하였을 때 일어날 수 있는 모든 초기사건을 파악해야 한다.

(업무 7) 침수 영향 분석(Flood Consequence Analysis) : 이 업무에서는 단순히 침수만이 아니라 분사 충돌(Jet Impingement), 살수, 배관 휩(Pipe Whip), 습기, 결로 등 다양한 요소가 기기에 미치는 영향을 분석한다.

(업무 8) 침수 완화 조치 분석(Flood Mitigation Evaluation) : 주제어실 및 현장 운전원의 침수 사건 완화 조치와 관련된 HRA를 수행한다. 이때 운전원 가용 시간, 침수 경보 유무 등을 고려해 분석을 수행한다.

(업무 9) 침수 PSA 모델링(PSA Modeling) : (업무 5~8)의 정보를 이용해 침수 초기사건에 따른 사고경위 도출 및 CDF와 LERF 평가를 위한 PSA 모델을 개발한다. 이를 위해 각 침수 초기사건별로 원전의 안전 정지와 사고 완화에 필요한 기기와 계통을 포함하는 사건수목·고장수목을 개발한다. 이때 내부사건 PSA 모델을 수정·보완해 사용하는 것이 일반적이다.

(업무 10) 침수 PSA 정량화(PRA Quantification) : 개발된 침수 PSA 모델을 이용해 침수 사건에 따른 CDF와 LERF를 평가한다. 평가 결과에 따라 침수구역 및 관련 사고경위의 수를 줄이기 위한 정량적 선별 업무도 수행하며, 불확실성·민감도 분석도 수행한다.

(업무 11) 침수 PSA 문서화(IFPRA Documentation) : 각 업무가 종료될 때마다 업무별 문서화 작업을 수행한다. 문서화 수준은 ASME/ANS PSA 표준을 충족할 수준으로 작성하는 것이 기본이다.

제3장 정지·저출력 및 다수기 PSA

이 장에서는 제1~2장에 기술한 1~3단계 PSA 및 외부사건 PSA와는 다른 관점에서 수행되는 2가지 PSA(정지·저출력 PSA와 다수기 PSA)에 관해 설명한다. 정지·저출력 PSA와 다수기 PSA 역시 1~3단계 PSA로 구성되고, 외부사건 PSA도 수행하지만, 정지·저출력 PSA는 출력 상태가, 다수기 PSA는 분석 대상이 되는 원전의 호기 수가 앞서 기술한 단일 호기 전 출력 1~3단계 PSA 및 외부사건 PSA와 차이가 있다.

앞장에서 기술한 1~3단계 PSA 및 외부사건 PSA는 기본적으로 원전이 100% 출력으로 운전하고 있는 상태에서 발생하는 사건, 사고에 대한 PSA이다. 그러나 원전은 계획예방정비(Overhaul: O/H)를 위해 원전의 출력을 줄여 정지상태로 전환하고 대대적인 정비를 수행한다. 또한, 계획예방정비가 끝나면 원전의 출력을 다시 올려 100% 출력 상태로 전환한다. 기기 고장과 같은 내부사건, 지진과 같은 외부사건은 100% 출력 상태만이 아니라 원전의 정지·저출력 상태에서도 발생할 수 있다. 따라서 이 상태의 원전에 대한 PSA가 필요하며 이를 정지·저출력 PSA라고 부른다. 본 장의 제1절에서는 정지·저출력 PSA에 대해 간략히 기술했다.

후쿠시마 원전사고 당시 여러 호기의 원전에서 동시에 사고가 발생한 이후 동일 부지에 다수의 원전을 운영하는 국가들에서는 다수기 원전에서 동시에 중대사고가 발생하는 경우를 고려한 다수기 PSA (Multi-unit PSA)에 대한 관심이 높아졌다. 특히 한국도 동일 부지에 다수기의 원전을 운영하는 대표적 국가로 다수기 PSA는 후쿠시마 원전사고 이후 국내에서 사회적 현안이 되었다. 따라서 본 장의 제2절에서는 다수기 PSA에 대해 간략히 기술했다.

3.1 정지·저출력 1단계 PSA

원전의 정지·저출력 운전이란 일부 안전계통의 기능을 차단하기 시작하는 원자로 출력 25% 이하의 저출력 및 정지 운전 상태를 의미한다. 1980년대 이전에는 원전의 저출력 혹은 정지상태는 전 출력에 비해 잔열도 작고, 문제가 발생할 때 운전원이 조치를 할 수 있는 시간도 길다고 생각해 정지·저출력 원전의 리스크는 그리 크지 않으리라고 생각했다. 그러나 1980년 미국 데이비스 베시(Davis Besse) 1호기에서 정지 냉각 기능이 상실되는 사고가 발생하였고, 이후에도 비록 노심손상까지는 진전되지 않았지만, 정지·저출력 운전 중 원자로냉각재계통에서 냉각재의 비등이 발생하는 사고가 수차례 발생했다. 이후 1990년 프랑스에서 900MW와 1,300MW 원전에 대해 수행한 정지·저출력 PSA 결과, 원전의 저출력 및 정지 운전 중에 발생하는 사고로 인한 CDF가 각각 전 출력 PSA 결과 대비 32%, 53%에 이르는 것으로 나타나 정지·저출력 원전의 리스크도 무시할 수 없는 수준임이 확인되었다 [CEA, 1991].

앞서 언급한 바와 같이 정지·저출력 PSA 역시 1~3단계 PSA로 구성되고, 외부사건 PSA를 수행해야 한다. 그러나 전 출력 PSA와 정지·저출력 PSA가 가장 큰 차이를 보이는 부분은 1단계 PSA이다. 따라서 본 절에서는 정지·저출력 1단계 PSA를 중심으로 기술했다[박창규 외, 2003].

전 출력 시의 원전과 정지·저출력 시의 원전의 가장 큰 차이점은 원전의 상태가 여러 부분에서 다르다는 것이다. 원전이 계획예방정비를 수행하기 위해서는 출력을 100%에서 점차 감발해 0%까지 낮추어야 한다. 이후 필요한 정비를 시행한 후에는 반대로 출력을 0%에서 100%까지 올린 후 다시 전력망에 연결해야 한다. 이처럼 출력을 내리고, 올리는 과정에서 그리고 정비를 수행하는 과정에서 원전의 압력, 수위 및 온도 등 운전변수가 계속 변하며, 또한 계획예방정비 중 안전계통의 정비를 수행하므로 사고가 발생하였을 때 이용 가능한 안전계통의 구성도 변하게 된다. 따라서 동일한 초기사건이라도 원전이 어떤 상태에서 초기사건이 발생하였는가에 따라 원전의 거동 및 대응이 달라질 수밖에 없고, PSA 모델과 결과도 달라질 수밖에 없다. 그러나 계획예방정비 기간 중 원전의 모든 상태에 대해 PSA를 수행할 수는 없으므로 정지·저출력 상태 중 사고가 발생하였을 때 원전의 거동 및 사고완화계통의 배열상태가 유사한 상태를 그룹화해 정지·저출력 PSA 분석 대상 상태를 분류하고 난 후 각 상태에 대해 각기 PSA를 수행한다. 이렇게 도출되는 정지·저출력 상태를 발전소 운전 상태 (Plant Operating Status: POS)라고 부른다. [그림 3-32]는 핵연료 재장전을 위한 계획예방정비시 원자로냉각재계통 주요 운전 변수의 변화를 예로써 보여주고 있으며, 이에 따라 이 예에서는 POS를 15개로 구분한 것을 알 수 있다.

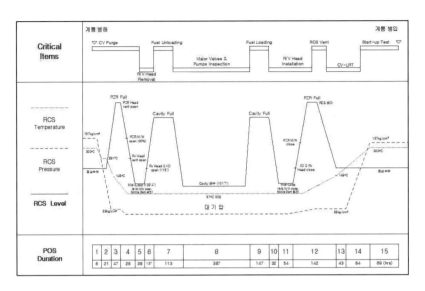

[그림 3-32] 발전소 운전 상태(POS) (예)

정지·저출력 PSA의 초기사건은 각 POS의 정상운전상태에서 정지 냉각 상실과 같은 안전계통 및 비안전계통의 운전이 필요한 수준의 변동을 주는 사건으로 정의할 수 있으나, 정지·저출력 운전 중 원전은 저압·저온 상태이므로 이런 특성을 고려해야 한다. 특히 가압경수로의 경우 증기발생기 전열관 검사를 위해 부분 충수 운전[23] 을 하는데, 이 경우 정지냉각계통의 기능 상실이 발생하면 짧은 시간 안에 냉각재가 비등해 노심이 손상될 수 있다.

도출된 정지·저출력 초기사건에 대해 전 출력 PSA와 마찬가지로 사건수목과 고장수목을 구성한다. 대부분 전 출력 PSA의 사건수목과 고장수목을 활용하지만, POS에 따라 이용 가능한 안전계통이 달라질 수 있고, 같은 안전계통이라도 배열이 달라질 수 있으므로 정지·저출력 PSA를 위한 사건수목과 고장수목을 구성할 때 이 점을 고려해야 한다. 또한, POS에 따라 동일한 초기사건에 대해서도 원전의 거동이 달라지므로 이에 대한 열수력 분석을 수행해 그 결과를 사건수목 개발에 반영해야 한다.

---

23) 원자로 냉각재 수위가 고온관의 중간 부분까지 내려오는 상태에서 하는 운전

고장수목을 개발할 때에도 해당 POS에서 안전계통의 배열 상태, 정비 상태 등을 적절히 반영해야 한다. 또한, 정지냉각계통의 한 개 계열만 이용 가능한 경우나 중력 급수와 같은 정지·저출력에서만 사용하는 안전 기능의 고장수목은 별도로 개발해야 한다.

전 출력 운전 때와 마찬가지로 정지·저출력 운전 중 사건이 발생해도 이를 완화하기 위한 운전원 조치가 필요하다. 이런 운전원 조치는 기본적으로 전 출력 PSA의 운전원 조치와 유사하다. 그러나 정지·저출력 운전 중에는 대부분의 안전계통을 수동으로 작동해야 하므로 전 출력 운전 PSA보다 모델 되는 운전원 조치가 많고, PSA 결과에 미치는 영향도 크다. 특히 정지·저출력 운전의 특성상 운전원 조치 시간의 여유는 많으나, 절차서가 미비한 경우도 많고, 운전원 조치가 복잡한 경우도 있으므로 운전원과의 면담 등을 통해 이런 부분을 적절히 반영해 정지·저출력 HRA를 별도로 수행해야 한다.

정지·저출력 PSA의 목적은 POS별로 리스크 수준과 원인을 파악하는 것으로 정지·저출력 PSA 결과를 활용해 특정 POS의 리스크가 너무 커지지 않도록 정비 순서 등을 조정하는 데도 활용할 수 있다. 정지·저출력 PSA의 결과인 예방정비 기간 중 리스크 수준(CDF)의 변화 예가 [그림 3-33]에 나와 있다.

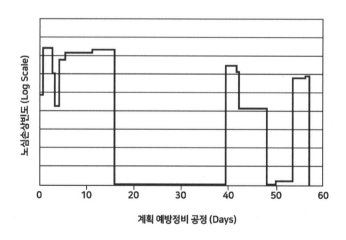

[그림 3-33] 예방정비 기간 중 리스크 수준(CDF)의 변화 (예)

3.2 다수기 PSA

국내 원전과 같이 동일 부지에 여러 원전이 있는 경우 발생할 수 있는 문제에 대해서는 원전의 설계 시에 이미 여러 가지 요소가 고려되어 있다. 예를 들어 미국의 원전 일반설계기준(General Design Criteria)에는 '(안전 기능에 미치는 영향이 거의 없다는 것을 입증하지 않는 한) 안전에 중요한 구조물, 계통 및 기기들을 서로 다른 호기 간에 공유하지 않아야 한다'라는 내용을 포함하고 있다[NRC, 2022c]. 또한, 1980년대 중반에 미국에서 2개 원전에 대한 다수기 PSA를 수행한 바도 있고, 일본 등에서도 관련 연구가 수행된 바 있다. 그러나 일반적으로 여러 호기에서 동시에 중대사고가 발생할 가능성은 작다고 보아 후쿠시마 원전사고 이전에는 다수기 PSA가 활성화되어 있지는 않았다.

미국에서는 후쿠시마 원전사고 이전에 NRC의 일반 안전 현안(Generic Safety Issue)의 후보 주제로 다수기 노심손상 사고가 제안된 바 있다. NRC의 이 주제에 대한 심사 중 후쿠시마 원전사고가 발생해 다수기 리스크[24]가 논란의 대상이 되었다. 그러나 NRC가 보수적으로 다수기 리스크를 평가해 보아도 다수기 리스크가 크지 않은 것으로 나왔고, 다수기 리스크를 정밀하게 평가할 수 있는 기술의 개발에 장기간의 노력이 필요할 것으로 판단해 NRC는 다수기 관련 규제가 필요하지 않다는 결론을 내렸다[NRC, 2013]. 그러나 이런 NRC의 결정은 미국 대부분의 원전 부지에 한 개 호기 혹은 두 개 호기의 원전만이 있고, 원전 부지 주변의 인구 밀도가 높지 않은 상황을 고려한 것이다.

이에 반해 한국, 일본, 중국 및 캐나다 등 몇 개 국가는 단일 부지에 많은 수의 원전이 운전되고 있고, 부지 주변의 인구 밀도도 높은 경우가 많아 후쿠시마 원전사고 이후 많은 나라와 국제기구에서 다수기 PSA에 관해 관심을 기울이기 시작했다. 즉, OECD/NEA에서 다수기 PSA 관련 워크숍[CNSC, 2014]을 개최하였고, IAEA에서는 다수기 PSA 관련 국제공동연구를 수행했다[IAEA, 2019]. 그러나 아직은 세계적으로 통용되는 다수기 PSA 방법론이 정립된 상황은 아니다[NEA, 2019].

---

24) 다수기 PSA는 후쿠시마 원전사고 이후에 활성화된 분야로 아직 용어가 명확히 정의되지 않은 부분이 있다. 이 책에서는 관련 용어를 다음과 같이 정의해 사용했다: (1) 다수기 리스크: 부지 내 2개 이상의 원전에서 동시에 중대사고가 발생하는 경우의 리스크, (2) 부지 리스크: 해당 부지 내 단일 호기의 리스크와 다수기 리스크를 합친 리스크.

부지 리스크와 관련해 가장 큰 관심사는 부지 리스크가 개별 원전의 리스크를 합한 값보다 큰가, 작은가 혹은 같은가 하는 점으로 이는 상황에 따라 달라질 수 있다. 만약 다수기 간의 종속성이 전혀 없다면 부지 리스크는 단일 호기 리스크의 총합과 비슷할 것이다. 그러나 중대사고로 인해 개별 호기에서 방출되는 방사성 물질의 양이 경계치 이하여서 개별 사고인 경우 조기 사망 리스크는 없지만, 만약 2개 이상 호기에서 동시에 중대사고가 발생해 누출된 방사성 물질의 총량이 경계치 보다 커진다면 조기 사망 리스크가 발생하는 경우도 있을 수 있다. 이런 사고경위들의 발생 가능성이 크다면 다수기 리스크가 단일기 리스크의 합보다 커질 수 있다. 반면에 일본의 다수기 PSA 연구에서와같이 동일 부지에 있지만 사고가 발생하지 않은 다른 호기의 지원을 받아 다수기 리스크를 단일 호기 리스크의 합보다 작게 만들 수 있다는 주장도 있다[T. Hakata, 2007]. 즉, 다수기 리스크는 호기 간의 종속성, 호기 간 지원 가능성, 방사성 물질 누출 시나리오 등 다양한 요소의 영향을 받는다. 더욱 이런 요소들은 많은 불확실성을 가지고 있어 다수기 리스크를 엄밀히 평가한다는 것은 매우 어려운 상황이다.

앞서 기술한 바와 같이 아직 세계적으로 다수기 PSA 방법론이 확립된 상황은 아니지만 여러 나라가 다수기 PSA를 위해 채택한 기본 방향은 유사하다. 본 절에서는 한국원자력연구원(Korea Atomic Energy Research Institute: KAERI)에서 수행한 다수기 PSA 연구 현황을 간략히 소개했다[김동산 외, 2018]. KAERI의 다수기 PSA 방법론의 기본 개념도 여러 국가에서 사용하고 있는 다수기 PSA 방법과 동일하다. KAERI에서 수행된 다수기 PSA와 개별 원전 PSA의 차이점이 〈표 3-9〉에 나와 있다[이승준 외, 2021].

KAERI의 다수기 PSA에서는 〈표 3-9〉에 나온 바와 같이 초기사건을 개별 호기에만 영향을 주는 초기사건과 2개 호기 이상에 영향을 주는 초기사건으로 구분하고 있다. 예를 들어 한 개 호기에서 발생한 주급수상실사고 같은 초기사건은 개별 호기에만 영향을 주는 초기사건으로 볼 수 있고, 지진과 같은 외부재해는 2개 호기 이상에 영향을 주는 초기사건으로 볼 수 있다.

또한, KAERI의 다수기 1단계 PSA에서는 다음과 같은 3종류의 CDF 개념을 사용하고 있다.

(1) 부지 CDF: 1개 이상의 호기가 노심손상이 되는 사고경위들의 빈도의 합

(2) 단일기 CDF: 1개 호기에서만 노심손상이 되는 사고경위들의 빈도의 합

(3) 다수기 CDF: 2기 이상의 호기가 동시에 노심손상이 되는 사고경위들의 빈도의 합

KAERI의 다수기 1단계 PSA의 수행 절차가 [그림 3-34]에 나와 있다[이승준 외, 2021]. [그림 3-34]에 나와 있는 바와 같이 KAERI의 다수기 1단계 PSA는 단일 호기의 1단계 PSA 모델에 다수기 사고 특성을 반영해 수정하고 이를 모두 합친 후 위에 기술한 세종류의 CDF 를 구한다. 따라서 다수기 1단계 PSA의 범위(내부, 외부사건, 전 출력, 정지·저출력 등)는 단 일 호기의 1단계 PSA 범위에 따라 한정된다.

KAERI의 다수기 2단계 PSA는 다수기 1단계 PSA에서 도출된 단일, 다수기 노심손상 사 고경위로부터 다수기 관점에서의 격납건물 파손 빈도와 방사선원항을 평가한다. 다수기 2 단계 PSA 수행 절차도 [그림 3-34]의 다수기 1단계 PSA 수행 절차와 유사하다. 즉, 각 절차 를 2단계 PSA 관점에서 수행한다. 다수기 2단계 PSA 결과가 도출되면 이를 기반으로 다수 기 3단계 PSA를 수행한다. 단일 호기와 다수기 3단계 PSA는 개념적으로는 차이가 없다. 다 만 중대사고로 방사성 물질이 누출되는 호기 수가 증가하면 호기별로 방출되는 방사성 물질 의 누출 지점, 누출 시간, 누출량, 핵종이 다르므로 다수기 3단계 PSA에서 고려해야 하는 입 력 조합의 수가 수백 개에서 수십만 개까지 급격히 증가한다는 문제점이 있다. 따라서 이를 그룹화하는 작업 등이 필요하다.

앞서 KAERI의 다수기 PSA 체계를 간략히 소개했다. 국내의 다수기 PSA 수행 경험을 보면 다수기 리스크에 가장 큰 영향을 미치는 사건은 지진으로 나타나고 있다. 특히 지진에 의한 다수기 리스크 평가에서 중요한 요소는 호기 간의 지진 종속성이다. 즉, 동일한 기기가 여러 호기에 설치되어 있을 경우, 이들 기기 간의 종속성을 어떻게 보느냐에 따라 지진에 의한 다 수기 리스크의 값이 크게 변하게 된다. 예를 들어 다른 호기에 설치된 기기 간에 완전 종속 관 계가 있다고 보면 일정 규모 이상의 지진이 발생하였을 때 여러 호기에 설치되어 있는 이들 기기가 모두 동시에 고장이 나는 것으로 모델을 해야 한다. 이런 가정을 사용하면 지진에 의 한 다수기 리스크는 매우 보수적인 값이 나올 것이다. 현재의 문제는 지진에 의한 다수기의 기기 간 종속성을 정확히 평가할 방법이 전 세계적으로도 없다는 점이다. 따라서 다수기 리 스크 평가를 어떤 관점에서 접근해야 할지에 대한 고민이 필요한 상황이다[J.E.Yang, 2014].

〈표 3-9〉 단일기 PSA와 다수기 PSA 특성 비교

구분	단일기 PSA	다수기 PSA
분석 대상	1개 호기 (예. 고리 3호기)	• 1개 발전소 (예. 고리 3, 4호기), • 1개 부지 (예. 고리 부지), 또는 • 특정 사고에 영향받는 모든 발전소군 (예, 고리 및 월성 부지 전체)
수행 목적	분석 대상 호기의 취약점 파악 및 개선사항 도출	분석 대상 부지/발전소 수준에서의 취약점 파악 및 개선사항 도출(호기간 상호 작용 및 종속성 고려)
리스크 척도	• 노심손상빈도(CDF) • 대량방출빈도(LRF) • 조기사망, 암사망 위험도 (단일기 사고경위만 고려)	• 부지/단일기/다수기 노심손상빈도(CDF) • 부지/단일기/다수기 대량방출빈도(LRF) • 조기사망, 암사망 위험도 (다수기 사고경위 영향 포함)
분석 대상 재해 및 초기사건	분석 대상 호기에 손상을 일으킬 수 있는 사건 (해당 호기에만 영향을 미치는 경우와 인접한 호기에도 동시에 영향을 미치는 경우의 구분 없이 모두 포함)	2개 이상의 호기에 손상을 일으킬 수 있는 사건으로 다음의 3가지 경우를 포함 ① 태풍, 지진, 쓰나미 등 2개 이상 호기에 동시에 영향을 주는 사건 ② 독립적인 초기사건의 연속 발생 (예. 1호기 소외전원상실, 2호기 주급수상실) ③ 특정 1개 호기에서 발생한 초기사건이 인접한 타 호기(들)에 영향을 미치는 경우(예. 1호기 발생 화재가 2호기로 전파)
논리 모델 구성	• 사건수목 (초기사건별 사고경위 모델) • 고장수목 (기기 고장, 인적 오류 등 모델)	분석대상에 포함된 호기별 모델 + 다수기 통합 논리 모델 + 호기간 종속성 반영 모델 (2기 이상이 동시에 손상되는 사고경위의 평가가 가능해야 함)
공유 설비 모델 방식	일반적으로 분석대상 호기의 전용 설비로 간주해 모델 (즉, 타 호기 공유 무시)	2개 이상의 호기가 동시에 사용하는 것은 불가능하도록 모델(호기별 사용 우선순위 등 적용)
신뢰도 데이터	단일기 기준의 재해/초기사건 발생빈도, 기기고장확률/기기고장률, 인적 오류 확률 등	분석 대상에 포함된 호기별 신뢰도 자료 및 호기간 종속성 관련 데이터 (다수기 초기사건 발생빈도, 호기간 공통원인 고장확률, 공유설비 신뢰도, 호기간 지진 상관성, 호기간 인간신뢰도 종속성 등)

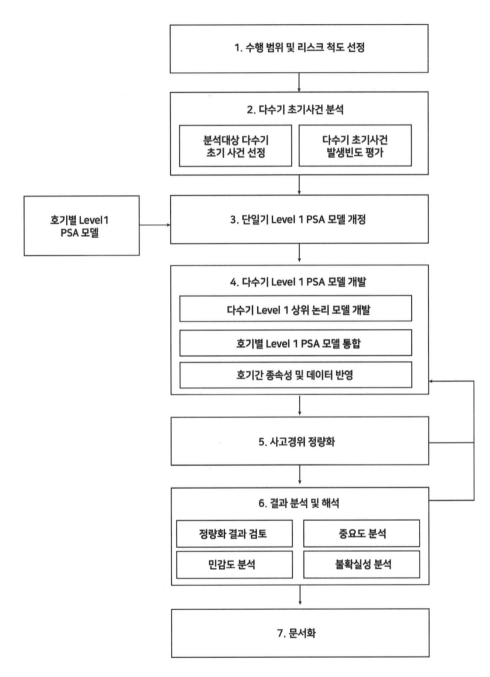

[그림 3-34] 다수기 1단계 PSA 수행 절차

제4장 PSA 관련 현안

앞 장까지는 현재 사용되는 혹은 개발 중인 PSA 수행 체제에 대해 기술 했다. 반면에 이 장에서는 PSA 분야의 기술적 현안에 관해 기술한다. 후쿠시마 원전사고 이후 현재 PSA 수행 체계를 개선하기 위한 다양한 개선 방안이 제시되고 있지만, 이 장에서는 PSA 관련 현안 중 향후 가장 영향이 클 것으로 예상되는 세 가지 현안에 대해 간략히 소개한다. 이는 (1) 디지털 계측제어계통 PSA (Digital Instrument & Control PSA: DI&C PSA), (2) 피동계통 신뢰도 평가, (3) 동적 PSA (Dynamic PSA) 방법이다.

4.1 디지털 계측제어계통 PSA

예전에는 원전의 감시, 제어 및 보호 등을 위해 아날로그(Analog) 계측제어 계통을 사용했다. 그러나 근래에는 자가 진단, 고장검출(Failure Detection) 등 다양한 장점이 있는 디지털 계측제어(Digital Instrument & Control: DI&C) 계통이 출현했고, 신규 및 신형 원전들은 DI&C 계통을 사용하기 시작했다. 또한, 오래된 원전들도 기존의 아날로그 계측제어 계통을 DI&C 계통으로 대체하기 시작했다.

DI&C 계통은 이미 화공이나 항공 산업 등 다양한 분야에서 많이 사용되고 있지만, 원자력 분야는 타 산업 분야보다 훨씬 높은 수준의 계통 신뢰도를 요구하므로 DI&C 계통의 정밀한 신뢰도 평가가 PSA 분야의 현안이 되었다. 그러나 아직도 전 세계적으로도 원자력 안전 및 규제 분야에서 사용할 만한 공인된 DI&C 계통의 신뢰도 평가 방법이 없는 상황이다. 이에 따라 DI&C 계통이 원전 리스크에 미치는 영향을 파악하기 위한 다양한 연구가 수행되고 있다[Ming Li et al., 2015].

DI&C 계통에 사용되는 디지털 하드웨어 모듈 구조의 간단한 예가 [그림 3-35]에 나와 있다. [그림 3-35]에 나와 있는 모듈은 4개의 구성 요소 G1~G4의 성공·실패에 따라 2^4, 즉 16개의 상태를 가질 수 있고 그 상태에 따라 (1) 성공 (2) 안전 실패 및 (3) 비안전 실패로 구분된다. 즉, 이 모듈의 출력이 제대로 나오는 '성공 상태', 출력이 제대로 나오지는 않지만, 자가 진단이 성공한 '안전 실패 상태,' 그리고 출력도 제대로 나오지도 않고 진단도 실패한 '비안전 실패 상태'로 구분할 수 있다. 여기에 DI&C 계통에서 일반적으로 사용되는 고장 검출 기능 혹은 와치독 타이머(Watchdog Timer)의 실패 확률까지 고려하게 되면 DI&C의 신뢰도 분석에서 고려해야 할 사항은 더욱 늘어난다.

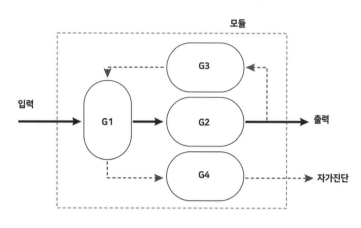

[그림 3-35] 디지털 I&C 모듈 구조 (예)

또한, DI&C 계통의 신뢰도 분석에서 DI&C 계통에 내재 된 소프트웨어의 신뢰도를 평가하는 것이 매우 중요한 업무이다. 일반적으로 소프트웨어의 오류를 하드웨어적인 감시 시스템으로 검출하는 것은 매우 어려운 상황이다. NRC는 소프트웨어 기반 보호 계통(Software-based Protection System)의 소프트웨어 신뢰도 평가 방법을 결정하기 위해 여러 가지 정량적 소프트웨어 신뢰도 방법을 검토하였고, 이후 베이지안 빌리프 네트워크(Bayesian Belief Network) 접근 방식과 통계적 시험 방식(Statistical Testing Method)을 소프트웨어 신뢰도 평가의 기본 방법으로 선정하고, 이에 관한 연구를 진행했다[Ming Li et al., 2015]. 그러나 이외에도 소프트웨어 신뢰도 평가와 관련해 신뢰도 성장 모델(Software Reliability Growth) 모델 등 다양한 방법에 관한 연구가 진행되고 있다. 또한, DI&C 계통은 일반적인 안전계통보다 훨씬 많은 다중성을 갖도록 설계되기 때문에 CCF의 모델이 중요한 현안이 되었다. CCF는 하드웨어적인 부분에서도 발생할 수 있고, 동일한 소프트웨어가 여러 곳에서 사용됨으로써도 발생할 수도 있다.

NRC는 DI&C 계통을 PSA에 적절히 포함하기 위해 다음과 같은 연구 항목을 제시했다

[NRC, 2014].

(1) DI&C 계통의 고장 모드 정의와 식별, 그리고 이들 고장 모드의 조합이 DI&C 계통에 미치는 영향을 평가하기 위한 접근 방식.

(2) DI&C 계통의 자가 진단, 재배열 및 감시 기능, 그리고 다른 기기를 사용한 고장 감지 등을 모델하는 방법 및 관련 변수 자료 도출

(3) 자가 진단과 같은 결함 감내 특성(Double-crediting Fault-tolerant Features)과 관련된 잠재적 문제를 포함해 디지털 기기의 하드웨어 오류에 대한 자료 개선

(4) 여러 계통에 영향을 미칠 수 있는 소프트웨어 CCF 모델 방법(예: 공통 지원 소프트웨어 등).

(5) DI&C 계통의 모델링과 관련된 모델링 불확실성 해결 방법.

(6) DI&C 계통과 관련된 HRA 방법.

(7) DI&C 계통의 동적 모델이 필요한지 여부와 필요 시점을 정하는 절차

그러나 이 항목들 이외에도 소프트웨어와 하드웨어의 상호 작용, 네트워크 신뢰도 및 다중 작업(Multi-tasking) 등 DI&C 계통의 신뢰도 분석을 위해 고려해야 할 사항은 매우 광범위하다. 더욱이 DI&C 계통은 원전별로 다른 설계와 다른 소프트웨어가 사용될 수 있다. 따라서 어떤 하나의 방법이 최선의 DI&C 계통 신뢰도 평가 방법이라고 규정하기도 어려운 상황이며, 현재 미국 NRC만이 아니라 국내외 여러 기관과 OECD/NEA 등에서도 DI&C 계통의 신뢰도 분석과 관련된 다양한 연구가 진행되고 있다[NEA, 2017; NEA, 2021].

4.2 피동계통 신뢰도 분석

원전의 계통은 크게 능동계통(Active System)과 피동계통(Passive System)으로 구분할 수 있다. 능동계통이란 전기 등 구동력을 이용해 펌프 등을 운전하고, 밸브 등을 조작함으로써 주어진 기능을 달성하는 계통을 의미한다. 반면에 피동계통은 전기와 같은 외부 구동력이 없는 상태에서도 주어진 기능을 달성하는 계통을 의미한다.

기존 원전의 핵심적인 안전계통은 일반적으로 능동계통이다. 반면에 국내 원전의 터빈 구동 보조급수 펌프나 후쿠시마 원전 1호기의 격리냉각계통(Isolation Condenser: IC)은 일종의 피동안전계통이라고 할 수 있다. 그러나 피동계통에 대한 본격적인 관심은 1980년대

중반부터 신형 원전의 설계 단순화와 비용 절감 차원에서 시작되었다. 피동계통은 다중의 펌프, 전력 계통 등이 필요 없으므로 계통이 단순화되고, 이와 관련된 정비 작업도 불필요하기 때문이다. 또한, 후쿠시마 원전사고의 주요 원인 중 하나가 장기 전원 상실이었으므로 후쿠시마 원전사고 이후 피동계통에 대한 관심이 더욱 증대되었다. IAEA는 피동계통을 〈표 3-10〉과 같이 4종류로 구분을 하고 있다[IAEA, 1991].

〈표 3-10〉 IAEA의 피동계통 분류체계

Category	Signal Input	External Power Source	Moving Mechanical Part	Moving Working Fluid	Example
A	X	X	X	X	Fuel Cladding
B	X	X	X	O	Surge Line of PWRs
C	X	X	O	O/X	Accumulator
D	O	Stored Energy Source (Battery)	I&C Part, Valve	O	Gravity Driven

현재 설계 중인 많은 신형 원전에서 피동안전계통의 도입을 추진하고 있다. 예를 들어 GE의 ESBWR (Economic Simplified Boiling-Water Reactor)은 피동안전계통을 통해 운전원의 조치가 없이도 냉각재상실사고를 안전히 종결시킬 수 있도록 설계하였으며[GE Hitachi Nuclear Energy, 2011], 웨스팅하우스사의 AP-1000 등은 피동원자로건물냉각계통(Passive Containment Cooling System; PCCS) 등의 피동계통을 통해 전원이 상실된 상태에서 운전원의 조치가 없어도 원자로건물의 건전성이 72시간 동안을 유지될 수 있도록 설계되었다[S.M. Bajorek, 2007]. 또한, 소듐냉각로와 같은 제4세대 원전, 근래 전 세계적으로 관심이 커지고 있는 SMR (Small Modular Reactor) 등도 대부분 피동안전계통을 포함하고 있다. 국내에서도 APR+ 원전 설계에 [그림 3-36]과 같은 피동보조급수계통이 포함되어 있다[강상희 외, 2013]. 또한, SMART의 설계에도 피동안전주입계통 개념이 고려되었다[박현식 외, 2012].

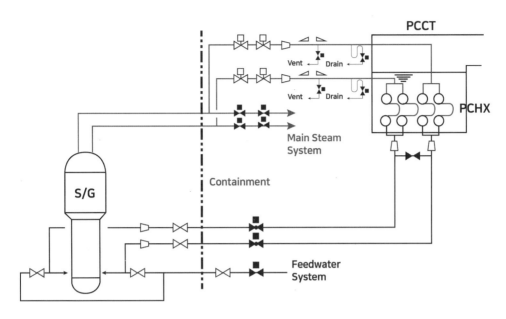

[그림 3-36] APR+ 피동보조급수계통

그러나 자연 순환에 의존하는 등 구동력이 약한 피동계통의 특성상 피동계통의 성능을 확보하기 위한 설계 및 분석이 중요한 상황이다. 특히 PSA 관점에서는 이들 피동계통의 신뢰도를 평가하는 것이 중요 현안이다. 그러나 위에서 언급한 피동 안전계통들은 대부분 IAEA 분류의 C 혹은 D 범주에 속하는 계통으로 현재 앞서 언급한 노형들의 PSA에서는 일반적으로 이들 피동계통에 포함된 능동기기의 고장만을 고장수목에 모델하고 다른 고장 모드는 고려하지 않고 있다.

그러나, 피동계통은 중력과 같이 약한 구동력에 의존하기 때문에 피동계통의 성능(Performance)에 문제가 발생할 수 있다. 피동계통의 성능과 관련된 신뢰도를 평가하는 방법은 매우 다양하지만, 가장 많이 사용되는 방법은 열수력 코드를 활용하는 방법이다. [그림 3-37]에 열수력 코드를 활용해 피동계통의 신뢰도를 평가하는 기본적인 절차가 나와 있다 [Seok-Jung Han et al., 2010].

열수력 코드를 활용한 피동계통 신뢰도 분석 방법은 기본적으로 그림 3-38에 나와 있는 응력-강도 간섭 모(Stress-Strength Interference Model)델 개념에 기반을 두고 있다. 혹은 좀 더 단순화해 [그림 3-39]와 같이 초과 확률 모델(Exceedance Probability Model) 방법을 사용하기도 한다.

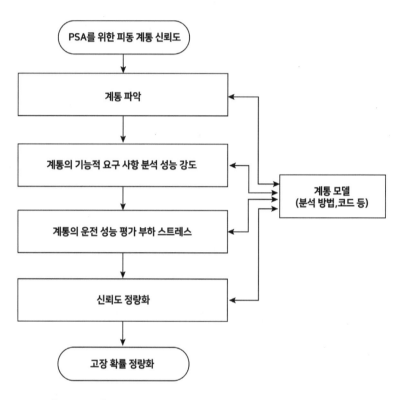

[그림 3-37] 피동계통의 신뢰도 분석 절차

즉, 다양한 입력에 대해 열수력 코드를 반복적으로 수행해 얻어지는 결과로부터 강도 분포(Stress Distribution)를 구하고 그 값이 특정한 고장 기준(Failure Criterion)을 넘으면 고장이 발생한다고 가정하는 방법이다. 고장 기준을 넘는 구역에 대해 합성곱(Convolution)을 수행하여 구해진 값이 해당 피동계통의 고장 확률이라고 보는 방식이다. 예를 들어 어떤 피동계통의 열제거 능력을 평가하려면, 해당 계통의 열제거 능력과 관련된 변수의 확률분포로부터 여러 입력 조합을 작성하고, 각 입력에 따른 계산 결과를 이용해 강도 분포에 해당하는 분포를 구하고 이를 기준값을 넘는 부분에 대해 합성곱을 수행함으로써 구해지는 값이 해당 계통의 열제거 실패 확률이라고 보는 방식이다.

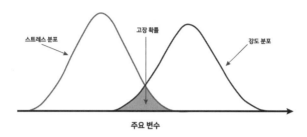

[그림 3-38] 피동계통의 고장 확률 평가 (1)

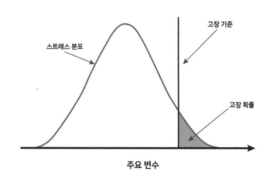

[그림 3-39] 피동계통의 고장 확률 평가 (2)

이 방법은 열수력 코드를 이용해 수많은 계산을 해야만 하는 단점이 있다. 이에 따라 근래에는 딥러닝(Deep Learning) 기술을 이용해 학습된 인공지능신경망을 열수력 코드 대신 사용함으로써 열수력 계산의 부담을 줄이려는 시도가 이루어지고 있다[R. Solanki et al., 2020; 김현민 외, 2021]. 그러나 현재의 열수력 코드 자체가 일반적으로 3차원 유동 불안정성 또는 유동 역전과 같이 잘 모사하지 못하는 현상이 있으므로 열수력 코드를 활용한 피동계통 신뢰도 분석방법 자체도 불확실성을 가질 수밖에 없다. 또한, 피동계통의 신뢰도 평가 결과를 기존 PSA 모델에 어떻게 반영하여야 할 것인가도 아직 고려할 사항이 많은 상황이다[J.E.Yang, 2023].

후쿠시마 원전사고 당시 1호기에는 IAEA의 범주 D에 해당하는 격리냉각계통이 있었지만, 사고 후 조사에 따르면 격리냉각계통의 두 개 탱크에 냉각수가 각기 60%, 80% 정도 남아 있어 실제적으로는 원자로 냉각에 큰 도움이 되지 못한 것으로 밝혀졌다[IAEA, 2015]. 이는 교류 및 직류 전원이 모두 상실됨에 따라 격리냉각계통 유로의 밸브가 닫혔기 때문이었던 것으로 추정되고 있다. 따라서, 단순히 피동안전계통을 갖춘다고 무조건 해당 원전의 안전성이 높아진다고 할 수는 없으며, 피동안전계통의 도입은 여러 가지 요소를 고려해야만 한다.

4.3 동적 PSA (Dynamic PSA)

후쿠시마 원전사고에서 보듯이 실제 원전사고는 매우 동적인 특성을 가지고 있다. 후쿠시마 원전에서는 지진과 쓰나미로 인한 전원 상실, 안전계통의 점진적 기능 상실, 배터리를 이용한 전원 회복 등 시간의 경과에 따라 다양한 일들이 발생하였고, 운전원들은 이런 요소에 영향을 받아 대응 방안을 수시로 변경해야만 했다. 이외에도 운전원 회복 조치, 기기 노화 등 원전에는 시간의 영향을 받는 다양한 요소가 있다. 그러나 CDF 혹은 LERF에 기반을 두어 원전의 연간 평균 리스크를 평가하는 기존의 PSA 체계는 원전의 이런 동적 특성을 반영하는 데 한계가 있다. 또한, PSA 모델에 반영하기 어려운 EOC (Errors of Commission)와 같은 운전원 오류와 관련해서도 이의 동적 특성을 어떻게 PSA 반영할 것인가에 대해 오랜 기간 논란이 되어 왔고, 동적 PSA가 이런 문제를 해결하는 데 도움이 될 것으로 기대해 왔다 [N. Siu et al., 2019; N. Siu, 2022].

따라서 이미 1970~80년대부터 동적 PSA에 대한 연구가 수행되었다. 예를 들어 미국 NRC는 매사추세츠 공과대학교(Massachusetts Institute of Technology: MIT), 캘리포니아 대학교 로스앤젤레스(University of California, Los Angeles: UCLA)와 샌디아 국립연구소(Sandia National Laboratories: SNL)의 동적 PSA 연구를 지원했다[N. Siu, 2022]. 유럽공동연구센터(Joint Research Center)는 사고경위의 영향과 논리적 분석을 연계하는 DYLAM [A. Amendola et al., 1984]이라는 방법론을 개발하기도 하였고, 프랑스의 원자력연구소(Atomic Energy Commission: CEA)는 마르코프 모델을 사용해 기존 고장수목 방법의 문제점을 개선하려 노력했다. 현재도 미국 에너지부는 아이다호 국립연구소(Idaho National Laboratories: INL)의 RISMC (Risk-Informed Safety Margin Characterization) 연구를 통해 동적 PSA 연구를 지원하고 있다[N. Siu, 2022].

그러나 아직도 동적 PSA가 무엇인가에 대해서 명확히 정의하기는 어렵다. 일반적으로는 원전 계통의 거동을 동적으로 PSA 모델에 반영하는 것을 동적 PSA라고 보기는 하나 이것이 반드시 열수력 코드 등을 PSA에 직접 연계하는 것을 의미하는 것은 아니다.

사실 동적 PSA와 관련해서는 다양한 수준의 기술적 성숙도를 가진 기술과 도구가 있다. 예를 들어 마르코프 모델과 같이 잘 정립된 방식도 있고, 아직은 정립이 되지는 않았지만, 범용 시뮬레이션 도구를 사용해 구성 요소 간의 동적 상호 작용을 처리하는 모델을 만드는 방법도 있다. 또한, 프랑스 전력공사는 현상학적 고려 사항을 포함하는 다소 복잡한 상황을 모델하는데 사용할 수 있는 객체 지향 시뮬레이션 도구 PyCATSHOO를 만들어 제4세대 원전인 ASTRID에 대한 사전 개념적 설계 활동을 지원하는 데 사용한 바 있다[N. Siu, 2022]. 그러나 원전 기기의 동작, 물리적 현상 및 운전자 거동 등을 완전히 통합하는 동적 PSA 기술은 아직 초기 단계라고 할 수 있다.

그러나 여전히 동적 PSA는 기존 PSA 모델에 사용되는 보수적 가정을 제거함으로써 좀 더 현실적인 PSA 모델을 만들 수 있고, 열수력 현상이나 운전 경험 등 우리의 지식을 활용할 수 있는 방안이 될 것으로 기대되고 있다. 예를 들어 계통의 상태를 단순히 성공과 실패로 나누는 것이 아니라 성능 저하를 모델할 수도 있다. 마찬가지로 사고 종결 상태도 안전 상태(OK)와 노심손상(CD)의 두 경우가 아니라 좀 더 넓은 범위의 상태로 정의할 수도 있다. 또한, 사고경위의 종료 시간도 유연하게 결정할 수 있으며, 운전원과 원전의 상호 작용도 현실적으로 모델할 수 있다. 아울러 동적 PSA는 EOC나 피동계통 신뢰도 분석에도 활용될 수 있을 것으로 예상되고 있다.

그러나 단순히 시뮬레이션을 PSA와 연계한다고 하여 어떤 요소가 자연 대류와 같은 현상의 실패를 유발하는지, 주민의 대피를 지연시키는지 하는 등의 원인을 찾아내기는 쉽지 않다. 또한, 동적 PSA 방법을 사용한다고 하여 완결성(Completeness) 문제가 해결되는 것도 아니고, 동적 PSA 방법의 검증, 시뮬레이션을 위한 변수의 선정 등 아직도 동적 PSA와 관련된 많은 문제가 남아 있다. 또한, 동적 PSA 방법은 수많은 사고경위를 생성해 내므로 그중에서 어떤 사고경위가 실제 중요한 사고경위인지를 파악하기도 쉽지 않고, 관련된 불확실성을 분석하는 방법도 정립되어 있지 않다.

그럼에도 불구하고 동적 PSA의 활용은 연구계를 중심으로 점차 확대될 것으로 기대되고 있다. 예를 들어 근래에 유행하고 있는 딥러닝(Deep Learning) 기술을 동적 PSA와 연계하려는 시도 등도 이루어지고 있다[조재현 외, 2019].

제3부에서는 원전의 PSA 수행 방법과 현안에 관해 기술하였다. 간단히 요약하면 PSA는 초기사건으로부터 유발되는 사고경위 및 영향을 체계적으로 평가하는 방법이다. PSA는 기계 고장, 인간 오류 및 지진, 화재 등 다양한 분야의 지식을 통합하고, 이런 분야 간의 복잡한 상호 작용을 분석할 수 있으므로 PSA를 통하여 다음과 같은 다양한 업무를 수행할 수 있다.

(1) 확률적 안전목표의 충족 여부 확인

(2) 원전 설계의 취약점 파악

(3) 원전 운전 및 보수 절차서 등 다양한 절차서의 적절성 평가

(4) 원전 부지에 고유한 다양한 외부재해의 발생 확률 및 영향 평가

(5) 원전 설계, 절차서 개선을 통한 안전성 향상

(6) 원전의 설계, 운전 관련 중요 사항에 대한 민감도 분석

(7) 다양한 PSA 입력 자료의 불확실성 평가

(8) 리스크정보활용 의사 결정을 위한 척도 제공

그러나 PSA가 또한 다음과 같은 몇 가지 한계점을 가지고 있는 것도 사실이다.

(1) 신뢰도 자료의 희소성(특히 신형로 관련)

(2) 중대사고 현상, 노화 등 물리적 현상에 대한 지식의 한계

(3) 특정 가정 사항에 민감한 PSA 결과

(4) 재원의 한계에 따른 PSA 수행범위의 제약, PSA 기법의 한계 등에 따른 완결성의 부족

(5) 사고경위의 동적 특성을 완벽히 반영하지 못하고, 특정 기간의 평균 리스크를 구하는 현행 PSA 체제의 정적 특성

또한, IAEA는 후쿠시마 원전사고 이후 PSA 분야에서 다음과 같은 부분의 개선이 필요하다고 천명하였다[A. Lyubarskiy, et al., 2011].

(1) 외부재해의 선별/빈도 평가

(2) 지진/쓰나미와 같이 상호 연계된 재해

(3) 외부재해의 영향 평가

(4) 다수기 리스크 평가

(5) 1단계 PSA에 사용되는 작동 요구 시간의 적절성

(6) 외부사건 PSA의 HRA

(7) 검증된 기기의 고장 확률

(8) 원전 정전사고 발생 시 수소 폭발

(9) 외부사건이 발생한 상황에서 일시적인 폭발물의 이송

(10) 원전 건물과 구역 사이의 연결

(11) 사용후연료 저장소, 폐기물 처리 시설

(12) 사고관리절차서의 모델 방안

위의 여러 항목 중 우리나라의 현황과 맞지 않는 항목도 있고, 다수기 PSA나 외부사건 PSA의 HRA 등 현재 관련 연구가 진행되고 있는 항목도 있다. 그럼에도 불구하고 PSA는 위에서 기술한 한계점, 제한 사항을 완벽히 해결하지 못하고 있는 것도 사실이다. 이와 같은 PSA의 문제점 중 이미 PSA 수행 초기부터 지적되어 온 문제점도 적지 않다. 그러나 WASH-1400 보고서의 여러 문제점을 지적했던 루이스보고서[NRC, 1978]에서도 PSA 기술은 적절한 신뢰도 자료와 함께 사용된다면 원전 리스크 평가를 위한 최고의 도구임을 인정하고 있다. 즉, 리스크 평가가 적절히 수행만 된다면 이는 우리가 가지고 있는 최고의 원전 안전 확보 수단이라고 할 수 있다. 현재도 PSA가 원자력 분야만이 아니라 항공·우주 분야와 같이 복잡한 산업설비의 리스크 평가에 활발히 사용되고 있음을 보면 이 판단은 현재까지도 유효하다고 할 수 있다[NASA, 2002]. 다만 PSA를 적절히 활용하기 위해서는 위에서 기술한 여러 한계점, 제약점을 고려한 의사 결정이 필수적이라고 할 수 있다.

특히 PSA 결과를 이용한 의사 결정에서 유의할 점은 PSA의 결괏값에 너무 얽매여서는 안 된다는 점이다. 위에서 기술했듯이 PSA 결과는 여러 가지 한계를 갖고 있는 상황에서 도출되는 값이다. 따라서 결괏값 자체보다는 어떤 요인이 그 값에 큰 영향을 주었는가, 그리고 그

요인이 적절히 모델 혹은 평가되었는가를 살펴보아야 한다. 이를 통해 PSA 결과로부터 분석 대상 시설의 안전성에 대한 종합적인 통찰(Insight)을 얻는 것이 가장 중요하다. 이런 측면은 특히 다음 제4부에서 설명할 리스크 관리에서 특히 중요한 부분이다.

[참고 문헌]

A. Amendola et al., 1984. "DYLAM-1: A Software Package for Event Sequence and Consequences Spectrum Methodology," EUR 9224 EN, Commission of European Communities Joint Research Center (CEC-JRC), Ispra, Italy, 1984.

A. Lyubarskiy, et al., 2011. Notes on potential areas for enhancement of the PSA methodology based on lessons learned from the Fukushima accident, Proceedings of the 2nd Probabilistic Safety Analysis / Human Factors Assessment Forum, Warrington, UK, September 2011.

ASME, 2013. ASME/ANS RA-Sb-2013, "Standard for Level 1/Large Early Release Frequency Probabilistic Risk Assessment for Nuclear Power Plant Applications - Addenda to ASME/ANS RA-S-2008,"

Bixer et al. 2021. N.E. Bixler, K. McFadden, L. Eubanks, F. Walton, R. Haaker, J. Barr, MELCOR Accident Consequence Code System (MACCS) User's Guide and Reference Manual, SAND2021-1588

CEA, 1991. Probabilistic Safety Assessment of French 900 and 1,300 MWe Nuclear Plants, CEA-DES-025

CNSC, 2014. Summary Report of the International Workshop on Multi-Unit Probabilistic Safety Assessment, Ottawa, Ontario, Canada

EPRI, 2005. EPRI/NRC-RES Fire PRA Methodology for Nuclear Power Facilities, NUREG/CR-6850

EPRI, 2009. Guidelines for Performance of Internal Flooding Probabilistic Risk Assessment, EPRI- 1019194

EPRI, 2015, Identification of External Hazards for Analysis in Probabilistic Risk Assessment, Update of Report 1022997

EPRI, 2022a. Computer Aided Fault Tree Analysis System (CAFTA), Version 6.0b, https://www.epri.com/research/products/000000003002004316

EPRI, 2022b. Modular Accident Analysis Program, https://www.epri.com/research/products/000000000001025795

GE Hitachi Nuclear Energy, 2011. ESBWR passive safety fact sheet

IAEA, 1991. Safety Related Terms for Advanced Nuclear Plants, IAEA-TECDOC-626

IAEA, 1994. Procedures for Conducting Probabilistic Safety Assessments of Nuclear Power Plants (Level 3)

IAEA, 2010. Development and Application of Level 2 Probabilistic Safety Assessment for

Nuclear Power Plants for protecting people and the environment, Specific Safety Guide No. SSG-4

IAEA, 2015. The Fukushima Daiichi Accident Report by the Director General

IAEA, 2019. Multi-unit Probabilistic Safety Assessment, IAEA Safety Reports Series No. 110 (draft), International Atomic Energy Agency, Vienna, Austria

ICRP, 2009. Application of the Commission's Recommendations for the Protection of People in Emergency Exposure Situations, ICRP Publication 109

J.E.Yang etal., 1997. Analytic method to break logical loops automatically in PSA, Reliability Engineering & System Safety Volume 56, Issue 2

J.E.Yang, 2014. Fukushima Dailchi Accident: Lessons Learned And Future Actions From The Risk Perspectives, Nuclear Engineering And Technology, Vol. 46 No. 1

J.E.Yang, 2023. Development of a Framework to incorporate Passive Safety Systems into the PSA, The 10th Korea-China Workshop on Nuclear Reactor Thermal-Hydraulics (WORTH-10), November 26 (Sun) ~ 29 (Wed), 2023, Jeju, Korea

K. McFadden et al., 2007. WinMACCS, a MACCS2 Interface for Calculating Health and Economic Consequence from Accidental Release of Radioactive Materials into the Atmosphere, USNRC

K.C. Kapur et al., 2013. Reliability Engineering, WILEY,

Knochenhauer et al., 2003. Guidance for External Events Analysis, SKI Research Report 02:27

M.G. Stamatelatos et al., 2009. Probabilistic Risk Assessment with Emphasis on Design, Safety Design for Space Systems, 2009.

Ming Li et al., 2015. NRC Research on Digital System Modeling for Use in PRA, PSA 2015

N. Siu et al., 2019. Dynamic PRA: The vision and a peek under the hood, NRC Internal Seminar

N. Siu, 2022. Technical Opinion Paper-Dynamic PRA for Nuclear Power Plants: Not If But When?, USNRC, chrome-extension://efaidnbmnnnibpcajpcglclefindmkaj/https://www.nrc.gov/docs/ML1906/ML19066A390.pdf

NEA, 2017. Digital I&C PSA-Comparative application of DIGital I&C Modeling Approaches for PSA (DIGMAP)

NEA, 2019. Status of Site-Level (Including Multi-Unit) Probabilistic Safety Assessment Developments, Nuclear Safety NEA/CSNI/R(2019)

NEA, 2021. DIGMORE-A Realistic Comparative Application of DI&C Modelling Approaches for PSA

NRC, 1975. Reactor Safety Study: An Assessment of Accident Risks in U.S. Commercial Nuclear

Power Plants, NUREG-75/014 (WASH-1400)

NRC, 1978. Risk Assessment Review Group Report to the U.S. NRC

NRC, 1982. PRA Procedure Guide, NUREG/CR-2300, ANS and IEEE

NRC, 1990. Severe Accident Risks: An Assessment for Five U.S. Nuclear Power Plants, NUREG-1150

NRC, 1991. Individual Plant Examination of External Events (IPEEE) for Severe Accident Vulnerabilities - 10CFR 50.54(f) (Generic Letter No. 88-20, Supplement 4)

NRC, 2000. MELCOR Computer Code Manuals, NUREG/CR-6119,

NRC, 2008. Estimating Loss-of-Coolant Accident (LOCA) Frequencies Through the Elicitation Process, NUREG-1829

NRC, 2013. Results of Screening of Proposed Generic Issue Pre-GI-0001, "Multi-unit Core Damage Events"

NRC, 2014. Research Activities FY 2012FY 2014, NUREG-1925, Rev. 2, 2013

NRC, 2016. WASH-1400 The Reactor Safety Study: The Introduction of Risk Assessment to the Regulation of Nuclear Reactors, NUREG/KM-0010

NRC, 2017a. Guidance on the Treatment of Uncertainties Associated with PRAs in Risk-Informed Decisionmaking, NUREG-1855

NRC, 2017b. MACCS (MELCOR Accident Consequence Code System), NUREG/BR-0527

NRC, 2022a. § 50.48 Fire protection, https://www.nrc.gov/reading-rm/doc-collections/cfr/part050/part050-0048.html

NRC, 2022b. Probabilistic Risk Assessment (PRA), https://www.nrc.gov/about-nrc/regulatory/risk-informed/pra.html

NRC, 2022c. Appendix A to Part 50—General Design Criteria for Nuclear Power Plants, https://www.nrc.gov/reading-rm/doc-collections/cfr/part050/part050-appa.html

P.G. Prassinos et al., 2011. Risk Assessment Overview, Proceedings of IMECE 2011, November 2011 Denver, Colorado

R. Solanki et al., 2020. Reliability Assessment of Passive Systems using Artificial Neural Network based Response Surface Methodology, Annals of Nuclear Energy 144(3):107487

Risk Spectrum, 2022. RiskSpectrum PSA, https://www.lr.org/en/riskspectrum/technical-information/psa/

S.H. Han et al., 2018. AIMS-MUPSA software package for multi-unit PSA, Nuclear Engineering and Technology, Vol. 50, No. 8

S.M. Bajorek, 2007. AP1000 Passive Safety Systems, AP1000 Design Workshop

Seok, H. et. al. 2003. SAREX User's Manual. Ver. 1.2.0, Rev. 0, KOPEC

Seok-Jung Han et al., 2010. A quantitative evaluation of reliability of passive systems within probabilistic safety assessment framework for VHTR, Annals of Nuclear Energy, Volume 37, Issue 3

SKI, 2003, SKI Report 02:27 (ISRN SKI-R-02/27-SE), "Guidance for External Events Analysis," February 2003

T. Hakata, 2007. Seismic PSA Method for Multi-Unit Site---CORAL-reef, Next Generation PSA Software Workshop at NEL

강상희 외, 2013. 노심손상빈도 평가를 위한 APR+ PAFS의 안전 해석, Journal of the Korean Society of Safety, Vol. 28, No. 3

김동산 외, 2018. Multi-unit Level 1 probabilistic safety assessment: Approaches and their application to a six-unit nuclear power plant site, Nuclear Engineering and Technology Volume 50 Issue 8 / Pages. 1217-1233

김동창 외, 2022. 원자력발전소 안전성 평가를 위한 외부사건 식별 및 선별 방법 연구 동향, 한국재난정보학회 논문집, vol. 18.

김현민 외, 2021. Manual for evaluating the reliability of passive safety system using deep learning, KAERI/TR-9023/2021

박창규 외, 2003. 확률론적안전성평가, 브레인코리아

박현식 외, 2012. An Integral Effect Test Facility of the SMART, SMART-TIL, Transactions of the Korean Nuclear Society Autumn Meeting Gyeongju, Korea, October 25-26, 2012

이상곤, 2021. 국내 원전 다중오동작 분석(MSO)현황, 원자력안전규제정보회의

이승준 외, 2021. 원자력발전소 확률론적안전성평가, 한국전자도서출판

이윤환 외, 2004. 화재모델 CFAST를 이용한 화재구역의 CCDP 평가, 한국화재소방확히 논문지, 제18권 제4호, 2004

이재기, 2000. 보건물리, 한양대학교, 2000

조재현 외, 2019. PSA 사고 시나리오 개발용 딥러닝 기반 디지털 트윈 개발

최선영 외, 2016. MACCS2 경제성 평가 입력 변수의 국내 데이터 적용 연구, KAERI/TR-6617/2016

한석중 외, 2021. RCAP 버전 1.0 코드 사용자 매뉴얼, KAERI/TR-8707/2021

제4부

원자력 리스크 관리 체제 및 리스크 소통

제4부 | 원자력 리스크 관리 체제 및 리스크 소통

　제3부에서는 원전의 대표적인 리스크 평가 방법인 PSA 방법에 관해 설명했다. PSA와 같은 원전의 리스크 평가를 통해 우리는 해당 원전의 설계, 운영 방식, 사고관리절차 및 비상대응 등 다양한 부분의 취약점과 같은 중요한 통찰(Insights)을 얻을 수 있다. 그러나 우리가 리스크 평가를 하는 목적은 단순히 이런 통찰을 얻는 것만이 아니라, 궁극적으로는 이런 통찰을 기반으로 원전의 리스크를 적절한 수준으로 줄이거나 유지하는 '리스크 관리(Risk Management)'를 위한 것이다. 리스크 관리는 적용 영역의 특성에 따라 다양한 방식·체제로 이행될 수 있다.

　원자력 분야에 있어 가장 대표적인 리스크 관리 체제는 현재 미국에서 원전을 규제·운영하는데 사용되는 리스크정보활용·성능기반 방식(Risk-informed·Performance-based Approach: RIPBA)이라고 할 수 있다[NRC, 2007a]. [그림 4-1]에서 보듯이 RIPBA가 1995년 미국에 도입된 이후 지난 25년간, 미국은 RIPBA를 통해 원전의 안전성과 경제성을 크게 향상했다[NEI, 2020].

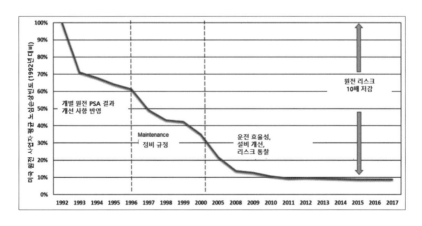

[그림 4-1] 미국 원전의 안전성 향상 (1992~2017)

미국은 현재 RIPBA의 적용 범위를 가동 원전의 운전만이 아니라 SMR (Small Modular Reactor) 인허가[NRC, 2007b; NRC, 2010], 리스크정보활용 보안(Risk-informed Security) [N.Siu, 2015] 등 다양한 분야로 확대하고 있다. 현재 미국 이외에도 스페인, 일본 및 중국 등 여러 국가에서 RIPBA의 도입을 추진하고 있다. 따라서 제4부 제1장과 제2장에서는 현재 미국에서 진행 중인 RIPBA에 대한 전반적인 내용을 기술했고, 제3장에서는 한국, 일본과 중국의 RIPBA 도입 현황에 대해 기술했다.

또한, 제4장에서는 리스크 소통(Risk Communication)에 대해 간략히 기술했다. 리스크 분야는 크게 다음의 3개 세부 분야로 나눌 수 있다.: (1) 리스크 평가 (2) 리스크 관리 (3) 리스크 소통. 세 번째 분야인 리스크 소통은 단순히 공학적인 분야가 아니라 사회학적, 심리학적 요소 등 다양한 분야가 효율적으로 어우러져야 달성할 수 있는 복합 분야이다. 따라서 리스크 소통에 대해 상세히 기술하는 것은 이 책의 범위를 벗어나는 일이다. 그러나 원자력 분야에 있어 리스크 소통은 리스크 평가나 관리만큼 중요한 사안이므로 제3장에서 리스크 소통과 관련된 주요 개념을 간략히 소개했다.

제1장 미국의 리스크정보활용·성능기반규제 체제

1.1 도입 배경 및 기본 개념

미국이 RIPBA를 도입한 배경에 대해서는 이미 제1부에서 간략히 기술하였지만, 이 장에서 RIPBA의 도입 배경과 기본 개념에 대해 좀 더 상세히 기술했다. 미국에서 RIPBA가 도입되기 이전 원전의 안전을 확보하는 기본 체제는 설계기준사고(Design Basis Accident: DBA)와 심층방어(Defence-in-Depth: DID)에 기반을 둔 결정론적 안전성 평가 체제였다[IAEA, 1996; IAEA, 2009]. 이 방식은 원전에서 발생 가능한 사고 중 중요하다고 판단되는 몇 개의 사고를 설계기준사고로 선별하고, 원전에서 이들 설계기준사고와 단일고장이 동시에 발생해도 심층방어를 통해 원전의 안전성이 확보됨을 입증하는 방식이었다. 결정론적 안전성 평가 체제는 원자력 산업이 시작되던 1950년대부터 적용이 되기 시작해, 현재까지도 원전의 안전성을 검증하는 기본 체제로 모든 원전 보유국이 사용하고 있다.

그러나 1979년에 발생한 TMI 원전사고는 설계기준사고가 발생하지 않아도 인간의 실수, 기기의 다중 고장(Multiple Failure) 등을 통해 핵연료가 녹는 중대사고가 발생할 수 있다는 사실을 보여주었다. 아울러 TMI에서 발생한 사고경위가 1975년도에 발간된 세계 최초의 원전 리스크 평가 보고서인 WASH-1400에서 이미 리스크가 가장 큰 사고경위로 평가되어 있었던 점은 미국이 리스크 개념을 원전의 규제와 운영에 적극적으로 도입하는 가장 중요한 근거가 되었다[NRC, 1975; NRC 2016]. TMI 원전사고 이후 미국의 규제 기관과 사업자는 WASH-1400에서 원전의 리스크 평가를 위해 사용하였던 PSA 방법을 활용해 기존 결정론적 안전성 평가 체제의 한계를 보완하려고 노력했다[NRC, 1995]. 이후 미국은 RIPBA에 기반을 둔 다양한 규제 제도를 도입했다.

RIPBA에 기반을 둔 규제는 리스크정보활용규제(Risk-informed Regulation: RIR)와 성능기반규제(Performance-based Regulation: PBR)라는 두 개의 축으로 이루어져 있다. RIR은 PSA 등을 이용해 원자력시설의 리스크를 평가하고, 그 리스크 정보를 원전 규제에 활용해 원전의 규제와 운영을 효과적(Effective)이며, 효율적(Efficient)으로 개선하고자 하는 것이다. 기존 규제 방식과 RIR의 개념적인 차이가 [그림 4-2]에 나와 있다. [그림 4-2]에 나와 있듯이 기존 규제에서는 어떤 구조, 계통 및 기기(Structure, System and Components: SSCs)가 실제 안전성에 미치는 영향 정도에 상관없이 미리 정해진 기준에 따라 일괄적인 규제를 수행하는 방식이었다. 그러나, RIR에서는 각 SSCs가 실제 원전의 리스크에 미치는 영향을 파악해, 리스크에 큰 영향을 미치는 SSCs는 엄격히 규제하고, 안전성에 큰 영향을 미치지 않는 SSCs에 대해서는 과도하거나, 불필요한 규제 요건을 합리화함으로써 원전의 안전성을 확보하면서도 동시에 원자력 사업자가 경제성을 확보할 수 있는 길을 열어주는 방식이다.

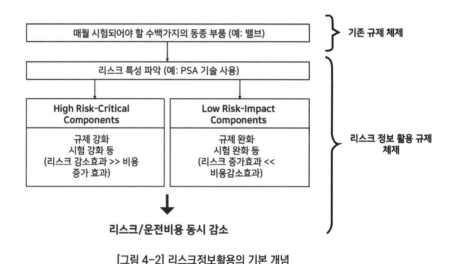

[그림 4-2] 리스크정보활용의 기본 개념

그리고 RIR에서 판단 근거로 사용된 원전의 리스크 수준이 리스크 평가 당시와 같은 수준으로 유지되는지를 성능 감시(Performance Monitoring) 등 다양한 PBR의 요소를 통해 확인한다. PBR은 과거에 없던 규제 제도가 새로 생긴 것이라기보다는 기존의 규제 체제에 이미 포함되어 있던 요소들을 RIR과 연계·보완해 원전의 성능을 확인·유지하도록 하는 방식이다.

1.2 미국의 리스크정보활용규제 체제

어떤 규제를 이행하기 위해서는 (1) 규제의 근거가 되는 정책 (2) 규제를 실제 이행하기 위한 체제가 필요하다. 이 절에서는 미국 RIR의 기반이 되는 정책과 이행 체제에 관해 기술했다.

1.2.1 리스크정보활용 관련 정책

PSA를 통해 어떤 원전의 리스크가 평가되었다고 하면 다음은 그 원전의 리스크 수준이 적절한지를 판단해야 한다. 이를 위해서는 원전의 리스크 수준에 대한 판단 기준이 필요하다. '원전이 얼마나 안전하면 충분히 안전한가?' 하는 질문은 사실 1950년대 원전의 도입이 시작되면서부터 제기된 문제였고, 원자력 발전을 가장 먼저 시작한 미국은 1980년대 중반에 이를 해결하는 방안으로 안전목표(Safety Goal)라는 개념을 도입했다[NRC, 1986]. 안전목표란 원전이 가지고 있는 본질적인 리스크(Inherent Risk)를 심층방어, 설계기준사고 대비와 안전문화 등 다양한 방법을 통해 원전의 리스크를 줄이고 난 후에도 남는 리스크(Residual Risk)가 사회가 용인할 정도로 낮은지 판단하는 기준이다. NRC가 원자력 규제에 리스크라는 개념을 도입한 것은 안전목표와 깊은 관계가 있다. 어떤 시설이든 위해가 전혀 없는 절대 안전한, 즉 리스크가 '0'인 시설은 없으므로 원전의 잔여 리스크를 어느 수준까지 줄였는가 하는 것이 원전 안전성 수준의 판단 기준이 된 것이다.

1986년에 NRC는 원전의 안전목표로 0.1% 규칙을 제안했다[NRC, 1986]. 미국의 안전목표를 0.1% 규칙이라고 부르는 이유는 새로운 원전이 하나 가동됨에 따라 사회에 추가로 부과되는 리스크가 다른 모든 인공적 요인에 의해 사회에 부가되는 전체 리스크의 1,000분의 1 이하, 즉 0.1% 이하이기를 요구하기 때문이다. 즉, 원전 한 호기가 사회에 새로 도입됨으로써 원전 주변의 개인(미국의 경우는 원전 내 1.6km 내에 있는 개인)에게 추가로 부가되는 조기 사망의 리스크는 그 개인이 이미 여러 다른 요인으로 인해 받는 전체 조기 사망 리스크의 1,000분의 1 이하여야 한다. 또한, 원전 주변 주민의 암 사망 리스크 증가도 미국 전체 암 사망 리스크의 1,000분의 1 이하여야 한다. 미국에서는 어떤 원전이 이 안전목표를 충족하면 그 원전은 사회가 용납 가능한 수준의 리스크를 갖고 있다고 본다. 그러나 특정 원전이 0.1% 규칙에 따른 안전목표를 충족하였는지 여부를 판단하기 쉽지 않으므로 NRC는 안전목표를

PSA와 연계해 다음과 같은 보조 목표를 설정했다.

(1) CDF: 1.0E-4/년(Reactor Year) 이하

(2) LERF: 1.0E-5/년(Reactor Year) 이하

이와 같은 미국의 원전 안전목표는 이후 IAEA나 다른 원전 보유 국가의 원자력 안전목표를 제정하는 데 기준이 되었다[NEA, 2009]. 특히 IAEA는 신규 원전에 대해서는 미국 NRC의 안전 보조 목표보다 더 강화된 다음과 같은 안전목표를 제시했다.

(1) CDF: 1.0E-5/년 이하

(2) LERF: 1.0E-6/년 이하

미국이 RIPBA를 도입하게 된 결정적인 계기는 앞서 기술한 바와 같이 1979년에 발생한 TMI 사고경위를 1975년에 발간된 세계 최초의 원전 PSA 보고서인 WASH-1400에서 이미 가장 리스크가 큰 사고경위로 평가했었던 점이다[NRC, 1975]. 이후 NRC는 1995년 PSA의 사용과 관련된 PRA 정책 성명(PRA Policy Statement)을 발표하며 미국의 규제 체제를 리스크정보활용 체제로 변경할 것을 천명했다[NRC, 1995]. 이는 기존의 설계기준사고를 기반으로 하는 원전 안전 확보 체계가 원전에서 발생 가능한 다양한 사고의 영향을 모두 파악하는 데에는 한계가 있으므로 리스크 개념을 활용해 기존 규제의 한계를 보완하기 위한 것이다. PRA 정책 성명의 목적은 규제 효과성 및 효율성을 증진하기 위해서 일관성 있고 예측 가능한 방식으로 PSA를 규제 활동에 적용하는 정책을 제시하는 것으로 다음과 같은 목표를 제시했다.

(1) 안전 중요도(Safety Significance)에 근거한 의사결정

(2) NRC 규제자원의 효율적 활용

(3) 원자력 사업자에 대한 불필요한 규제 부담 저감

이후 NRC는 2000년도에 리스크정보활용 규제 이행계획(Risk-informed Regulation Implementation Plan: RIRIP)을 수립했다[NRC, 2000]. 이 이행계획에서는 RIR의 법적 근거 확보와 관련된 10CFR50 개정, PSA 표준화 지침 개발 등이 포함되어 있다.

1.2.2 리스크정보활용규제 체제와 기준

미국 NRC는 RIR의 가장 근본이 되는 원칙을 기술한 규제 지침 1.174(Regulatory Guide 1.174)를 공표했다. 규제 지침 1.174에는 RIR을 이행하는 데 필요한 5가지 기본 원칙을 다음과 같이 제시했다[NRC, 2011].

(1) 현행 규제 요건의 충족

(2) 기존 심층방어 원칙의 충족

(3) 안전 여유도(Safety Margin: SM)의 유지

(4) 수용 가능한 수준의 리스크 증가 허용

(5) 성능 감시 체계 구축

이 중에서 '심층방어 원칙의 충족'과 '안전 여유도 유지'의 확인은 기본적으로 결정론적 안전성 평가를 통해 이루어지며, PSA를 통해 보완한다. 리스크에 미치는 영향이 수용 가능한지에 대한 평가와 판정은 PSA를 통해 이루어진다.

[그림 4-3]에 규제 지침 1.174가 제시하는 리스크정보활용 의사결정 체제가 나와 있다. 미국의 규제 지침 1.174에서 제안된 체제는 리스크 개념과 결정론적 안전성 평가 체계의 연계 방식을 규정하는 가장 기본이 되는 체제이다. 현재 미국에서는 다음과 같은 다양한 분야의 리스크정보활용이 이루어지고 있으며, 항목별로 별도의 규제 지침이 제시되어 있다. 그러나 규제 지침 1.174는 이들 규제 지침에 앞서 가장 우선해 적용하는 기본 지침이라고 할 수 있다.

(1) 리스크정보활용 가동 중 시험 (Risk-informed In-service Test: RI-IST),

(2) 리스크정보활용 가동 중 검사(Risk-informed In-service Inspection: RI-ISI),

(3) 차등 품질 보증(Graded Quality Assurance: GQA),

(4) 운영기술지침서 허용 정지 시간(Risk-informed Allowable Outage Time: RI-AOT) 및 정기 점검 주기 연장(Surveillance Test Interval: STI),

(5) 리스크정보활용 격납건물 종합 누설률 시험주기연장(Risk-informed Integrated Leak Rate Test: RI-ILRT) 및

(6) 운전 중 정비(On-line Maintenance: OLM) 등

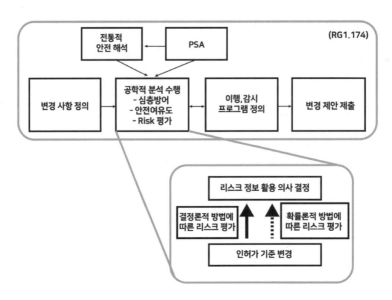

[그림 4-3] 미국 NRC 리스크정보활용 의사결정 과정

　규제 지침 1.174의 '수용 가능한 수준의 리스크 증가 허용'과 관련해 미국 NRC는 원전 성능목표로 CDF와 LERF에 대한 허용 기준을 설정했다. CDF와 LERF에 대한 허용 기준이 각기 [그림 4-4]와 [그림 4-5]에 나와 있다. 특정 리스크정보활용을 하고자 하는 어떤 원전의 기본 CDF 값(특정 리스크정보활용을 적용하기 전의 CDF 값)과 CDF 증가분($\mathit{\Delta}$CDF, 특정 리스크정보활용을 적용했을 때의 CDF 변화 값)이 주어졌다고 할 때 [그림 4-4]의 의미는 다음과 같다.[25]

(1) CDF가 감소 되는 경우는 '수용 가능한 수준의 리스크 증가 허용' 원칙을 충족한 것으로 본다(지역 1의 경우는 제외).

(2) 지역 1은 기본 CDF 값 혹은 $\mathit{\Delta}$CDF 값이 너무 큰 지역으로 RIR의 적용이 허용되지 않는다.

(3) 지역 2는 기본 CDF 값이 상대적으로 낮으므로(< 10-5/년), $\mathit{\Delta}$CDF 값의 변화를 좀 더 폭넓게 허용할 수 있다.

---

25) 여기서 유의할 점은 지역 2와 지역 3의 구분 선이 점선이라는 점과 지역 사이에 회색 영역이 존재한다는 것이다. 이와 같은 형태의 의미는 각 지역의 구분이 단순히 경계값에 의해서만 결정되는 것이 아니라는 것이다.

(4) 지역 3은 ΔCDF 값의 변화가 작은 경우(《 10-6/년), 넓은 범위의 기본 CDF 값에 대해 RIR을 허용할 수 있다.

(5) 그러나 다양한 리스크정보활용의 중복 적용을 통해 발생할 수 있는 ΔCDF의 누적 효과도 같이 고려 되어야만 한다.

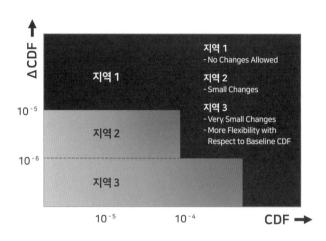

[그림 4-4] NRC의 CDF 변화 허용 지침

[그림 4-5]에 나와 있는 LERF의 변화 허용 지침도 CDF의 변화 허용 지침과 동일한 방식으로 적용이 된다.

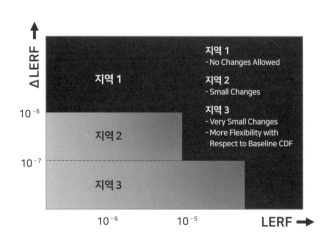

[그림 4-5] NRC의 LERF 변화 허용 지침

미국에서는 이 기본 원칙에 따라 앞서 기술한 다양한 리스크정보활용이 산업체에서 이루어지고 있다[EPRI, 2008]. 또한, NRC는 앞서 언급한 바와 같이 리스크정보활용별 규제 지침을 별도로 발간했다. 이들 적용 사례에 대해서는 제2장에 자세히 기술했다,

(1) 규제 지침 1.175: RI-IST 관련
(2) 규제 지침 1.176: 차등 품질 보증 관련[26]
(3) 규제 지침 1.177: 기술지침서 관련
(4) 규제 지침 1.178: RI-ISI 관련

---

26) 현재 규제 지침 1.176은 철회되었고, 10CFR50.69 RI-SSCC (Risk-informed SSCs Categorization)로 대체되었다[NRC, 2022a]. 이에 대한 자세한 내용은 '2.3 리스크정보활용 SSCs 분류'에 기술되어 있다.

1.3 미국의 성능기반규제 체제

1.3.1 원자로감시절차

미국의 경우는 RIR이 시작된 후 곧이어 PBR로의 이행도 같이 진행했다[NRC, 2007a]. 가동 중 원전의 안전성을 지속적으로 확인하기 위한 미국 PBR의 가장 핵심적인 제도는 [그림 4-6]에 나온 원자로감시절차(Reactor Oversight Process: ROP)이다[NRC, 2006b]. ROP는 원전 규제에 리스크정보 및 성능 실적을 반영해 규제를 효과적으로 이행하고, 아울러 규제 자원 활용의 효율성을 높이는 것을 목적으로 하는 규제 감시 절차이다. ROP는 시범 이행을 거쳐 2000년부터 가동 중 원전에 대해 시행되고 있다. ROP 체제를 성능기반규제 부분에서 소개하고 있지만 [그림 4-6]에 나와 있듯이 ROP는 실제는 성능 감시와 리스크정보활용을 포괄해 원전의 안전을 감시하는 최상위의 규제 체제이다.

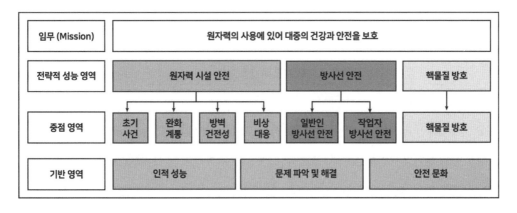

[그림 4-6] 미국의 ROP 구성

ROP는 3개의 전략적 성능 영역(Strategic Performance Area), 각 영역에 해당하는 중점 영역(Cornerstones), 그리고 3개의 전략적 성능 영역 전체와 관계되는 기반 영역(Cross Cutting Area)으로 구성이 되어있다. 그리고 중점 영역은 해당 중점 영역의 성능을 대표하는 성능지표(Performance Indicator)를 갖는다. 여기서는 '원자력시설 안전' 중점 영역 관련 사항만 기술했다. 〈표 4-1〉에 '원자력시설 안전' 중점 영역의 성능지표가 나와 있다.

<표 4-1> 원자력시설 안전 중점영역 관련 성능지표

중점 영역	성능지표
초기사건	7,000 임계 시간 중 불시정지 (자동 및 수동)
	7,000 임계 시간 중 비계획 출력변동
	불시정지 (안전계통이 작동하지 않은)
완화계통	안전계통 기능 고장
	비상 AC 전력계통
	고압안전주입계통
	열제거계통
	잔열제거계통
방벽 건전성	1차 측 경계 관련
	1차 측 누설
비상대응	훈련 성능
	비상대응조직 훈련 참여
	경보/통보 계통 신뢰도

또한, 개략적인 ROP의 운영 체제가 [그림 4-7]에 나와 있다. ROP는 크게 (1) 규제 검사와 (2) 성능지표 평가의 두 부분으로 나눌 수 있다. 검사 계획은 모든 원전에 대해 안전 성능 수준과 무관하게 시행되는 리스크정보활용 기반 검사(Baseline Inspection)와 필요할 때 추가 시행되는 추가 검사로 구분된다. 검사를 통해 발견된 문제점들에 대해서 [그림 4-8]의 안전 중요도 평가 절차(Significance Determination Process: SDP)[변충섭, 2021]에 따라 그 심각도를 평가한 후 〈표 4-2〉의 기준에 따라 녹색, 백색, 황색 및 적색으로 등급을 부여한다[N.Siu, 2016; 정원대, 2021].

규제 기관은 분기별로 각 원전의 성능지표를 평가하고 그 결과를 미리 설정된 성능경계치와 비교해 성능 수준에 따라 검사 시 발견된 문제점과 마찬가지로 색깔을 녹색, 백색, 황색 및 적색으로 부여한다.

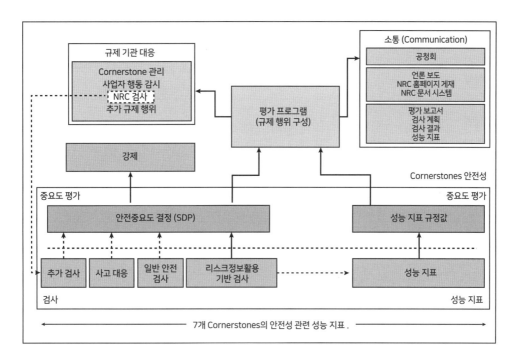

[그림 4-7] ROP 운영 체계

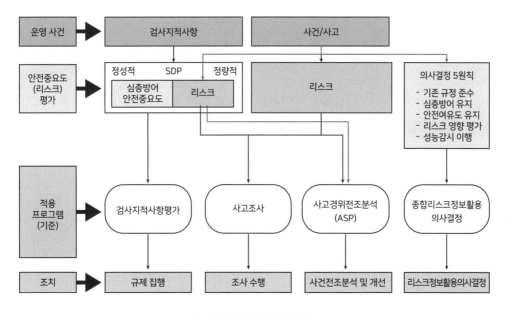

[그림 4-8] SDP 운영 체계

<표 4-2> 성능 감시 평가 기준

안전 등급		정량적/정성적 기준
적색	적색 (Red) 높은 안전 중요도	(정량적) $\Delta CDF > 10^{-4}$, $\Delta LERF > 10^{-5}$ (정석적) 설계기준을 벗어나는 성능
황색	노란색 (Yellow) 상당한 안전 중요도	(정량적) $10^{-4} \geq \Delta CDF > 10^{-5}$, $10^{-5} \geq \Delta LERF > 10^{-6}$ (정석적) 안전 여유도가 상당히 감소
백색	흰색 (White) 낮은~보통 안전 중요도	(정량적) $10^{-5} \geq \Delta CDF > 10^{-6}$, $10^{-6} \geq \Delta LERF > 10^{-7}$ (정석적) 정상 성능 범위를 벗어남
녹색	녹색 (Green) 매우 낮은 안전 중요도	(정량적) $10^{-6} \geq \Delta CDF$, $10^{-7} \geq \Delta LERF$ (정석적) 발전소 허용수준 만족

여기서 녹색은 연관된 중점 영역의 목표가 충족되는 성능 수준을 의미하고, 백색은 산업계의 평균 성능 범위는 벗어났지만, 관련 중점 영역의 목표는 여전히 충족되고 있는 수준이다. 황색은 중점 영역의 목표는 충족되고 있지만, 안전 여유도가 소폭 감소했음을 의미한다. 적색은 성능지표로 측정된 영역에서 안전 여유도가 많이 감소했음을 의미한다. ROP 이행을 통해 미국 내 모든 원전은 5단계로 구분된 안전 성능 등급으로 구분된다.

NRC는 성능지표와 리스크정보활용 기본 검사에서 도출되는 각 색깔과 분야별 분포를 종합적으로 평가해서 추가 검사 및 운전 정지를 포함한 해당 원전의 규제 차등화 조치를 결정한다.

ROP를 통해 NRC는 성능 실적이 떨어지는 원전에 대해 NRC 지역사무소와 본부의 규제 활동을 집중할 수 있게 되었으며, 개별 원전별로도 해당 원전의 안전성 취약 부분에 대해 규제 활동을 집중할 수 있게 되었다. 따라서 NRC는 ROP를 통해 규제 효과성 및 규제자원 활용의 효율성을 충분히 달성하고 있다고 자체 평가하고 있다.

한편 이 제도가 갖는 여러 가지 장점에도 불구하고 이행 과정에서 몇 가지 문제점이 발견되어 NRC는 지속적인 제도 보완을 수행하고 있다. 주요 보완 내용은 원전의 안전성 확보에 필수적이고 가장 핵심적인 역할을 담당하는 안전계통에 대한 성능지표 및 검사 계획에 대한 보완이었다. 구체적으로 우선 안전계통의 성능지표 중에서 초기사건 및 사고완화계통과 관련된 주요 안전계통의 성능지표를 보다 세분화하고 정량화했다. 그리고 기존 주재검사원

위주의 기본 검사 수행의 기술적 문제를 보완하기 위해 주요 안전계통을 대상으로 NRC 본부에서 2년마다 특별 검사팀을 파견해 수행하는 기기 설계 기준 검사(Component Design Base Inspection: CDBI) 프로그램을 포함해 리스크정보활용 기본 검사 계획을 수립하도록 했다. 이 검사 프로그램은 운영 현황은 물론 설계 내용, 설계 변경 사항, 운전 경험 반영 및 비상운전절차 등에 대해 심층적인 검사를 수행하는 것이다.

1.3.2 정비규정

PBR 관련 제도 중 위의 ROP 제도 보다 더 먼저 도입된 대표적인 PBR 체제는 정비규정 (Maintenance Rule: MR)이다. 정비규정의 목적은 원전 SSCs의 적절한 정비를 통해 원전의 안전 성능을 일정 기준 이상으로 유지하도록 하는 것이다. 정비규정은 원전에서 이루어지는 정비 행위의 효율성을 감시해 원자력 사업자가 효율적인 정비를 수행하도록 촉진하는 제도이다[NRC, 1991].

원전에는 안전을 위한 안전계통이 있고, 발전과 관련된 비안전계통이 있다. 그러나 비안전계통의 고장이 안전계통에 영향을 주어 원전의 불시정지를 유발할 수도 있다. 정비규정은 원자력 사업자가 정비 프로그램의 효율성을 계속 감시하도록 해 기기의 신뢰도(Reliability), 이용도(Availability), 사용가능도(Operability)를 향상시키고, 이를 통해 안전 관련 계통의 고장에 의한 불시정지를 예방하기 위한 것이다.

1980년대 후반 NRC는 원자력 사업자들의 정비가 적절히 이루어지지 않고 있다고 판단해 정비규정의 도입을 추진했다. 이에 대한 사업자들의 반대도 있었지만, NRC는 1991년 정비규정[NRC, 1991]을 공식 발표했다. 이후 9개 원전에 정비규정을 시범 적용한 후 1996년 7월부터 미국 내 모든 원전에 정비규정을 적용하기 시작했다. 2019년도에 미국의 산업체가 발표한 바에 따르면 1990년대 초 연간 200여 회에 달하던 원전의 불시정지 횟수도 계속 감소해 2010년대에 들어서는 연간 약 50회로 낮아졌다[NEI, 2020].

정비규정의 기본 개념은 안전에 중요하다고 판정되어 정비규정 적용 대상으로 선정된 SSCs의 목표성능을 설정하고, 이 성능에 부합되도록 정비를 포함해, 운전 및 설계 개선 등 필요한 조치를 하는 것이다. 정비규정 적용 프로그램 절차를 간단히 정리하면 다음과 같다

[황미정 외, 1999].

(1) 원전의 여러 SSCs 중 정비규정 적용 대상이 되는 SSCs를 선정

(2) 선정된 SSCs가 안전에 중요한(Risk Significant) SSCs인지 여부 판별

(3) 각 SSCs에 맞는 성능 기준을 선정하고, 이 성능 기준을 만족하도록 정비를 수행

(4) 만약 특정 SSCs의 성능이 관련 성능 기준을 만족하지 못하는 경우, 적절한 시정 활동을 하도록 조치

정비규정의 전반적인 의사결정 절차가 [그림 4-9]에 나와 있다[황미정 외, 2001]. 원전의 여러 SSCs 중 정비규정 적용 대상이 되는 SSCs를 선정하는 작업에는 PSA 결과를 활용한다. 이 작업에는 CDF, 위험도 감소 가치(Risk Reduction Worth: RRW), 위험도 달성 가치(Reduction Achievement Worth: RAW)를 이용한다. 즉, PSA 결과 SSCs의 RRW가 1.005보다 큰 SSCs, RAW가 2보다 큰 SSCs, 그리고 최소단절집합(MSC)을 MCS별 값에 따라 내림차순으로 배열하여 각 MCS의 CDF 값의 합이 전체 CDF 값의 90%에 도달할 때, 이에 속한 MCS에 포함된 SSCs는 안전성에 중요한 SSCs로 분류해 SSCs 선정 전문위원회(Expert Panel)에 중요 SSCs 후보로 제출을 한다. 그러나 원전에는 PSA 모델에 포함되지 않는 계통도 다수 있으므로 이런 계통에 대해서는 전문가 그룹이 정비규정의 적용 대상이 되는 SSCs를 추가로 선정한다.

정비가 적절히 이루어지고 있는지를 판단하기 위해서는 이와 관련된 성능 기준이 필요하다. 이런 성능 기준으로는 이용도, 신뢰도, 혹은 기기 상태 등이 사용된다. 안전성에 중요한 SSCs는 개별 SSCs에 대한 성능 기준을 설정하며, 안전성에 중요하지 않은 SSCs는 원전 전체 수준(Plant Level)의 성능 기준을 설정한다. 전문가 그룹은 정비규정 적용 대상의 선정과 더불어 선정된 SSCs의 성능 기준을 결정하는 데에도 중요한 역할을 담당한다.

원전 전체 수준의 성능 기준으로는 다음과 같은 항목이 사용된다.

(1) 운전 7,000시간 동안의 불시정지 수

(2) 안전계통이 예기치 않게 작동된 사건 수 혹은

(3) 예기치 않은 발전량 손실률

기기의 성능을 평가하기 위해 해당 기기의 운전 이력과 미리 정의된 해당 기기의 성능 기

준을 비교해야 한다. 비교 시에는 최소한 2번의 재장전 주기 기간과 36개월 중 짧은 기간의 원전 운전 경험 자료를 이용한다.

미국에서 정비규정이 도입된 초기에는 정비규정과 리스크 분야가 연계되어 있지 않았으나, 곧 정비규정의 적용 대상이 되는 SSCs의 선정, 선정된 SSCs가 안전에 중요한 SSCs인지의 판별 및 성능 기준 결정에 PSA 결과를 활용하기 시작했다. 이를 통해 정비규정은 미국 NRC나 산업체 인력이 리스크 관련 기술, 평가 결과의 활용에 익숙해지는 중요한 계기가 되었다.

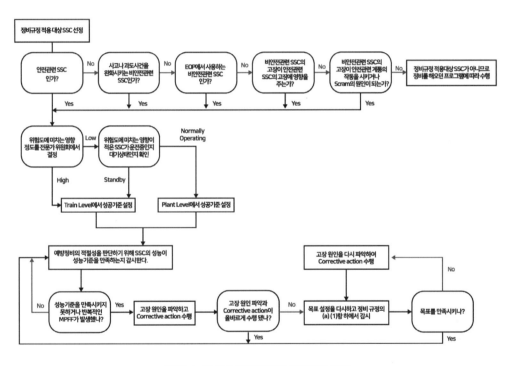

[그림 4-9] 미국 정비규정의 의사결정 체제

1.4 PSA 적합성

PSA에는 설계기준사고의 열수력 분석 결과, 인간 오류 확률, 기기 고장 확률, 중대사고 현상, 지진에 의한 기기 취약도 등 매우 다양하고 방대한 정보가 사용된다. 또한, 시간의 경과에 따라 원전의 상태가 계속 변하기 때문에 PSA 결과의 타당성을 계속 유지하기 위해서는 원전의 현재 설계, 건설 및 운영 상태가 PSA에 적절히 반영(As designed, as built, as operated)되어야만 한다. 즉, PSA에 사용되는 방법과 자료 등 따라 PSA 결과의 신뢰성이 크게 변할 수 있다.

PSA 결과에 따라 주요 의사결정이 이루어지는 RIPBA의 특성상 PSA의 적합성·신뢰성을 확보하는 것은 RIPBA에 있어 매우 중요한 요소이다. NRC는 이 문제를 해결하기 위해 PSA 품질(Quality)이라는 개념을 도입했다. 현재 NRC는 원자력 사업자가 PSA를 수행해 원전의 리스크를 평가했다고 해도 과연 그 평가가 적절한 방법, 자료 등을 이용해 이루어졌는지 검증을 통해 PSA의 품질을 확인하도록 사업자들에게 요구하고 있다.

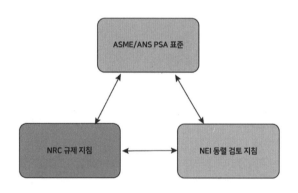

[그림 4-10] 미국 PSA 표준, 검토, 승인 사이 관계도

NRC는 규제 지침 1.200[NRC, 2020]에서 [그림 4-10] 나온 바와 같이 PSA 품질을 확인하는 체제의 3가지 요소로 (1) NRC 규제 지침(내부 직원 지침, 표준 심사지침 등), (2) PSA 표준(ASME/ANS PSA 표준), (3) 동렬 검토(Peer Review) 지침을 제시하고 있다. 이 중 가장 중요한 요소는 PSA의 중요 요소별로 품질 수준별 요건을 제시하고 있는 PSA 표준이라고 할 수 있다.

PSA 표준은 미국 기계학회(American Society of Mechanical Engineers: ASME)와 원자력학회(American Nuclear Society: ANS)가 원자력 리스크 관리 관련 공동 위원회(Joint Committee on Nuclear Risk Management: JCNRM)를 구성해 PSA 표준의 개발 및 관리를 하고 있다[ANS, 2021]. 현재 JCNRM에서 개발한 혹은 현재 개발 중인 PSA 표준은 다음과 같다.

(1) ASME/ANS RA-S, "Standard for Level 1/Large Early Release Frequency Probabilistic Risk Assessment for Nuclear Power Plant Applications"[ASME, 2002; ASME, 2009; ASME, 2013]

(2) ANS/ASME-58.22, "Requirements for Low Power and Shutdown Probabilistic Risk Assessment"[ANS, 2015]

(3) ASME/ANS RA-S-1.2, "Severe Accident Progression and Radiological Release (Level 2) PRA Methodology to Support Nuclear Installation Applications" (previously ANS/ASME-58.24) [ASME, 2015a]

(4) ASME/ANS RA-S-1.3, "Standard for Radiological Accident Offsite Consequence Analysis (Level 3 PRA) to Support Nuclear Installation Applications" (previously ANS/ASME-58.25) [ASME, 2017]

(5) ASME/ANS RA-S-1.4-2013, "Probabilistic Risk Assessment Standard for Advanced Non-LWR Nuclear Power Plants"[ASME, 2021]

(6) ASME/ANS RA-S 1.5, "Advanced Light Water Reactor PRA Standard"[ASME, 2015b]

또한, 다수기 PSA에 대한 PSA 표준도 현재 개발 중이다. PSA 표준은 PSA의 다양한 구성 요소에 대한 상위 요건과 상위 요건별 하위 요건으로 구성된다. 예를 들어 1단계 PSA에 대한 PSA 표준은 (1) 초기사건 분석, (2) 사고경위 분석, (3) 성공기준, (4) 계통 분석, (5) 인간 신뢰도분석, (6) 자료 분석, (7) 정량화의 7개 분야에 대한 상위 요건, 그리고 각 상위 요건별 하위 요건으로 구성되어 있다.

PSA 품질 평가는 하위 요건 차원에서 수행되며 품질을 평가하고자 하는 PSA 모델의 요소별 관련 요건을 검토해 요건별로 품질 범주를 배정한다. 품질 범주는 〈표 4-3〉과 같이 I~III 등급으로 구분된다.[27] 특정 요건에 해당하는 사항이 보수적인 가정에 따라 모델 되었다면 I등급, 가장 현실적인 가정에 따라 모델 되었다면 III등급으로 평가된다. PSA 품질은 전체 PSA 모델에 대해 등급을 매기는 것이 아니라, 요건별로 등급을 매기는 방식이지만 미국 사업자는 현재 PSA의 품질을 기본적으로 II등급 수준으로 유지하려고 노력하고 있다.

〈표 4-3〉 PSA 표준 품질 등급

	I 등급	II 등급	III 등급
범주와 상세 수준 정도	인적행위를 포함해 계통이나 계열 수준에서 상대적 중요 기여 인자 파악	인적행위를 포함해 SSCs 수준에서 상대적 중요 기여 인자 파악	인적행위를 포함해 기기 수준에서 상대적 중요 기여 인자 파악
발전소 특성 반영 정도	발전소의 고유한 설계와 운전 설비를 제외하고 일반 데이터·모델 사용	주요 기여 인자에 발전소 고유 데이터/모델 사용	이용 가능 시 모든 기여 인자에 발전소 고유 데이터·모델 사용
발전소 반응에 대한 실제성 반영 정도	실제성의 이탈 정도가 의사결정 (결론과 리스크)에 적지 않은 영향을 줄 것 같음	실제성의 이탈 정도가 의사결정 (결론과 위험도)에 영향을 줄 것 같지 않음	실제성의 이탈 정도가 의사결정 (결론과 리스크)에 영향을 안 줌

위에서 언급한 PSA 품질 요건별 등급 평가는 산업체의 여러 PSA 전문가들이 참여하여 팀을 이뤄 수행하는 동렬 검토를 통해 이루어진다. 원전 소유자 그룹(Owner's Group)은 수년 동안 PSA 동렬 검토 프로그램을 개발 및 적용해 왔으며, 미국 원자력에너지협회(Nuclear Energy Institute: NEI)는 PSA에 대한 산업체 동렬 검토 지침서인 NEI-00-02 등 동렬 검토와 관련된 여러 문서를 발간했다[NEI, 2006]. 동렬 검토 과정은 PSA 결과를 기반으로 도출되는 다양한 의사결정의 신뢰성을 확보하는데 매우 중요한 요소이다.

현재 일본과 중국 모두 미국의 PSA 표준 작성 및 관리 조직인 JCNRM에 각기 일본 국제실무반(International Working Group)과 중국 국제 실무반을 구성해 참여하고 있으며 미국과의 협조를 통해 각국의 PSA 표준을 개발하고 있다. 현재 한국도 국내 고유 PSA 표준을 제정하기 위한 노력하고 있다[황미정 외, 2021].

---

27) 그러나 JCNRM이 새로 개정 중인 PRA Standard에서는 등급 III을 없애는 방향으로 추진되고 있다.

제2장 미국 산업체의 리스크정보활용 분야

현재 미국에서 이행되고 있는 리스크정보활용은 앞서 기술한 (1) 리스크정보활용 가동 중 시험 (RI-IST), (2) 리스크정보활용 가동 중 검사(RI-ISI), (3) 리스크정보활용 SSCs 분류(Risk-informed SSCs Categorization: RI-SSCC), (4) 운영기술지침서 허용 정지 시간 (RI-AOT) 및 정주기 시험 주기(STI) 연장, (5) 리스크정보활용 격납건물 종합 누설률 시험 주기 연장(RI-ILRT) 및 (6) 운전 중 정비(OLM) 외에도 리스크정보활용 설계 등 매우 다양하다. 이와 같은 리스크정보활용은 다음의 두 가지 방법에 따라 이루어진다.

(1) SSCs의 중요도에 따른 방법

    1) 이 방법은 PSA 결과로부터 SSCs의 중요도를 평가하고, 그 결과에 따라 SSCs를 차등 취급하는 방법이다.

    2) 위에 기술한 RI-ISI, RI-SSCC 등이 이 방법에 기반을 두고 있다. 또한, 정비규정에서 기술하였듯이 중요 SSCs 선정에도 이 방법이 사용된다.

(2) 허용 기준치 내의 리스크 증가 허용

    1) 미국의 규제 지침 1.174에 나와 있는 바와 같은 ΔCDF, ΔLERF 등 리스크 척도 증가 허용 기준([그림 4-4,] [그림 4-5] 참조)에 맞추어 리스크정보활용을 적용하는 방법이다.

    2) RI-AOT, RI-STI, RI-ILRT, OLM 등이 이 방법을 사용한다.

그러나 실제적으로는 대부분의 리스크정보활용에서 위의 두 가지 방법이 상호 보완적으로 같이 사용된다. 〈표 4-4〉에 리스크정보활용 분야별 적용 방법이 간략히 정리되어 있다. 예를 들어 기술지침서의 AOT를 3일에서 7일로 연장하려는 경우 PSA 모델의 초기사건과 해당 계통의 고장수목이 영향을 받는다. 이때 새로 평가한 CDF와 기존 CDF의 차이 즉, ΔCDF 와 CCDP (Conditional Core Damage Probability)가 허용 기준치보다 작아야만 관련 인허가를 받을 수 있다는 뜻이다.

〈표 4-4〉 리스크정보활용 분야별 적용 방법 및 사례

적용분야	변화 요소	사례	PSA 모델 영향	방법론
기술지침서	점검 주기	1개월 → 3개월	고장수목, 초기사건	ΔCDF, ΔLERF 〈 허용 기준, 시험 유발 위험도 〈 시험 억제 위험도
	허용 정지 시간	3일 → 7일	고장수목, 초기사건	ΔCDF, CDP, ΔLERF 〈 허용 기준, 정지 위험 〈 계속 운전 위험
RI-STI	시험 주기, 개수, 방법	1개월, 30개 → 10개	고장수목, 초기사건	ΔCDF, ΔLERF 〈 허용 기준, 중요도 등급화
OLM, RI-SSCC	배열 변화	펌프 이용 불능	고장수목, 초기사건	ΔCDF, ΔLERF 〈 허용 기준
RI-ISI	취급 개수, 검사 방법	50 → 30개, 3차원 → 2차원 검사	고장수목, 초기사건	중요도 등급화
RI-SSCC	취급 개수	5만 → 3만개	없음	중요도 등급화
RI-ILRT	검사 주기	5년 → 10년	3단계 PSA, 방사선원	Δ인간피폭 〈허용 기준

2.1 가동 중 시험

국내 법령에는 원전의 가동 중 시험(IST)을 '원자로시설의 안전 관련 펌프 및 밸브에 대한 안전 기능 수행 능력을 확인하고 운영허가 이후 원자로시설의 시간 경과에 따른 취약화 정도를 감시·평가하기 위한 시험'이라고 정의하고 있다[원자력안전위원회, 2021]. 국내외 원전의 안전 관련 기기에 대한 IST 요건과 주기 등은 일반적으로 미국의 ASME 코드 규정을 따르고 있다. ASME 코드의 원전 1, 2, 3등급 기기는 등급별로 동일한 IST를 일률적으로 수행해왔다. 그러나, PSA 수행 결과, ASME 기준에 따른 기기의 등급이 동일해도 기기별로 원전의 안전성에 미치는 영향은 매우 다른 것으로 나타났다. 미국의 전력연구소(Electric Power Research Institute: EPRI)와 ASME가 1995년도에 10개 원전을 대상으로 수행한 RI-IST 연구에 따르면, IST 대상인 펌프의 90%, 밸브는 50%가 PSA에 모델이 되어있고, 이들 중 펌프의 50%, 밸브의 10%만이 원전 안전에 중요한 것으로 밝혀졌다[C.W. Rowley, 1995]. RI-IST의 핵심은 원전 안전성에 미치는 중요도에 따라 기기를 구분해, 안전성에 중요하지 않은 기기는 시험 주기를 완화하고자 하는 것이다.

예를 들어 미국에서 팔로버디(Palo Verde) 원전에서는 IST 대상 펌프는 22개이고, 밸브는

501개였다. 이 중 팔로버디 원전 PSA 모델에 포함된 펌프 수는 15개, 밸브 수는 163개였다. 팔로버디 원전에서는 RI-IST 대상 기기 선정을 위한 기준으로 Fussel-Vesely 중요도 0.001과 RAW 2를 사용했다. 이렇게 PSA 결과를 이용해 선정된 RI-IST 대상 기기를 이후 전문가 그룹이 공학적 판단 등을 통해 최종적으로 RI-IST 대상 기기를 결정했다. 그 결과 369개의 밸브가 안전에 중요하진 않은 밸브로 판명되었으며, 이들 중 약 190개는 시험 주기를 늘릴 수 있는 것으로 판단되었다. 이들 밸브의 시험 주기를 3년, 5년, 10년으로 늘리며 민감도 분석을 수행한 결과, 팔로버디 원전의 CDF가 각 경우 약 1%, 3%, 7% 정도씩 증가하는 것으로 나타났다. 따라서 팔로버디 원전은 이 결과를 기반으로 IST의 연장이 가능한 밸브들의 시험 주기를 늘릴 수 있었다[박창규 외, 2003].

2.2 가동 중 검사

국내 법령에는 가동 중 검사(ISI)를 '원자로의 가동 기간 동안 시간의 경과에 따른 안전 관련 설비의 취약화 정도를 감시 평가하기 위해 발전용 원자로운영자가 수행하는 비파괴 검사, 압력 시험, 안전 관련 설비의 보수 및 교체, 예상되지 않은 운전 중 사건 평가 등을 말한다'라고 정의하고 있다[원자력안전위원회, 2016a]. 원전의 ISI 대상은 주로 배관과 압력 용기로서 대부분 ASME Section XI에 따라서 10년에 1번 정도 검사를 하게 되어있다. 지금까지는 ISI 대상인 배관과 압력용기는 계통에 따라 안전 1, 2, 3등급 및 비안전 등급으로 나누어 ASME Section XI에 따라 다양한 방식의 검사(육안 검사, 표면 검사 및 비파괴검사 등)를 수행했다. 그러나, 같은 계통의 배관 및 압력용기도 위치 및 기능 등에 따라서 원전의 안전에 미치는 영향이 다를 수 있다. RI-ISI는 이처럼 개별 배관 및 압력 용기가 원자력발전소의 안전성에 미치는 영향에 따라 각 배관 및 압력 용기의 검사 주기를 변경하고자 하는 것이다.

RI-ISI 수행 방법에는 EPRI가 개발한 방법과 웨스팅하우스(Westing House: WH)가 개발한 방법이 있다. EPRI RI-ISI 방법은 원전 현장 직원이 직접 분석을 수행할 수 있도록 간략한 분석 절차를 가지고 있는 반면에 WH RI-ISI 방법은 PSA 기법을 활용하는 방식으로 EPRI 방법에 비해 좀 더 체계적이다. 국내에서는 WH 방법을 사용해 RI-ISI를 수행하였으므로 이 절에서는 WH의 RI-ISI 방법을 간략히 소개한다. [그림 4-11]에 WH의 RI-ISI 수행 절차가 나와 있다.

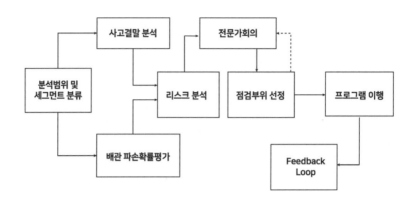

[그림 4-11] 웨스팅하우스의 RI-ISI 수행 절차

[그림 4-11]의 각 상자 속에 나와 있는 업무는 다음과 같이 수행된다[홍승열 외, 2004].

(1) 분석 범위 선정(Scope Definition) : RI-ISI의 첫 단계는 RI-ISI의 적용 대상을 결정하는 것이다. RI-ISI는 안전 및 비안전계통을 포함해 전체 계통에 적용할 수도 있고, 1등급 또는 1, 2등급 기기만을 대상으로 부분적으로 적용할 수도 있다.

(2) 배관 세그먼트 분류(Segment Definition) : 분석 대상의 모든 용접부에 대해 상세 평가를 수행하는 것은 비효율적이므로 리스크 측면에서 비슷한 배관 부위를 모아 배관 세그먼트로 분류하고 세그먼트 단위로 평가를 수행한다. 세그먼트를 분류하는 기준은 다음과 같다.

1) 배관이 파손되었을 때 유사한 사고 결말을 갖는 배관 부위

2) 유량이 분기되거나 혹은 합쳐지는 부위. 또는 배관 크기가 변경되는 배관 부위

3) 파손되었을 경우 격리될 수 있는 배관 부위

(3) 사고 결말 분석(Consequence Evaluation) : 배관 압력 경계 파손으로 인한 피해는 직접 피해(Direct Effects) 및 간접 피해(Indirect Effects)로 구분된다. 직접 피해는 파손된 배관으로 인한 초기사건 발생 또는, 주요 안전계통의 기능 상실 등이고, 간접피해는 파손된 배관으로 인해 유발되는 내부 침수, 배관 휩(Pipe Whip), 분출(Jet Impingement)에 의한 전기 및 계측 기기의 기능 상실 등이다. 이런 피해에 따른 사고

결말을 우선 정성적으로 평가한 후, 이후 PSA 모델을 이용해 CDF와 LERF 값을 구한다.

(4) **배관 파손확률 평가(Piping Failure Probability Assessment)** : 사고 결말 분석 이후 배관 압력 경계 파손으로 인한 영향이 있는 배관 세그먼트에 한하여 관련 전산 코드를 사용해 해당 배관의 파손확률을 평가한다. 이 평가에는 설계, 운전, 보수 관련 각종 정보가 활용된다.

(5) **리스크 평가(Risk Evaluation)** : 이 단계는 리스크 관점에서 배관 세그먼트의 상대적인 중요도를 결정하는 과정이다. 배관의 배관 파손확률을 고려해 계산된 CDF와 LERF 값을 근거로 중요도 순위를 결정한다. 이때는 RRW와 RAW 중요도 척도가 사용된다.

(6) **전문가 회의** : 전문가 회의에서 앞 단계의 분석 결과와 배관 파손확률, 결정론적인 고려 사항, 발전소 및 산업체 경험 등을 고려해 배관 세그먼트에 대한 중요도를 최종적으로 확정한다. 이에 따라 RI-ISI의 적용 대상인 고위험도 배관이 결정된다.

(7) **점검 부위 선정** : 각 고위험도 배관 세그먼트에서 어떤 부위를 점검할 것인가는 구조물, 기기 및 예상되는 손상 메커니즘에 대한 검토 후에 이루어진다. 점검 부위 및 검사 방법 등은 재료, 운전 및 비파괴 검사 전문가들로 구성된 검사 부위 선정 전문가 회의에서 결정한다.

〈표 4-5〉에 국내에서 한울 4호기에 대해 수행한 RI-ISI의 일부 결과가 나와 있다[정백순 외, 2004]. 〈표 4-5〉에서 보듯이 RI-ISI 수행 후에 도리어 CDF와 LERF가 감소했다. 즉, RI-ISI는 리스크정보활용이 안전성과 경제성을 동시에 향상할 수 있다는 것을 보여주는 좋은 사례라고 할 수 있다.

〈표 4-5〉 한울 4호기 RI-ISI 적용 결과 (예)

조건	배관 CDF/LERF(현재의 ISI)	배관 CDF/LERF(RI-ISI)
운전원 행위 미고려 CDF	8.17E-07	5.99E-07
운전원 행위 고려 CDF	2.77E-07	2.48E-07
운전원 행위 미고려 LERF	2.20E-07	1.07E-07
운전원 고려 LERF	9.81E-09	4.78E-09

2.3 리스크정보활용 SSCs 분류

NRC는 품질 보증(Quality Assurance: QA)을 '구조, 계통 또는 기기가 가동 중에 만족하게 그 기능을 발휘하리라는 확신을 제공하는데 필요한 모든 계획적이며 체계적인 활동'이라고 규정하고 있다[NRC, 2022b]. QA의 목적은 원전의 설계, 구매, 제작, 설치, 시험, 검사, 운전 및 정비 등의 모든 과정에서 QA를 통해 원전의 안전성을 확보하고 신뢰성을 유지한 것이다.

전 세계 원전에서 사용되는 QA 관련 규정은 미국 원전의 QA 요건과 유사하다. 미국 원전의 QA 요건은 안전 기기(공중의 건강과 안전에 위해를 초래할 수 있는 가상사고를 방지하거나 그 결과를 경감시키는 SSCs)에만 적용되며 모두 18개의 기준으로 구성되어 있다. 원전의 SSCs는 (1) Q 등급의 안전 관련 SSCs, (2) 비안전 관련 SSCs 및 (3) 확대된 품질 요건을 적용받는 SSCs로 구분된다. Q등급에 해당하는 SSCs에는 위에서 언급한 18개 기준의 품질 요건을 엄격히 적용하고, 비안전 관련 SSCs에는 Q 등급 SSCs보다 완화된 품질 요건을 적용한다.

미국의 경우 원전 SSCs의 교체 비용 중 약 70% 정도가 SSCs의 QA 관련 비용이다[G. D. Bouchey, et al., 1994]. 그러나 원전의 SSCs 중 상당 부분은 원전의 안전에 미치는 영향이 극히 미미한 경우가 많다. 이런 상황을 반영해 SSCs의 안전 중요도에 따라 QA 기준을 달리 적용하려는 시도가 리스크정보활용 SSCs 분류(RI-SSCC)이다.[28] [그림 4-12]에 SSCs의 안전 등급과 안전에 미치는 영향에 따른 4가지 범주가 나와 있다. [그림 4-12]에서 RISC-3 (Risk informed Safety Classification-3)에 해당하는 SSCs와 같이 안전 관련 SSCs이기는 하지만 안전성에 큰 영향을 미치지 않는 SSCs에 대해서 QA 요건을 완화할 수 있다면, 원전 사업자는 SSCs 교체 비용을 상당히 절감할 수 있을 것이다. 반면에 RISC-2에 속하는 SSCs는 기존 QA 요건보다 강화된 QA 요건을 적용해야 하지만, 분석 결과 RISC-2 범주에 속하는 SSCs의 숫자는 RISC-3에 속하는 SSCs의 수에 비해 훨씬 적은 것으로 판명되었다.

NRC는 1995년에 제출한 South Texas Project 원전의 GQA 이행계획에 대해 1997년 10월에 허가를 한 바 있다. 그러나 GQA의 실제 현장 적용 결과 실질적인 비용 절감 효과가

---

28) 앞에 기술한 바와 같이 초기에는 차등 품질 보증(GQA)이라고 불리었으나, 현재는 GQA 관련 규제 지침이 RI-SSCC 규제 지침으로 대체되었다.

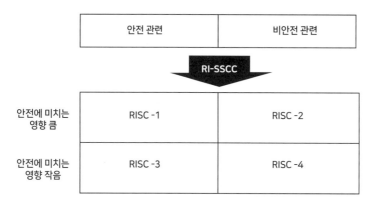

안전 관련	비안전 관련

RI-SSCC

안전에 미치는 영향 큼	RISC -1	RISC -2
안전에 미치는 영향 작음	RISC -3	RISC -4

[그림 4-12] RI-SSCC의 SSCs 분류 방식

크지 않은 것으로 밝혀졌다. 이는 비록 일부 SSCs에 대한 QA 요건이 완화되더라도, 내지진, 내환경 등의 다른 규제 요건은 완화된 것이 아니었기 때문이다. 이에 따라 South Texas Project 원전은 RISC-3에 속하는 SSCs에 대해서는 내지진, 내환경 등의 규제도 완화해 줄 것을 NRC에 요청했다. 이를 계기로 NRC는 RISC-3에 속하는 SSCs에 대해 안전 관련 기기에 부과하였던 기존의 10CFR50의 규제 요건들(QA, 내지진, 내환경, 화재, 정비규정 등)을 완화할 수 방안을 발표했다.

그러나 South Texas Project 원전의 사례 이후 GQA(현재는 RI-SSCC)는 별로 활성화되지 못하고 있다가 근래에 들어 미국의 원전들은 다시 RI-SSCC를 적용하려 활발히 시도하고 있다. 이는 그동안 산업체 PSA 품질이 향상되는 등의 여건 변화에 따른 것이다.

2.4 기술지침서 개정

기술지침서(Technical Specifications: TS)란 원전이 안전성 보고서의 가정과 조건 내에서 운전하도록 규정된 사항들로 원전 운영자는 기술지침서에 규정된 사항을 준수해야만 한다. 그러나, 기술지침서에서 정해진 시험 요건이나 주기, 그리고 허용 정지 시간(AOT) 등은 일반적으로 매우 보수적으로 정해졌기 때문에 기술지침서 요건이 오히려 원전의 안전성이나 운영 측면에서 비합리적인 부작용을 가져올 수 있다. 이에 미국의 원자력 사업자는 1980년대에 PSA를 활용해 원자로보호계통/공학적안전설비작동계통(Reactor Protection

System/ Engineering Safety Feature Actuation System: RPS/ESFAS)의 시험 주기를 완화하는 방안을 개발해 이에 대한 NRC의 승인을 받았다[L. Lee et al., 1993]. 예를 들면, RPS/ESFAS의 일부 기기의 시험 주기를 1개월에서 3개월로 연장하는 경우 등이다. 이에 NRC는 기술지침서의 AOT와 정기 점검 주기(STI)도 변경할 수 있도록 허용했다. 예를 들어 일시적인 AOT 변경에 대해 규제 지침 1.174[NRC, 2011]에서 제시한 5가지의 일반 안전 원칙 및 다음 규제기준을 만족하면 AOT의 변경이 가능하도록 승인하고 있다.

(1) 단일 허용 정지 시간 변경에 대해서는 증가한 조건부 노심손상 확률(Incremental Conditional Core Damage Probability: ICCDP)이 5.0E-7 이하이고 증가된 조건부 대량 조기 누출 확률(Incremental Conditional Large Early Release Probability: ICLERP)은 5.0E-8 이하이다.

(2) ICCDP의 순간 증가는 작고, 정상 운전 위험도 변화(Fluctuations) 범위 내에 있도록 시간에 따라 배분되어야 한다.

원전 운영자가 기술지침서를 변경하려면 다음 세 가지 관점에서 리스크를 평가해야 한다.

(1) PSA 관점

원전 운영자는 제안된 기술지침서 변경에 따른 CDF, ICCDP, LERF, ICLERP의 변화를 평가해야 한다. ICCDP는 아래와 같이 정의된다;

ICCDP=(기기 이용 불능 시 조건부 CDF - 기본 CDF) x AOT

(2) 리스크가 큰 원전 배열 회피 관점

원전 운영자는 제안된 기술지침서의 변경에 따라 원전의 특정 SSCs를 이용하지 못하는 경우에도, 원전에 심각한 위험을 유발할 수 있는 기기 배열이 발생하지 않는다는 타당한 근거를 제시해야 한다.

(3) 리스크정보를 이용한 원전 배열 통제와 관리 관점

원전 운영자는 특정 기기의 정비 작업을 수행하기 전에 해당 기기의 이용 불능이 원전에 미치는 영향을 적절히 평가할 수 있는 프로그램을 개발해야 한다. 또한, 심각한 위험을 유발할 수 있는 계통 배열 상태가 되지 않음을 보장하기 위한 도구, 절차 등 배열 리스크 관리 프로그램(Configuration Risk Management Program: CRMP)을 구축해야 한다. 이런 도구로는 PSA 정보를 이용한 리스크 행렬(Risk Matrix)이나 온라인 형태인 리스크 모니터(Risk Monitor)가 있다(2.6 운전 중 정비 참조).

미국은 원전의 안전성 향상 및 운영 개선을 위해 리스크정보활용 기술지침서(Risk-informed Technical Specifications: RITS)을 개발하였으며, 이를 지속적으로 개선하고 있다[Westinghouse, 2011]. RITS는 다음과 같은 8가지의 이니셔티브를 정의하고 있으며, 이 중 상당수는 이미 대다수 미국의 원전에 적용이 되고 있다.

(1) RITS-1: 기술지침서 필수 조치 종료 상태 개선(Improve TS required action end states)

(2) RITS-2: 누락 검사 관련 요건 개정(Revise requirement for missed surveillances, Surveillance Requirement 3.0.3)

(3) RITS-3: 운전 제한 조건(Limiting Condition for Operation: LCO 3.0.4)의 운전 모드 변경 요건 완화 (Relax mode-change requirements, LCO 3.0.4)

(4) RITS-4: 개별 리스크정보활용 종결 시간(4a) 및 리스크정보활용 기술지침서 종결 시간(4b)(Improve individual risk-informed completion times (4a) and risk-managed TS completion times (4b))

(5) RITS-5: 사업자의 감시시험 주기 변경 허용(RITS-5b) (Relocate surveillance frequencies to licensee control)

(6) RITS-6: 필수 조치 및 종결 시간(LCO 3.0.3) 개정(Revise required actions and completion times, LCO 3.0.3)

(7) RITS-7: 기술지침서 계통에 대한 기술지침서 불포함 계통의 영향 평가(Address non-TS support system impact on TS systems)

(8) RITS-8: 10CFR50.36(c)(2)(ii) 기준 4를 충족하지 않는 LCO 재배치(Relocate LCOs that do not satisfy Criterion 4 of 10CFR50.36(c)(2)(ii))

2.5 격납건물 종합 누설률 시험

격납건물 종합 누설률 시험(ILRT)은 격납건물의 기밀성을 확인하기 위한 시험으로 원래는 5년에 1번씩 시행하게 되어있었다. 그러나 누설률 시험은 격납건물의 피로도를 증가시키는 문제가 있고, 아울러 핵연료 장전 주기가 길어짐으로 인해 미국 원자력 사업자는 ILRT 시험 주기를 준수하는 데도 어려움이 있었다.

이런 문제를 해결하기 위해 NRC는 1995년도에 리스크정보를 활용해 ILRT를 연장할 수 있게 허용하는 규제 규정을 신설했다[NRC, 2022c]. 이는 격납건물의 국부 누설 시험을 통해서도 격납건물의 누설 여부를 대부분 탐지할 수 있고, ILRT 주기를 연장해도 리스크가 많이 증가하지 않는다는 판단에 따른 것이다. 이에 따라 현재 미국은 물론 일본, 한국 등에서도 ILRT를 10년에 1번씩 수행하고 있다. 그러나, ILRT의 주기 연장이 일반 대중의 안전에 영향이 없음을 보이기 위해서 방사성 물질의 대기 중 누출로 의한 주민 피폭 선량 등을 분석해야 한다.

2.6 운전 중 정비

운전 중 정비(OLM)는 계획예방정비 기간 중에 수행하는 안전계통의 정비를 출력 운전 중에 하는 것이다. OLM을 실시하면 계획예방정비 기간 중 수행하는 정비 업무의 양이 줄어들어 계획예방정비 기간을 줄일 수 있으므로 경제적 효과가 크다. 미국에서는 많은 원전에서 OLM을 실시하고 있으며, 바이론 원전 등에서는 계획예방정비 기간을 20일 이하로 단축한 사례도 있다.

OLM을 시행함으로써 단축되는 계획예방정비 기간은 OLM 대상 기기별로 차이가 있다. 이에 대한 미국 산업체(Westinghouse Owners Group: WOG)의 조사결과가 〈표 4-6〉에 나와 있다[박창규 외, 2003]. OLM을 시행하기 위해서는 두 계통이 동시에 이용 불능상태(Out of Service: OOS)가 될 경우의 리스크 변화를 평가해야 한다. 두 계통이 동시에 OOS일 때에도 원전이 안전한가를 판단하기 위해서는 위험도 행렬 표 등을 사용하기도 하고, 리스크 모니터를 이용하기도 한다.

<표 4-6> WOG의 OLM 효과 조사 결과

계통/기기	규제/제한사항	계획정비단축
비상디젤발전기(EDG)	타 EDG 시험 후	1일
안전주입계통	72시간	3~4일
잔열제거계통 열교환기	72시간 - 7일	피폭감소
격납건물 격리밸브	한 번에 한 개씩 수행	4~5일
격납건물 ILRT	-	2일
격납건물 살수	72시간	1일
스위치기어/Load Center	-	4일
전동구동밸브	-	2일

리스크 모니터는 기기 정비, 배열 변화 등에 따른 원전의 리스크 변화를 평가·감시하는 시스템이다. 예를 들어 어떤 밸브가 정비로 인해 이용 불능 상태가 되면 원전의 리스크가 증가하는데, 이때의 리스크 증가분을 PSA 모델을 이용해 계산하고, 그 결과를 보여주는 시스템이 리스크 모니터이다. [그림 4-13]에 한국원자력연구원에서 시범 개발했던 리스크 모니터인 DynaRM의 예시 화면이 나와 있다.

리스크 모니터를 이용하면 정비 계획을 수립할 때 원전의 리스크가 일정 수준 이상으로 높아지지 않도록 계획을 수립할 수 있다. 즉, 어떤 기기의 정비가 다른 특정 기기의 정비 이전에 완료돼야 하는지 등과 같은 정보를 얻을 수도 있다. [그림 4-13]의 아랫부분은 기기별 정비 계획의 일부를, 그림 윗부분은 아랫부분의 정비 계획에 따른 발전소의 리스크 변화를 보여주고 있다.

리스크 모니터는 미국에서 시행되고 있는 정비규정과 OLM 등과 연계되어 미국 내 대다수 원전에 설치/운영되고 있다. 예를 들어 정비규정의 (a)(4)항에서 '정비 전에 정비로 인한 리스크 증가를 평가하고 관리할 수 있어야 한다'라고 요구함에 따라 미국 원전은 이 규정을 충족시키기 위해 리스크 모니터를 활용하고 있다.

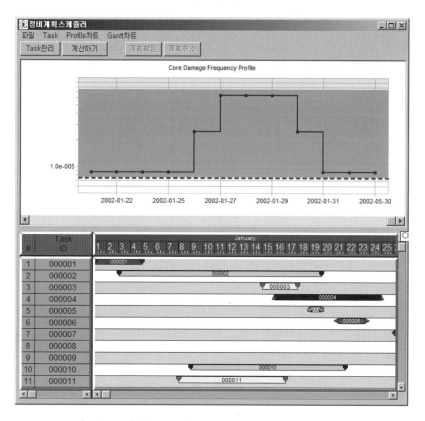

[그림 4-13] 리스크 모니터 DynaRM의 정비계획용 화면 예

2.7 리스크정보활용 설계

가동 중 원전에 대해 PSA를 수행한 후에 PSA에서 발견된 취약점을 보완하기 위한 설계 개선은 PSA가 도입되던 초창기부터 수행이 되어 왔다. 이런 활동을 리스크정보활용설계 (Risk-informed Design: RI-D)라고 부른다. 그러나 기존 원전은 결정론적 규제 요건을 준수해야 하므로 PSA를 이용한 설계 개선에는 한계가 존재했다. NRC도 이와 같은 문제점 을 인지하고 리스크정보를 활용해 기존의 결정론적 규제 체제를 전면적으로 변경하는 방안 (Option 3)에 대해 고려를 하였으나 현실적으로는 기존 원전에 적용하기 어려우므로 시행 이 유보되었다.

그러나 2000년대 초반 미국 원전 사업자들이 SMR 건설을 시도하면서 이 문제가 다시 제기되었다. 당시 PBMR (Pebble Bed Modular Reactor) 건설을 추진하던 미국의 Excelon 사는 NRC와의 협의를 통해 리스크정보를 원전 설계 초기 단계부터 적극적으로 활용하는 방안을 허용하는 새로운 규제 체제를 구축하고자 노력했다. 이후 NRC는 2006년 신형 원전의 규제 체제를 정리한 문건을 발간하였으며 이 체제를 기술 중립 체제(Technology Neutral Framework: TNF)로 명명했다[NRC, 2006a]. 기술 중립이라는 의미는 다양한 원자로형에 공통으로 적용할 수 있는 체제라는 의미이다. 제안된 TNF는 다음의 4단계로 구성되어 있다.

(1) 기술 중립 체제

(2) 기술 중립 규제 요건

(3) 특정 기술 관련 체제

(4) 특정 기술 관련 규제 지침.

여기서 '기술'이란 노형을 의미한다. TNF의 기본 개념은 모든 규제 관련 논의가 리스크정보활용 체제 안에서 이루어지도록 하는 것을 목표로 하고 있다. 또한, 설계 절차도 리스크정보를 활용해 기본 설계를 하고 기존의 결정론적 안전성 분석은 보조 수단으로 활용하고자 하는 방식이다. 미국 원자력학회(ANS)는 가스로를 대상으로 TNF를 적용할 때의 규제 원칙(안)을 아래와 같이 구성해 제안했다.

(1) 리스크정보활용/성능기반 접근 방식(RIPBA)

(2) 최상위 규제 기반 기준(Top Level Regulatory Bases Criteria)

(3) 설계기반사고 선정 과정(Process for Selection of Licensing Basis Events)

(4) 리스크정보활용 SSCs 선정 과정(Process for Risk-informed Safety Classification of SSCs)

(5) 결정론적 안전성 분석(Deterministic Safety Analyses)

(6) 심층방어(Defense in Depth)

(7) 산업체의 코드 및 표준(Industry SSCs Codes and Standards)

위의 원칙 중 '(4) 리스크정보활용 SSCs 선정 과정'은 앞서 언급한 RI-SSCs 개념을 설계 단계부터 적용하겠다는 것이다. 그러나 위의 원칙 중 가장 주목할 내용은 설계기반사고(Licensing Basis Events: LBE) 혹은 설계기준사건(Design Basis Events: DBEs)의 선정 과정이다. 기존의 결정론적 규제 체제에서는 대형 냉각재상실사고, 급수 상실과 같은 설계기준사고(DBA)가 미리 결정되어 있고, 이에 대해 결정론적으로 안전성을 입증하는 방식을 취하고 있다. 반면에 TNF 체제에서는 DBA와 같은 사고의 종류마저도 리스크 관점에서 선정하겠다는 것이다. [그림 4-14]에 LBE 선정 개념이 나와 있다.

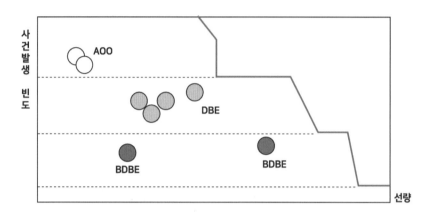

[그림 4-14] TNF의 설계기준사고 도출 방법 (예)

TNF 체제에서는 여러 사건 및 사건의 조합에 대한 리스크 평가 결과를 빈도·결말 곡선상에 표시하고 각 사건(조합)의 리스크 수준에 따라 예상 발생 가능 사고(Anticipated Operational Occurrences: AOOs), DBEs, 설계기준초과 사고(Beyond Design Basis Events: BDBEs)로 분류하겠다는 방식이다[DOE, 2017].

TNF는 Excelon사가 2000년대 중반 PBMR의 건설을 포기하면서 논의가 중단되었으나 2020년대에 SMR에 관한 관심이 증대되면서 다시 TNF 체제를 SMR의 개발 및 규제에 사용하는 방안이 미국[DOE, 2017]은 물론 IAEA [IAEA, 2007] 등에서도 논의되고 있다. 근래 미국은 TNF라는 용어 대신 Technology-Inclusive, Risk-Informed, and Performance-Based Methodology[NRC, 2019]라는 용어를 사용하고 있으나, 리스크정보활용 설계기반사고 선정 및 리스크정보활용 SSCs 분류 등 주요 내용은 TNF와 유사하다[NEI, 2019].

2.8 리스크정보활용 물리적 방호

미국 NRC는 원전의 안전성 확보만이 아니라 방호 분야에 있어서도 리스크정보의 활용을 강화하고 있다[I.Garcia et al. 2021]. 즉, NRC는 물리적 방호와 사이버 보안에 대한 리스크 정보활용 접근 방식을 지속적으로 발전시키고 있으며, 이를 위해 정성적 및 정량적 리스크정 보를 활용하기 위한 도구도 개발하고 있다. 또한, 원자력 사업자도 부지별 위협 조건에 따라 물리적 방호 보완 조치를 수립하는 데 리스크정보활용 방식을 사용할 수 있다. 아울러, NRC 의 사이버 보안 요건 이행 및 감독을 통해 얻은 교훈을 바탕으로 관련 규정 적용을 리스크정 보를 활용하여 개선하기 위한 지침을 제시하였다.

국내에서도 911 이후 PSA를 활용한 물리적 방호 연구를 시작하여, 필수구역파악(Vital Area Identification)을 위한 연구가 시작되었으며[양준언 외, 2002], 관련 적용을 위한 작 업들이 진행되고 있다[이윤환 외, 2011],.

제3장 한국 및 기타 국가의 리스크정보활용 · 성능기반규제 관련 현황

미국 이외 국가의 RIPBR 도입 현황으로는 한국과 더불어 후쿠시마 원전사고 이후 RIPBR 체제로의 변경을 천명한 일본 및 현재 세계에서 가장 원전을 활발히 건설하고 있는 중국의 RIPBR 관련 현황을 살펴본다.

3.1 국내 리스크정보활용·성능기반규제 관련 현황

3.1.1 개요

한국은 TMI 원전사고의 후속 조치로 1989년부터 국내 원전에 대한 PSA를 시작해 이후 모든 가동 원전은 물론 설계 및 건설 중 신규 원전에 대해서도 PSA를 수행하였지만, 당시 PSA는 법적 요건은 아니었다. 그러나 후쿠시마 원전사고 이후 2014년에 주기적안전성평가 (Periodic Safety Assessment: PSR)의 요건으로 PSA가 포함되며 국내에서도 PSA 수행은 법적 요건이 되었다. 또한, 국내 규제 기관은 신규 원전의 인허가를 위해서는 3단계 PSA까지 수행하도록 요구하고 있다[원자력안전위원회, 2016b; 원자력안전위원회, 2016c]. 〈표 4-7〉 에 2022년 기준 국내 PSA 현황이 정리되어 있다[나장환 외, 2022].

미국의 RIR 도입에 맞추어 한국에서도 과학기술부가 1994년에 원자력안전정책성명을 발표했다[과학기술부, 1994]. 이 정책 성명은 1995년에 발간된 미국의 PRA 정책 성명과 거의 유사한 내용을 포함하고 있다. 그러나 미국과 달리 국내에서는 이 정책 성명의 내용이 실제 리스크정보활용으로 이어지지는 못했다. 이후 2006년도에 원자력위원회에 '리스크정보를 활용한 원전 정기 검사 제도 개선에 대한 계획'이 보고되었고, 2007년도에는 '리스크정보활용 검사의 확대'와 '정비규정 시범 검사 결과에 따른 제도화 필요성 검토' 등이 보고된 바 있다. 그러나 현재도 국내는 리스크정보활용과 관련된 공식적인 상위 정책은 없다. 다만 원자력안전위원회의 제2차 원자력안전종합계획(2017~2021)에 '원전의 안전한 운전을 위한 종합 분석·평가 체계 도입'의 일부로 '사고 위험도 관리 기반의 규제 감독 체계 구축'을 언급하고 있다[원자력안전위원회, 2015]. 이에 따라 한국원자력안전기술원에서는 미국의 ROP 제도와 유사한 '위험도 관리 기반 규제 감독체계'에 대한 연구를 현재 수행했다[정수진, 2021].

국내의 안전목표는 2016년의 원자력안전법 개정에 따라 도입되었다[원자력안전위원회, 2016b]. 미국의 0.1% 규정과 동일한 안전목표가 도입되었으며, 미국에는 없는 세슘(Cs)-137과 관련된 안전목표도 도입되었다. 이 목표는 원전에서 중대사고가 발생하는 경우 Cs-137의 방출량이 100 TBq을 넘는 사고의 빈도가 연간 백만분의 일 이하일 것을 요구하는 안전목표이다. 이 목표는 환경 보호를 위한 안전목표로 도입이 되었지만, 현재 전 세계에서 한국, 핀란드 및 캐나다 등 몇 개국에만 도입된 안전목표이다. 그러나 핀란드 및 캐나다는 Cs-137 관련 안전목표를 신규 원전에만 적용하는 반면, 우리나라는 Cs-137 관련 안전목표를 가동 원전에도 적용하도록 요구하고 있어, 이와 관련된 문제점들이 나타나고 있다 [J.E.Yang, 2024].

미국 현황에서 언급한 바와 같이 리스크정보활용 의사결정은 RIPBA의 근간이 되는 개념이다. 현재는 전 세계적으로 PSA를 결정론적 안전성 분석과 함께 안전성을 평가하는 핵심적인 수단으로 인식하고 있고, 앞서 기술한 바와 같이 미국은 규제 지침 1.174를 통해 리스크정보활용 의사결정의 기본 체제를 제시하고 있다. 국내에서도 한국원자력안전기술원이 RIR을 도입하기 위한 TFT(Task Force Team)를 운영한 바 있으며, RIPBR과 관련해 미국의 규제 지침 1.174와 유사한 지침[한국원자력안전기술원, 2020]을 개발한 바도 있으며, 리스크정보활용 차등규제 이행 프로그램에 관한 연구도 진행한 바가 있다. 그러나 아직 이런 연구 결과를 국내 규제에 실제 적용한 사례는 없다. 따라서 한국은 현재까지 미국 수준의 리스크정보활용 의사결정 체제를 구축하지 못한 상태이며 전반적으로 결정론적 안전성 평가 체계와 PSA를 어떻게 연계하고 통합할 것인가에 대한 입장도 명확하지 않다.

하지만 IAEA 등에서도 리스크정보활용 의사결정 체제의 도입을 권장하는 추세여서 국내에서도 리스크정보활용 의사결정 체제, PSA와 결정론적 안전성 평가 체계의 통합 방안에 대한 규제 입장과 구체적 이행 방법이 도출될 것으로 예상된다.

〈표 4-7〉 국내 PSA 수행 현황 (2022년 기준)

호기	호기 유형	1단계 PSA				2단계 PSA				3단계 PSA				비고
		전출력		정지 저출력		전출력		정지 저출력		전출력		정지 저출력		
		내부	외부*	내부	외부	내부	외부	내부	외부	내부	외부	내부	외부	
고리1	W PWR	O	O	O	X	O	O	X	X	X	X	X	X	SMA
고리2	W PWR	O	O	O	X	O	O	X	X	X	X	X	X	SMA
고리3,4	W PWR	O	O	O	X	O	O	X	X	X	X	X	X	
한빛1,2	W PWR	O	O	O	X	O	O	X	X	X	X	X	X	
한빛3,4	Sys80	O	O	O	X	O	O	X	X	X	X	X	X	
한빛5,6	OPR-1000	O	O	O	X	O	O	X	X	X	X	X	X	
한울1,2	Framatome	O	O	O	X	O	O	X	X	X	X	X	X	SMA
한울3,4	OPR-1000	O	O	O	X	O	O	X	X	X	X	X	X	
한울5,6	OPR-1000	O	O	O	X	O	O	X	X	X	X	X	X	
신한울 1,2	APR-1400	O	O	O	O	O	O	O	X	O	O	X	X	
신고리1,2	OPR+	O	O	O	X	O	O	X	X	X	X	X	X	PSA before OL
신고리3,4	APR-1400	O	O	O	O	O	O	X	X	O	O	X	X	PSA before OL
신고리 5,6	APR-1400	O	O	O	O	O	O	O	O	O	O	X	X	
월성1	CANDU	O	O	O	X	O	O	X	X	X	X	X	X	SMA
월성2,3,4	CANDU	O	O	O	X	O	O	X	X	X	X	X	X	
신월성1,2	OPR+	O	O	O	X	O	O	X	X	X	X	X	X	PSA before OL
신한울1,2	APR-1400	O	O	O	O	O	O	O	X	O	O	X	X	PSA before OL
신고리5,6	APR-1400	O	O	O	O	O	O	O	O	O	O	X	X	PSA before OL

* 외부 : 내부 화재, 침수 및 지진, OL: Operating License, SMA: Seismic Margin Analysis

3.1.2 리스크정보활용 관련 현황

2000년대에는 국내에서도 리스크정보활용 도입을 위한 활발한 활동이 있었다[한국원자력안전기술원, 2010]. 그러나 2011년의 후쿠시마 원전사고 이후 국내에서는 리스크정보활용이 일종의 규제 완화로 인식되어 RI-ILRT와 RI-ISI 이외의 리스크정보활용과 관련된 논의가 중단되었다. 그러나 근래 다시 RIPBR에 대한 논의가 시작되고 있다. 한국원자력안전기술원은 미국의 규제 지침 1.174에 상응하는 규제 지침 16.9 '변경허가신청에서의 리스크정보활용 일반사항'과 미국의 규제 지침 1.177에 상응하는 규제 지침 16.10 ' 운영기술지침서 변경허가신청에서의 리스크정보활용'을 제정했다[한국원자력안전기술원, 2021a; 한국원자력안전기술원, 2021b]

지금까지 이행된 국내 리스크정보활용 사례를 보면 (1) RI-ILRT, (2) RI-ISI, (3) RI-AOT 및 RI-STI 등에 대해 일부 인허가가 승인되었다[양준언 외, 2016]. RI-ILRT에 대해서는 원자력안전위원회고시 제2018-5호(원자로격납건물 기밀시험에 관한 기준)에 따라 PSA 결과 및 성능 이력에 근거해 종합 누설률 시험 주기를 5년에서 10년으로 연장하는 것을 허용하고 있다[원자력안전위원회, 2014a; 김도형, 2021]. RI-ISI와 관련해서, 국내 규제기관은 그 방법론에 대한 특정기술주제보고서를 2008년 8월에 승인하였으며, 한울 3호기 RI-ISI를 적용한 2차 ISI 장기계획이 2009년 10월에 승인되었다[원자력안전위원회, 2014b]. 2022년 기준 국내 리스크정보활용 사례가 〈표 4-8〉에 정리되어 있다[나장환 외, 2022].

〈표 4-8〉 국내 리스크정보활용 현황

활용유형	리스크정보활용 내용	대상 발전소
RI-STI	RPS/ESFAS analog channel 점검시험주기(STI) 연장 (1개월 → 3개월)	고리3,4호기 (1999) 한빛1,2호기 (1999) 한울3,4호기 (2007) 고리2호기 (2009) 한울1,2호기 (2011)
	터빈계통 점검시험주기(STI) 연장 (1개월 → 3개월)	고리1,2호기 (2005) 한빛5,6호기 (2005) 월성2,3,4호기 (2009)
	배터리 인버터 점검시험주기(STI) 연장 (12개월 → 18개월)	한울5,6호기 (2008)
	예비디젤발전기 점검시험주기(STI) 연장 (2주 → 1개월)	월성2,3,4호기 (진행중)
RI-ILRT	격납건물종합 누설률시험(ILRT) 주기연장 (5년 → 10년)	한빛1,2호기 (2005) 한빛3,4호기 (2006) 고리3,4호기 (2006) 한울1,2호기 (2007) 한울3,4호기 (2007) 고리2호기 (2008) 한빛5,6호기 (2011) 한울5,6호기 (2012) 신고리1,2호기 (심사중) 신월성1,2호기 (예정)
RI-AOT	RPS/ESFAS analog channel 허용정지시간(AOT) 연장 (1일 → 7일)	한울3,4호기 (2007) 고리3호기 (2009)
Risk Monitor	전 출력 리스크감시(Risk Monitoring) Sys. 정지저출력 리스크감시(Risk Monitoring) Sys. 전 출력 SPV (Single Point Vulnerability) 감시	전호기 (2003~) 전호기 (2006~) 전호기 (2010~)
RI-ISI	RI 가동중검사(ISI) 방법론 규제 기관 승인 ASME SEC. XI → RI-ISI 방법 시범적용	TR 발간 (2008) 한울3,4호기 (2009)

3.1.3 성능기반접근 관련 현황

가동 중 원전의 성능 감시 제도화 측면에서는 2000년대 후반 정비규정 제도의 도입이 추진되었다. 이를 위해 2007년도 12월에 개최된 제35차 원자력안전위원회에서 2008년도 원자력안전규제 중점과제로 '정비규정 시범검사 결과에 따른 제도화 필요성 검토'를 의결했다. 이에 따라 2008년 11월에 한울 2 발전소 정비규정 시범운영 결과에 대한 점검이 이루어졌으며, 정비규정 시험 운영을 통해 설비 신뢰도 관리, 정비 자원의 효율적 활용 측면에서 관련 기술 지침에 따른 운영 프로그램이 적절히 마련되어 있음을 확인했다. 그러나 2022년 현재도 정비규정 이행을 위한 제도적 근거는 확립되어 있지 않은 상황이다.

ROP 제도와 관련해서는 현재는 한국원자력안전기술원에서 미국의 ROP 제도와 유사한 '위험도 관리 기반 규제 감독 체계'에 대한 연구를 현재 수행 중이다[정수진, 2021]. 현재 한국원자력안전기술원에서 운전의 성능지표를 평가하는 작업을 계속하고는 있지만, 현재 국내에서 실질적으로 이행되고 있는 PBR 체제는 없는 상황이다.

'1.3.1 미국의 원자로감시절차'에서 설명한 바와 같이 SDP는 미국 ROP의 핵심 요소 중 하나로 원전에서 어떤 고장, 사고가 발생하였을 때 그 고장, 사고가 안전에 얼마나 중요한지를 파악하는 체제이다. 국내에서는 규제 기관과 산업체가 SDP에 관한 연구를 수행했다[변충섭, 2021]. 국내 산업체에서는 원전에서 발생하는 고장, 사고의 중요도를 리스크 관점에서 평가해 그 중요도에 부합하는 대응을 하고자 이 연구를 수행했다.

3.1.4 기타

위에 소개한 내용 이외에도 리스크정보활용을 위한 중요한 기반 요소가 있다. 첫째는 국내 고유 기기 신뢰도 데이터베이스의 구축이고 둘째는 PSA 표준이다. 기기 신뢰도 데이터베이스 관련해서는 국내 산업체도 국내 고유 기기 신뢰도 데이터베이스인 PRinS를 상당 기간 운영해 오고 있다[황석원, 2019]. 그러나 아직 PRinS의 신뢰도 자료만으로는 국내 PSA의 수행이 가능한가에 대해서는 좀 더 검토가 필요한 상황이다.

PSA 품질과 관련해 국내 규제 기관은 '국제적으로 통용되는 확률론적안전성평가 표준을 활용한 품질 확인 절차'를 이행할 것을 요구하고 있고, 현재 국내에서는 PSA 품질 확인을 위해 미국 PSA 표준이 사용되고 있다. 아울러 PSR을 위한 PSA 및 신규 원전의 인허가를 위한 PSA도 PSA 표준에 따른 품질 및 적합성 평가를 해야 한다. 그러나 국내와 미국의 원전 운영, 규제 환경 및 기술 기반이 서로 다르므로 ASME/ANS PSA 표준을 국내 PSA 모델 품질 평가에 적용하는 데는 한계와 문제점이 있다[황미정 외, 2021]. 대표적인 예로 CANDU 원전 PSA에는 경수로 PSA를 기준으로 개발한 ASME/ANS PSA 표준을 적용하는데 여러 제약점이 있다.

국내에서도 2010년에 전력산업기술기준(Korea Electric Power Industry Code:KEPIC)에서 당시의 미국 ASME/ANS PSA 표준[ASME, 2009]을 참고해 1단계 PSA 및 제한된 2단계 PSA에 대한 PSA 표준인 KEPIC NPA(확률론적안전성평가-내부사건)[한국전기협회, 2010a]와 KEPIC NPB(확률론적안전성평가-외부사건)[한국전기협회, 2010b]를 개발했다. 그러나 이 KEPIC PSA 표준은 현재 국내 PSA 인허가 관련 업무에 실제 사용되지는 못하고 있다. 따라서 국내에서도 한국 고유 PSA 표준을 새로이 개정하기 위한 노력이 진행되고 있다[황미정 외, 2021].

마지막으로 국내는 미국 RIR 관련 규정에는 없는 Cs-137 관련 안전목표를 도입하였으며, 이를 가동 중 원전에도 적용하도록 요구하고 있다. 따라서 향후 국내에서 리스크정보활용을 하고자 할 때 Cs-137 관련 안전목표와의 관계 설정이 필요한 상황이다.

3.2 기타 국가의 리스크정보활용 · 성능기반규제 관련 현황

3.2.1 일본 현황

일본도 TMI 원전사고 이후 PSA 자체는 도입하였지만, RIPBA의 도입에 대해서는 적극적이지 않았다. 일본의 검사제도는 후쿠시마 사고 이전까지 한국과 비슷하게, 시설에 대한 정기 검사, 운전 중 활동에 대한 보완 검사 등을 수행했다. 그러나 후쿠시마 사고 이후, 대대적인 원자력 규제 조직의 개편을 단행해 원자력 안전 규제를 담당하는 '원자력 규제위원회(Nuclear Regulation Authority: NRA)'를 설립하였고, NRA는 일본에도 NRC와 같이 RIPBR 체계를 도입할 것을 천명했다. 그리고 이를 위해서 원전 사업자와 NRA가 각기 PSA

모델을 개발했다. 아울러 일본은 '신검사제도'를 2020년 4월부터 실시하고 있다.

신검사제도는 2016년 IAEA가 통합 규제 검토 서비스(Integrated Regulatory Review Service: IRRS)에서 제시한 권고 사항을 반영해, '효율적 리스크정보활용 규제'를 위한 신 규제 기준을 도입하고 이를 적용해서 만든 검사제도이다. NRA의 신검사제도는 기존의 정기 검사를 폐지하고, [그림 4-15]와 같이 미국의 ROP 체계와 거의 같은 절차와 방법을 도입했다[정수진, 2021]. 미국의 ROP와 마찬가지로 3가지 감시 영역(원자력시설 안전, 방사선안전, 핵물질 방호)을 정의하고, 7개 감시 영역과 3개 교차(횡단)영역으로 구성된 감독체계를 만들었다[정수진, 2021]. 신검사제도는 검사 지적사항과 성능지표의 안전 중요도 평가를 통해 발전소 운영 성능을 감독하고, 검사 지적사항과 성능지표의 운영 성능 등급에 따라 차등적으로 규제하게 되어있다.

일본의 원자력 사업자들도 공동으로 원자력 리스크연구센터(Nuclear Risk Research Center: NRRC)를 설립하고 미국의 리스크정보활용 제도의 도입을 추진하고는 있지만[NRRC, 2017], 아직도 리스크정보활용이 활발하지는 않은 상황이다. 또한, 일본 규제 기관인 NRA가 아직 공식적인 원자력 안전목표를 도입하지는 않은 상태이다.

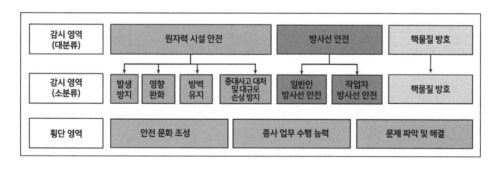

[그림 4-15] 일본의 신 검사 체계

3.2.2 중국 현황

중국은 많은 신규 원전을 건설하고 있으며 또한, 미국의 RIPBR 제도와 유사한 제도를 적극적으로 도입하고 있다. 현재는 모든 가동 중, 건설 중 원전의 PSA를 수행하고 있다. 중국의 원자력 규제 기관인 '국가핵안전국(National Nuclear Safety Authority: NNSA)'은 2010년 미국의 PRA 정책 성명과 유사한 내용을 포함한 '원자력 안전에 있어 PSA의 활용'이라는 기술 정책을 발표했다. 2017년에는 리스크정보활용 규제의 시범 적용을 시작했으며, 같은 해 정비규정의 시범 적용과 관련된 기술 정책도 발표했다. 2021년 현재는 정비규정에 대한 국가 표준을 준비하고 있다. 또한, 2019년에는 계통 배열 리스크 관리(Configuration Risk Management: CRM) 관련 기술 정책을 발표하였고, 관계기관이 CRM에 대한 국가 표준을 준비하고 있다. CRM에서는 〈표 4-2〉와 유사하게 색깔을 이용한 원전 안전성 판단 기준을 제시하고 있다. 이외에도 기술지침서 최적화, 가동 중 정비와 연계된 검사 주기 최적화, 리스크정보활용 배관 검사에 대한 시범 적용이 진행되고 있다. NNSA는 안전 중요도 평가 절차, 완화계통 성능지표, 리스크 모니터 등 현재 미국에서 진행되는 리스크정보활용과 관련된 대부분 제도와 관련된 시범 적용을 추진하고 있다[Chu Y., 2021].

또한, 중국은 AP1000, VVER, EPR, HPR1000과 같은 다양한 원자로를 건설 중이므로 이들 원전의 설계 과정에 리스크 정보를 활용하는 것을 추진하고 있다. 그러나 아직 중국 PSA의 기술 수준, 현황 등은 자세히 알려지지 않은 상황이다.

또한, 앞서 기술한 바와 같이 일본과 중국 모두 미국의 PSA 표준 작성 및 관리 조직인 JCNRM에 각기 일본 국제 실무반과 중국 국제 실무반을 구성해 참여하고 있으며 미국과의 협조를 통해 각국의 PSA 표준을 개발하고 있다. 그러나 일본과 중국 모두 실제 RIPBR이 활성화되고, 정착이 될지는 좀 더 지켜봐야하는 상황이다.

제4장 리스크 소통[29)]

　일반 대중은 물론 원자력 전문가라도 리스크 분야를 전공하지 않은 사람은 리스크 개념과 철학을 이해하기 쉽지 않다. 특히 어떤 위험 요인의 리스크에 대해 일반인과 안전 전문가 사이의 인식 차이가 크다는 사실은 리스크 소통 분야에서 이미 오래전부터 알려진 문제이다. 예를 들어 똑같이 방사선이 관련된 엑스레이(X-ray)와 원전의 리스크에 대해 일반인과 전문가 사이의 인식 차이를 들 수 있다[P. Slovic, 1987]. 안전 전문가들은 엑스레이에 과다 노출되는 것에 따른 안전성 문제를 우려하지만, 원전의 안전성에는 그리 큰 우려를 하지 않는다. 전문가들의 이와 같은 판단은 앞서 말한 과학적·공학적 리스크 평가 결과에 따른 판단이다. 그러나 일반인들은 일상에서 친숙해진 방사선인 엑스레이보다는 이해하기 어려운 원전의 방사선 문제에 대한 우려가 훨씬 크다.

　이처럼 일반인과 안전 전문가 사이에 리스크에 대한 인식 차가 나타나는 것은 각자 리스크의 크고 작음을 느끼는 기준이 다르기 때문이다. 일반적으로 안전 전문가들은 앞서 여러 차례 기술한 바와 같이 리스크를 어떤 사건의 발생 확률과 그 사고의 영향을 곱한 공학적인 평가의 결과를 기반으로 인식하는 반면, 일반인들의 리스크 인식은 (1) 재해의 규모, (2) 재해에 대한 이해 수준, (3) 재해에 대처하는 기관에 대한 신뢰도, (4) 재해에 대한 언론의 관심과 같은 요소의 영향을 받는다[NRC, 2004a].

　이와 같은 요소를 고려하면 원자력에 대해 일반 대중이 원전의 리스크를 크게 느끼는 것은 충분히 이해가 가능한 일이다. 후쿠시마 원전사고에서 보듯이 원전사고에 따른 재해의 규모는 매우 방대하다. 또한, 일반인이 눈에 보이지 않는 방사선과 그 피해를 이해하기는 쉽지 않다. 아울러 언론은 원자력에 대해 우호적이지 않은 적이 많다. 2012년도의 고리 정전사고 은폐사건과 같이 원자력계가 스스로 원자력 관련 기관에 대한 국민의 신뢰 저하를 자초한 면도 있다. 이와 같은 상황에서 원자력을 운영하거나 규제하는 기관에 대한 일반 대중

---

29) 제4장 일부 내용은 저자가 공저자로 저술한 '후쿠시마 원전사고의 논란과 진실' 중 저자가 쓴 제14장 원전사고와 사회 안전의 내용을 일부 인용했다[백원필 외, 2021].

의 신뢰도 높지 않다.

　또한, 원자력 리스크를 일반적인 리스크와 일괄적으로 같이 비교하기는 어려운 부분이 있다. 일반적으로 사람들은 리스크 총량이 같더라도 발생 확률이 높은 위험요소보다는 영향(피해)이 큰 위험요소를 더 싫어해 그런 종류의 리스크를 회피하는 경향(Risk Aversion)이 있다. 예를 들어 사람들이 자동차 사고보다 비행기 사고를 더 두려워하는 것은 이와 같은 리스크 회피 특성에 따른 것이라고 할 수 있다. 원자력 리스크의 또 다른 특성 하나는 원자력 리스크는 자동차 운전 혹은 스포츠 활동과 같이 개인이 스스로 선택하는 자발적 리스크가 아니라 개인의 의사와 무관하게 부여되는 비자발적 리스크라는 점이다. 그리고 일반인은 자발적 리스크보다는 비자발적 리스크를 회피하는 성향이 훨씬 크다[C. Starr, 1969; P. Slovic, 1987].

　미국에서 안전목표를 정할 때 이와 같은 리스크 회피를 어떻게 안전목표와 연계할 것인가에 대한 논의가 있었다. 당시에는 리스크 회피는 개인별 주관적 관점에 따라 차이가 크므로 이를 규제에 바로 반영하는 것은 문제가 있다는 의견이 주류였다. 따라서 미국의 원전 안전목표에 이 부분이 직접 반영이 되지는 않았지만, 당시 리스크 회피와 관련해 설문 조사에 참여하였던 전문가의 의견은 원자력에 대한 리스크 회피는 이미 원전 설계, 운전의 보수성에 반영이 되어있다는 것이었다. 예를 들어 원전의 안전목표를 다른 리스크의 0.1% 이하로 제한하는 점이나, CDF와 LERF 같은 안전 보조 목표를 정할 때 매우 보수적인 값을 사용한 점들은 이미 원자력에 대한 리스크 회피가 묵시적으로 안전목표에 반영이 되어있다고 볼 수 있다는 것이다[NRC, 1981].

　우리가 어떤 설비에 대해 안심하고 있다고 해서 그 설비가 실제 안전한 것도 아니고, 반대로 어떤 설비가 실제 안전하다고 해서 일반 대중이 안심하는 것도 아니다. 일반인의 리스크 인식은 언론이나 사회운동 등 다양한 분야에 영향을 미친다. 사실과 괴리된 리스크 인식은 실제로는 리스크를 증가시키는 원인이 될 수 있다. 이런 문제는 후쿠시마 원전사고 이후에도 발생했다. 당시 일본에서는 원전사고 시 피난 구역과 해당 구역 방사선 관리상의 참고기준을 결정할 때 국제방사선방호위원회(International Commission on Radiological

Protection: ICRP)가 권고하는 연간 20~100mSv 중에서 가장 낮은 값인 20mSv가 사용되었다[ICRP, 2019]. 후쿠시마 원전사고 이후 주민의 대피가 이 기준에 의해 이루어지며 최종적으로는 약 16만 5,000명에 달하는 후쿠시마현 주민이 대피했다. 피난민 중에는 고령층이 많았는데 이 중 4,000여 명에 가까운 사람이 피난에 따른 스트레스 등으로 사망했다[復興廳, 2020]. 만약 일본이 주민 보호 참조 기준으로 연간 20mSv 대신 100mSv 혹은 50mSv를 사용했다면 고향을 떠나 돌아오지 못하는 사람 수가 훨씬 줄어들었을 것이며 이후 스트레스 등으로 인한 사망자 수도 줄일 수 있었을 것이다. 향후 20~30년 후에 나타날지 안 나타날지 모르는 방사선 피폭에 의한 암 발생을 우려해 고령의 노인들에게 고향을 떠나 익숙하지 않은 곳으로 이주시킨 것이 정말 주민을 보호하는 조치였는지는 신중히 고려해 봐야 할 문제이다. 이런 사태는 방사선 피폭에 대한 일반인의 과도한 공포에 원자력 전문기관이 적절히 대처하지 못해 발생한 피해라고도 할 수 있다. 한국도 후쿠시마 원전사고 이후 원자력에 대한 비과학적인 주장이 많이 나오고 있다. 이런 비과학적인 주장은 방사선 피폭에 대한 일반인의 과도한 공포를 조장하고 결국은 사회 전체의 안전성을 저하하는 결과를 낳을 수도 있다.

실질적인 안전은 우리의 신념 여부와 무관하게 물리적 법칙에 따라 진행되기 때문이다. 영국에서 웨이크필드란 의사가 개인적인 이익을 위해 어린이의 자폐증이 홍역, 볼거리, 그리고 풍진 백신과 관련이 있을 수 있다는 논문을 1998년도에 발표했고, 이는 유럽 국가들에서 백신 접종 거부 운동으로 발전했다. 물론 웨이크필드의 논문은 전혀 과학적인 근거가 없는 논문이었고 그 논문은 결국 그 논문이 실렸던 학술지로부터 취소가 되었다. 하지만 이로 인해 시작된 백신 접종 거부 운동의 영향은 매우 컸다. 웨이크필드의 논문이 발표되던 당시 거의 무시할 수준이었던 유럽의 홍역 발생 수준이 2018년도에는 접종 거부 운동의 영향으로 4만 명 이상의 환자가 발생했다. 즉, 어떤 의사결정이 리스크 개념에 대한 과학적인 이해가 없이 이루어지면 결국은 사회의 리스크를 높이는 결과를 가져올 수밖에 없다.

우리는 어떤 설비를 사회에 도입하면 그 설비의 도입에 따른 잔여 리스크가 부수됨을 이해해야 한다. 그리고 한국 사회가 용인할 수 있는 리스크 수준에 대한 합의를 이뤄야 한다. 현재 한국에서 원전의 중대사고가 발생할 확률은 매우 낮고, 따라서 원전의 리스크는 다른 위험 요인과 비교할 때 충분히 낮은 수준이지만 안전목표로 설정된 0.1% 규칙은 원전의 지속적인 안전성 향상을 요구한다. 0.1% 규칙은 1개 원전으로 인해 추가로 부과되는 리스크가 사회 전체의 리스크에 비교해 $\frac{1}{1000}$ 이하일 것을 요구한다. 그런데 과학과 기술의 발전에 따라 사회의 안전 수준은 계속 향상되고 있고 이는 0.1% 규칙을 충족하기 위해서는 원전의 잔여 리스크를 지속적으로 감소시켜야만 한다는 것을 의미한다.

철학자 카를 포퍼Karl Popper는 『과학적 발견의 논리』에서 "극단적으로 개연성이 낮은 사건을 무시해야 한다는 규칙은 … 과학적 객관성에 대한 요구와 상통한다"라고 했다[K. Popper, 1959]. 그러나 이를 일반인들이 이해하고, 수용하도록 하는 것은 쉽지 않다. 일반인의 리스크 이해 방식이 과학적 사실에 기반을 두지 않았다고 그를 단순히 비난해서도 안되지만, 그대로 내버려 두는 것도 결과적으로는 많은 문제를 일으킬 수밖에 없다. 또한, 어떤 의사결정은 단순히 리스크의 계산 값만이 아니라 다양한 역사적·사회적 요인에 영향을 받는 측면도 있다. 이와 같은 문제는 단순히 원자력이 안전하다는 식의 홍보만으로는 해결되기 어렵다. 따라서 우리는 현대 사회의 리스크를 정확히 분석하고, 이에 대한 일반인과 관련자의 이해를 높여야 한다. 따라서 여기서 리스크 소통의 중요성이 나타난다. 미국 NRC는 '우리가 가장 앞선 리스크 통찰, 최고의 과학, 해당 분야 최고의 전문가를 보유할 수 있지만, 효과적인 리스크 소통 계획이 없으면 우리는 실패할 것이다'라고 이야기하고 있다[NRC, 2004b].

원자력 관련 리스크 소통은 (1) 리스크 전문가 사이에서 (2) 리스크 전문가와 비 리스크 전문가 사이에서 (3) 리스크 전문가와 일반 대중 사이에서 나타날 수 있다. 또한, 원자력 관련 리스크 소통은 원전이 정상일 때와 사고가 났을 때의 리스크 소통으로 구분하기도 한다.

미국 NRC는 리스크 전문가와 일반 대중 사이의 효과적인 리스크 소통을 위해 고려해야 할 요소로 다음의 11가지를 고려할 것을 추천하고 있다.

(1) 리스크 소통의 정의: 리스크란 무엇인가? 왜 중요한가?

(2) 리스크 소통의 목적 결정: 내가 소통하는 목적은 무엇인가?

(3) 이해관계자에 대한 파악: 그들은 누구인가? 그들의 필요와 선호는 무엇인가?

(4) 신뢰성 구축: 청중의 신뢰를 얻으려면 어떻게 해야 하는가? 리스크 평가 품질에 대해 어떻게 소통할 것인가?

(5) 핵심 메시지 개발: 청중과 함께 나의 목표를 달성하려면 무엇을 말해야 하나?

(6) 청중에게 리스크 정보 전달: 최고의 정보, 언어, 세부 수준 및 접근 방식은 무엇인가?

(7) 의사결정의 투명성 보장: 리스크 소통을 통해 어떻게 합법적 의사결정 과정을 향상할 것인가?

(8) 효과적인 양방향 소통 구현: 이해관계자들과 생산적인 대화를 나누려면 어떻게 해야 할 것인가?

(9) 혼동을 유발하는 부분의 파악과 잘못된 의사소통의 방지

(10) 합의 구축 및 갈등 해결: 의견 불일치를 어떻게 처리할 것인가? 제삼자를 언제 활용할 것인가?

(11) 리스크 소통의 효율성 평가: 나는 효과적인가? 어떻게 개선할 것인가?

아울러 일반적인 상황에서의 리스크 소통과 비상시의 리스크 소통은 그 특성이 다르다는 점을 알아야 한다. 비상시의 리스크 소통은 리스크 평가·관리와 대중 간의 연결 고리지만, 위기 상황에서는 이런 관계가 흔들린다. 대중은 자신들의 안전에 대해 우려하고, 종종 관계기관의 능력에 의문을 제기한다. 또한, 의사결정권자는 여러 측면에서 즉각적인 답변을 해야 하는 압력을 받는다. 원자력 리스크 평가 관련자는 짧은 시간 내에 답변을 제공해야 하지만, 정상적인 조건에서 작동하도록 개발된 절차와 분석 방법에 집착할 수도 있다. 따라서 NRC 는 비상시의 원활한 리스크 소통을 위해 다음과 같은 지침을 제시하고 있다[NRC, 2004a]. 이 지침은 비록 규제 기관인 NRC가 비상시 리스크 소통에 대해 제시한 것이지만 다른 분야의 기관에서도 참조할 가치가 있다고 생각된다.

(1) 정확하고 시기적절한 정보를 이해관계자에게 조기에, 자주 제공하라.

(2) 알고 있는 세부 정보를 제공하고, 추가 정보를 얻을 것으로 예상될 때는 언론 및 기타 이해관계자에게 알려라.

(3) 적합한 대변인을 선택하고 준비해라.

(4) 대변인이 위기의 영향을 받는 사람들에게 공감과 관심을 표현하게 하라.

(5) 공공 안전 및 추가적인 피해의 예방에 대한 NRC의 약속을 전달해라.

(6) NRC 내부에서 정보를 공유해라(NRC 직원도 상황에 대해 알고 싶어 하며, 그들은 신

뢰할 수 있는 정보와 핵심 메시지를 다른 사람에게 전달할 수 있는 훌륭한 재원이다).

(7) 언론의 정보 요구를 수용해라.

(8) 불확실성을 인정해라.

(9) 주요 이해 관계자와 협력해라(그들의 정보 요구와 우려 사항을 이해하라).

(10) 공중 보건 또는 안전과 관련된 위기 상황에서는 사람들이 상황을 통제하는 데 사용할 수 있는 정보를 제공하라.

위에서 NRC의 리스크 소통 지침을 소개하였지만, 이런 지침을 실제 상황에 적용하기는 쉽지 않은 일이다. NRC의 관련 문서에서도 리스크 소통과 관련해 사전에 많은 준비와 연습을 할 것을 요구하고 있다. 앞서 기술하였듯이 원자력 리스크 소통은 단순히 공학적인 접근으로 해결되지는 않는 문제이다. 그러나 원자력 리스크의 특성을 이해하지 못하면, 적절한 리스크 소통을 하기는 어려운 것도 또한 사실이다. 따라서 원자력 리스크 관련 업무를 하는 사람이 원자력 리스크 소통에 지속적으로 관심을 기울이는 것은 매우 중요한 일이다.

[참고 문헌]

ANS, 2015. ANS/ASME-58.22 - 2014, Requirements for Low Power and Shutdown Probabilistic Risk Assessment

ANS, 2021. ANS/ASME Joint Committee on Nuclear Risk Management (JCNRM), https://www.ans.org/standards/committees/jcnrm/

ASME, 2002. ASME/ANS RA-S-2002, "Standard for Level 1/Large Early Release Frequency Probabilistic Risk Assessment for Nuclear Power Plant Applications,"

ASME, 2009. ASME/ANS RA-Sa-2009, "Standard for Level 1/Large Early Release Frequency Probabilistic Risk Assessment for Nuclear Power Plant Applications - Addenda to ASME/ANS RA-S-2008,"

ASME, 2013. ASME/ANS RA-Sb-2013, "Standard for Level 1/Large Early Release Frequency Probabilistic Risk Assessment for Nuclear Power Plant Applications - Addenda to ASME/ANS RA-S-2008,"

ASME, 2015a. ASME/ANS RA-S-1.2-2014, "Severe Accident Progression and Radiological Release (Level 2) PRA Standard for Nuclear Power Plant Applications for Light Water Reactors (LWRs),"

ASME, 2015b. ASME/ANS RA-S 1.5, "Advanced Light Water Reactor PRA Standard"

ASME, 2017. ASME/ANS RA-S-1.3, "Standard for Radiological Accident Offsite Consequence Analysis (Level 3 PRA) to Support Nuclear Installation Applications" (previously ANS/ASME-58.25)

ASME, 2021. ASME RA-S-1.4-2021, "Probabilistic Risk Assessment Standard for Advanced Non-Light Water Reactor Nuclear Power Plants," .

C. Starr, 1969. Social Benefit versus Technological Risk, Science 165, 1232,

C.W. Rowley, 1995. Risk-Based In-service Testing Pilot Project", EPRI TR-105869

Chu, Y., 2021. Introduction of Risk-Informed Technology Development in China, Asian Symposium on Risk Assessment and Management 2021

DOE, 2017. Modernization of Technical Requirements for Licensing of Advanced Non-Light Water Reactors, DE-AC07-05ID14517

EPRI, 2008. Safety and Operational Benefits of Risk-Informed Initiatives

G. D. Bouchey, et al., 1994. Methodology Guideline for Risk-Based Application of Quality Assurance Requirements, ANS

I.Garcia et al. 2021. Pressurized Water Reactor Owners Group (PWROG) Future Risk-Informed

Initiatives WorkshopRisk-Informing Security (Physical and Cyber), Reliability Engineering and System Safety 222

IAEA, 1996. Defence in Depth in Nuclear Safety, INSAG-10

IAEA, 2007. Proposal for a Technology-Neutral Safety Approach for New Reactor Designs, IAEA-TECDOC-1570

IAEA, 2009. Deterministic Safety Analysis for Nuclear Power Plants, No. SSG-2

ICRP, 2019. ICRP Recommendations and Responses of the Japanese Government, https://www.env.go.jp/en/chemi/rhm/basic-info/1st/04-02-02.html

J.E. Yang, Review of Issues Related to the Cs-137 Safety Goal, Transactions of the Korean Nuclear Society Autumn Meeting, Jeju, Korea, May 9-10, 2024

K. Popper, 1959. The Logic of Scientific Discovery

L. Lee et al., 1993. Risk-Based Technical Specification Program", EPRI TR-101894, Electric Power Research Institute

N. Siu, 2015. Risk-Informed Security: Summary of Three Workshops, INMM/ANS Workshop on Safety-Security Risk-Informed Decision-Making

N. Siu, 2016. PRA and Risk-Informed Decisionmaking at the NRC: Status and Challenges, PSAM14, Los Angeles, USA

NEA, 2009. Probabilistic Risk Criteria and Safety Goals

NEI, 2006. Probabilistic Risk Assessment (PRA) Peer Review Process Guidance, NEI-00-02, Revision 1

NEI, 2019. Risk-Informed Performance-Based Technology Inclusive Guidance for Non-Light Water Reactor Licensing Basis Development

NEI, 2020. The Nexus between Safety and Operational Performance in the U.S. Nuclear Industry, NEI-20-04

NRC, 1975. Reactor Safety Study: An Assessment of Accident Risks in U.S. Commercial Nuclear Power Plants, NUREG-75/014, WASH-1400)

NRC, 1981. Workshop on Frameworks for Developing a Safety Goal, NUREG/CP-0018, BNL-NUREG-51419

NRC, 1986. Safety Goals for the Operations of Nuclear Power Plants; Policy Statement; Republication. 51 FR 30028

NRC, 1991. 10CFR50.65 Requirements for monitoring the effectiveness of maintenance at nuclear power plants

NRC, 1995. Use of Probabilistic Risk Assessment Methods in Nuclear Regulatory Activities: Final Policy Statement

NRC, 2000. Risk-Informed Regulation Implementation Plan, SECY-00-062

NRC, 2004a. Effective Risk Communication: The Nuclear Regulatory Commission's Guideline for External Risk Communication, NUREG/BR-0318

NRC, 2004b. Effective Risk Communication: Guideline for Internal Risk Communication, NUREG/BR-0318

NRC, 2006a. Framework for Development of a Risk-Informed, Performance-Based, Technology -Neutral Alternative to 10CFR Part 50, Working Draft Report, USNRC Office of Nuclear Regulatory Research

NRC, 2006b. Reactor Oversight Process, NUREG-1649, Rev. 4

NRC, 2007a. Update on The Improvements to The Risk-Informed Regulation Implementation Plan, SECY-07-0074

NRC, 2007b. Development of A Technology-Neutral Regulatory Framework, ACRSR-2267

NRC, 2010. Potential Policy, Licensing, And Key Technical Issues For Small Nuclear Reactor Designs, SECY-10-0034

NRC, 2011. An Approach for Using Probabilistic Risk Assessment in Risk-Informed Decisions on Plant-Specific Changes to the Current Licensing Basis, Regulatory Guide 1.174, Rev. 2, 2011

NRC, 2016. WASH-1400 The Reactor Safety Study: The Introduction of Risk Assessment to the Regulation of Nuclear Reactors, NUREG/KM-0010

NRC, 2019. Technology-Inclusive, Risk-Informed, and Performance-Based Methodology to Inform The Licensing Basis and Content of Applications for Licenses, Certifications, And Approvals For Non-Light-Water Reactors, SECY-19-0117

NRC, 2020. RG1.200 Acceptability of Probabilistic Risk Assessment Results for Risk-Informed Activities

NRC, 2022a. 10 CFR § 50.69 Risk-informed categorization and treatment of structures, systems and components for nuclear power reactors

NRC, 2022b. 10 CFR Appendix B to Part 50—Quality Assurance Criteria for Nuclear Power Plants and Fuel Reprocessing Plants

NRC, 2022c. 10 CFR Appendix J to Part 50—Primary Reactor Containment Leakage Testing for Water-Cooled Power Reactors

NRRC, 2017. Nuclear Risk Research Center Brochure, Japan

P. Slovic, 1987. Perception Of Risk, Science, Vol. 236, 1987

Westinghouse, 2011. Risk-informed Technical Specifications, NS-ES-0150 RITS

과학기술부, 1994. 원자력안전정책성명

김도형, 2021. 국내리스크정보활용규제현황, 한국원자력학회 2021 춘계 학술대회 국내 리스크정보활용 규제현황과 추진 방향 워크숍

나장환 외, 2022. 국내 원자력시설 리스크 평가 및 관리 발전방안, 원자력 리스크연구회 RiPBDM 위원회

박창규 외, 2003. 확률론적안전성평가, 브레인코리아

백원필 외, 2021. 후쿠시마 원전사고의 논란과 진실, 동아시아

변충섭, 2021. 안전 중요도 기반 의사결정 체제 구축 추진 현황, 한국원자력학회 2021 춘계 학술대회, '국내 리스크정보활용 규제현황과 추진 방향' 워크숍

양준언 외, 2002. PSA 기법을 이용한 원자력 설비의 필수 보호 지역 파악 방법, 2002 추계학술발표회 논문집

양준언 외, 2016. 국내 원자력시설 리스크 평가와 관리 분야 발전방안 보고서, 한국원자력학회 원자력 열수력 및 안전분회

원자력안전위원회, 2014a. 원자로격납건물 기밀시험에 관한 기준", 원자력안전위원회고시 제2014-22호 (제정 시 제2001-42호)

원자력안전위원회, 2014b. 원자로시설의 가동중 검사에 관한 규정", 원자력안전위원회고시 제2014-16호 (제정 시 제1998-15호)

원자력안전위원회, 2015. 제2차('17~'21년) 원자력안전종합계획

원자력안전위원회, 2016a. 원자로시설의 가동중 검사에 관한 규정 [시행 2016. 7. 25.] [원자력안전위원회고시 제2016-11호, 2016. 7. 25., 일부개정]

원자력안전위원회, 2016b. 사고관리 범위 및 사고관리능력 평가의 세부기준에 관한 규정

원자력안전위원회, 2016c. 원자력안전법 시행규칙, 제20조(주기적안전성평가의 세부내용) (개정 2014. 11. 24., 2016. 6. 30)

원자력안전위원회, 2021. 안전 관련 펌프 및 밸브의 가동중 시험에 관한 규정 [시행 2022. 1. 29.] [원자력안전위원회고시 제2021-27호, 2021. 7. 28., 전부개정]

이윤환 외, 2011. VIPEX를 이용한 가상 원자력시설의 핵심구역 파악 분석, Journal of the KOSOS, Vol. 26, No. 4, 2011

정백순 외, 2004. Risk-Informed ISI 방법론의 울진 4호기 적용 결과에 대한 고찰, 2004 춘계학술발표회 논문집, 한국원자력학회

정수진, 2021. 주요국 가동원전 규제 감독 체계 및 국내 추진 방향, 한국원자력학회 2021 춘계 학술대회, '국내 리스크정보활용 규제현황과 추진 방향' 워크숍

정원대, 2021. 안전 중요도 결정 과정 개발 현황, 한국원자력학회 2021 춘계 학술대회, '국내 리스크정보활용 규제현황과 추진 방향' 워크숍

한국원자력안전기술원, 2010. 리스크정보활용규제(RIR)에 관한 정책보고서, KINS/AR-911

한국원자력안전기술원, 2020. 경수로형 원전 규제 지침(중대사고리스크 평가분야) 규제 지침 16.9 변경허가신청에서의 리스크정보활용 일반 사항

한국원자력안전기술원, 2021a. 규제 지침 16.9 16.9 변경허가신청에서의 리스크정보활용 일반 사항

한국원자력안전기술원, 2021b. 규제 지침 16.10 운영기술지침서 변경허가신청에서의 리스크정보활용

한국전기협회, 2010a. KEPIC NPA(확률론적안전성평가), 2010

한국전기협회, 2010b. KEPIC NPB(확률론적안전성평가-외부사건), 2010

홍승열 외, 2004. Risk-Informed ISI 방법론의 울진 4호기 적용 결과에 대한 고찰, 한국원자력학회 2004 춘계학술발표회 논문집

황미정 외, 1999. 정비규정 프로그램 연구, 1999 춘계학술발표회 논문집, 한국원자력학회

황미정 외, 2001. 정비규정 적용방법 조사 및 적용 연구, KAERI/TR-1788/2001

황미정 외, 2021. KEPIC NPA(확률론적안전성평가) 국내 적용 활성화를 위한 개선 연구, 한국전기협회

황석원, 2019. 원전 신뢰도 DB 시스템 (PRINT : Plant Reliability Data Information System), 2019 KAERI PSA 및 RIA 교육과정, 한국원자력연구원

復興廳, 2020. 東日本大震災における震災關連死の死者數 令和2年9月30日 現在調査結

부록(Appendix)

1단계 PSA 수행 예제

부록(Appendix): 1단계 PSA 수행 예제

제2~3부에서 기술한 바와 같이 PSA는 다양한 분야의 방대한 정보를 체계적으로 결합해 원전의 리스크를 종합적으로 평가하는 체계이다. 따라서 PSA를 수행하기 위해서는 원전 계통 전반에 대한 이해 및 여러 관련 분야의 전문지식이 필요하다. 그러나 PSA에 필요한 정보가 주어져도, 이들 정보를 활용해 실제로 PSA를 어떻게 수행하는지를 파악하기는 쉽지 않다. 따라서 본 부록에서는 [그림 A-1]에 나와 있는 간단한 가상의 예제 원전을 대상으로 1단계 PSA를 수행하는 절차를 기술했다. 가상의 예제 원전은 APR1400 원전을 단순화한 원전이다. 그러나 예제 PSA를 위하여 부분적으로는 실제 APR1400 원전과 다른 계통 설계를 가정하였다. [그림 A-1]에서 향후 예제 원전 PSA에서 사용될 계통의 약어와 기능에 대한 설명은 〈표 A-1〉에 나와 있다.

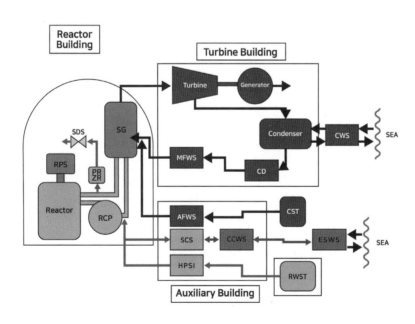

[그림 A-1] 가상 원전 구성도

〈표 A-1〉 가상원전 계통 약어 및 설명

약어	계통	기능 설명
AAC	Alternate Ac Power Source (대체교류디젤발전기)	EDG가 작동하지 않을 때 추가 비상 전원 공급
AFWS	Auxiliary Feedwater System (보조급수계통)	MFWS가 고장 난 경우 SG에 냉각수 공급
CCWS	Component Cooling Water System (기기냉각수계통)	안전계통에 냉각수 공급
CSS	Containment Spray System (격납용기살수계통)	격납건물 압력과 온도 상승 방지
CST	Condensate Storage Tank (복수저장탱크)	AFWS의 수원
ECWS	Essential Chilled Water System (필수냉수계통)	특정 공간의 냉각을 위한 냉각수 공급
EDG	Emergency Diesel Generator (비상디젤발전기)	소외전원상실(LOOP) 시 비상전원 공급
EPS	Electric Power System (전원공급계통)	전원 공급 계통(4.16KV, 480VAC, 125VDC, 120VAC, 비상 디젤 발전기, 배터리)
ESFAS	Engineered Safety Feature Actuation System (공학적안전설비작동계통)	안전계통을 위한 작동 신호 생성
ESWS	Essential Service Water System (원자로 1차 측 기기냉각해수계통)	CCWS 냉각을 위한 해수 공급.
HVAC	Heating, Ventilation, Air Conditioning System (공기조화계통)	특정 공간의 난방 또는 환기
MFWS	Main Feed Water System (주급수계통)	정상 운전 시 SG에 냉각수 공급
MSS	Main Steam System (주증기계통)	SG에서 터빈/응축기/대기로 증기 방출
PZ	Pressurizer (가압기)	원자로 1차 측 압력 및 냉각수 용량 제어
RCP	Reactor Coolant Pump (원자로냉각재펌프)	SG에서 원자로용기로 냉각수 순환
RPS	Reactor Protection System (원자로보호계통)	원자로 정지 계통
RV	Reactor Vessel (원자로용기)	원자로용기
RWST	Refueling Water Storage Tank (연료재장전수 탱크)	LOCA 중 SIS의 수원
SDS	Safety Depressurization System (안전감압계통)	원자로 감압(SG를 통한 원자로 냉각이 불가능해 Feed & Bleed 운전 시 사용)
SG	Steam Generator (증기발생기)	원자로 1차 측의 열을 이용해 증기 발생

SIS	Safety Injection System (안전주입계통)	LOCA 중 냉각수 공급 (HPSI, LPSI 및 SIT로 구성)
	Hpsi (High Presssure Safety Injection System: 고압안전주입계통)	원자로 1차 측 고압상태에서 냉각수 공급
	Lpsi (Low Presssure Safety Injection System: 저압안전주입계통)	원자로 압력이 설정치 아래로 떨어진 저압 상태에서 냉각수 공급
	Sit (Safety Injection Tank: 안전주입계통)	LOCA 중 냉각수 공급 (원자로 압력이 설정치 아래로 떨어지면 자동 작동하는 피동계통)

1단계 PSA의 전반적인 수행 절차가 [그림 A-2]에 나와 있다. 본 부록에서는 [그림 A-2]의 절차에 따라 1단계 PSA를 수행하는 전체 과정을 설명했다. 1단계 PSA를 사용하기 위해 본 부록에서는 한국원자력연구원이 개발한 AIMS-PSA 프로그램을 사용했다[S.H. Han et al., 2018.].

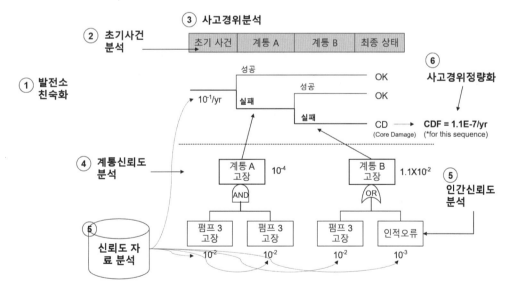

[그림 A-2] 1단계 PSA 수행 절차

A.1 대상 발전소 친숙화 및 기타 예비 작업

A.1.1 발전소 친숙화

실제 발전소의 친숙화는 앞에 기술한 바와 같이 PSA에 필요한 해당 원전의 자료를 취득하고 이를 이해하는 과정이다. 그러나 이 절에서는 [그림 A-1]에 나와 있는 예제 원전에 대한 설명으로 친숙화 과정을 대신한다.

PSA에서는 일반적으로 〈표 A-1〉의 다양한 계통을 전위 계통(Front System)과 지원 계통 (Supporting System)으로 구분을 한다. 전위 계통이 [그림 A-3]에, 지원 계통이 [그림 A-4] 에 나와 있다. 전위 계통은 원자로에 냉각수를 공급하는 것과 같은 특정 안전 기능(Safety Function)을 수행하는 계통을 의미한다. 반면에 지원 계통은 전위 계통의 운전에 필요한 다양한 신호의 발생, 전력 및 냉각수 공급 기능 등을 담당하는 계통을 의미한다. 예를 들어 고압안전주입계통(HPSI) 펌프와 관련된 지원 계통이 [그림 A-5]에 나와 있다.

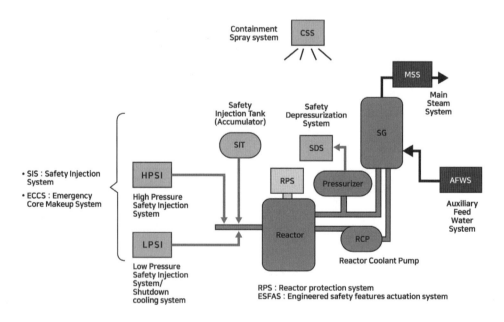

[그림 A-3] 예제 원전의 전위 계통

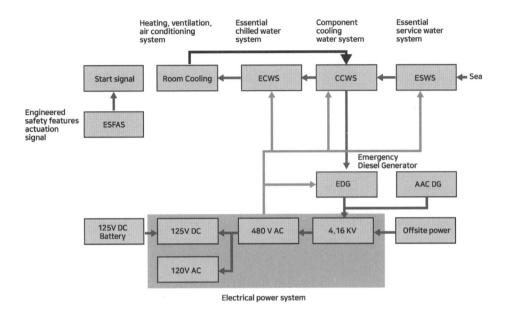

[그림 A-4] 예제 원전의 지원 계통

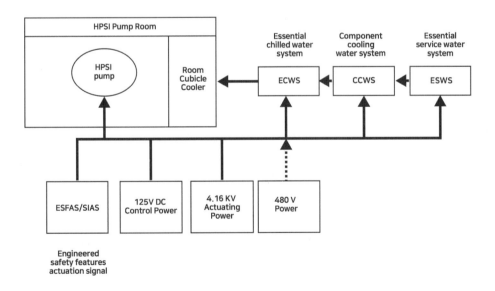

[그림 A-5] HPSI 펌프 관련 작동 신호와 지원 계통

A.1.2 명명법

PSA 모델을 일관성 있게 구축하기 위해서는, PSA 모델의 사건수목과 고장수목에 사용될 기본사건(Basic Event: BE) 및 게이트(Gate)의 명명법(Naming Convention)이 미리 준비되어야 한다. 동일한 BE에 다른 이름이 사용되거나, 다른 BE에 동일한 이름을 사용하면 잘못된 PSA 결과가 나오게 된다. 따라서 명명법을 명확하고 논리적으로 구성하는 것이 중요하다. 본 예제에서 사용될 BE의 명명법과 게이트의 명명법이 각기 [그림 A-6]과 [그림 A-7]에 나와 있다.

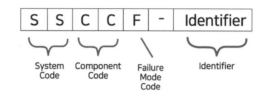

[그림 A-6] 기본사건(BE) 명명법

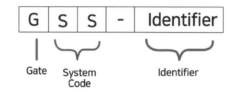

[그림 A-7] 게이트(Gate) 명명법

BE의 명명법은 [그림 A-6]에 나와 있듯이 5개의 구역으로 나누어져 있다. 첫 번째 구역은 특정 계통을 나타내는 두 글자의 계통 코드(System Code)가 들어가는 부분이고, 두 번째 구역은 특정 기기를 나타내는 두 글자의 기기 코드(Component Code)가 들어가는 부분이다. 세 번째 구역은 고장 모드를 나타내는 고장 모드 코드(Failure Mode Code)가 들어가는 부분이며, 다섯 번째 구역은 특정 기기의 식별 번호(Identifier)가 들어가는 부분이다. 네 번째 부분은 앞의 세 구역과 다섯 번째 구역을 분리하기 위한 '-'가 들어간다. 명명법에 사용할 계통 코드도 〈표 A-2〉와 같이 미리 정의되어야 한다. 예를 들어 HSMPS-01A라는 이름을 갖는 BE는 이름은 구역별로 다음과 같은 의미가 있다.

(1) HS: HPSI

(2) MP: 모터구동펌프(Motor Driven Pump)

(3) S: 기동 실패(Fails to Start)

(4) 01A: HPSI의 모터구동펌프 중 HSMPS-01A BE로 모델 되는 특정 펌프의 번호

[그림 A-7]의 게이트 명명법은 4개의 구역으로 나누어져 있다. 첫 번째 구역은 게이트임을 나타내는 'G' 글자가 들어가는 구역이고, 두 번째 구역은 BE 명명법과 마찬가지로 특정 계통을 나타내는 두 글자의 계통 코드가 들어가는 부분이고, 세 번째 구역은 앞의 두 구역과 네 번째 구역을 분리하기 위한 '-'가 들어간다. 마지막 네 번째 구역은 특정 기기의 번호가 들어가는 부분이다. 예를 들어 GHS-MP01A라는 게이트의 이름은 구역별로 다음과 같은 의미이다.

(1) G: 게이트

(2) HS: HPSI

(3) MP01A 모터구동펌프 MP01A

<표 A-2> 계통 명명 코드

계통	코드
Auxiliary Feed Water System	AF
Component Cooling Water System	CC
Containment Spray System	CS
Electrical Power System	EP
ESFAS	FS
Essential Chilled Water System	CW
Essential Service Water System	SW
High Pressure Safety Injection	HS
HVAC	HV
Low Pressure Safety Injection	LS
Main Feed Water System	MF
Reactor Coolant System	RC
RPS	RP
Safety Depressurization System	SD
Safety Injection Tank	ST

계통 코드 이외의 기기 코드 및 고장 모드와 관련된 코드는 'A.5 기기 신뢰도 분석' 부분에 기술되어 있다.

A.2 초기사건 분석

초기사건은 〈표 A-3〉에 나온 바와 같이 일반적으로 냉각재상실사고(Loss of Coolant Accident: LOCA) 그룹과 과도사건(Transient) 그룹으로 분류한다. 이와 같은 분류는 원전 원자로 1차 측 경계의 건전성이 파손되어 냉각수가 상실되는 사고 유형과 경계의 건전성이 유지되어 냉각수의 손실이 없는 사고 유형으로 구분한 것이다.

초기사건을 도출하기 위해서는 원전 경험 자료, 기존 PSA 보고서 등 다양한 자료의 검토가 필요하다. 초기사건 중 LOCA 그룹은 파단 부위의 크기에 따라 대형, 중형 및 소형 LOCA로 구분을 한다. 또한, 원전 원자로 1차 측 경계의 건전성이 유지되어도 격납건물을 관통하는 배관의 밸브가 파손되어 냉각수가 격납건물 외부로 누출되는 저압경계부파단사고 (Interfacing LOCA)도 LOCA 그룹으로 분류한다.

〈표 A-3〉 초기사건의 예

초기사건 유형	초기사건
원자로냉각재상실사고 (LOCA)	Large LOCA (LLOCA: 대형 원자로냉각재상실사고)
	Medium LOCA (MLOCA: 중형 원자로냉각재상실사고)
	Small LOCA (SLOCA: 소형 원자로냉각재상실사고)
	Interfacing System LOCA (ISLOCA: 저압경계부파단사고)
	Steam Generator Tube Rupture (SGTR: 증기발생기세관파단사고)
	Reactor Vessel Rupture (RVR: 원자로용기파단사고)
과도사건 (Transient)	Secondary Steam Line Break (SSLB: 이차측증기관파단사고)
	Loss of Main Feedwater (LOFM: 주급수상실)
	Loss of Component Cooling Water (LOCCW: 기기냉각수상실)
	Loss of 4.16KV Bus (4.16KV 모선상실)
	Loss of 125V DC Bus (125V 직류모선상실)
	Loss of Off-site Power (LOOP: 소외전원상실)
	Station Blackout (SBO: 원전정전사고
	Loss of HVAC (공기조화상실)
	General Transient (GT: 일반과도사건)
	Anticipated Transient without Scram (ATWS: 정지불능과도사건)

과도사건 그룹에는 소외전원상실(LOOP), 원전정전사고(SBO)와 같이 전원이 상실되는 사고, 기기냉각수상실사고(LOCCW)와 같이 냉각수가 상실되는 사고 등이 있다. 이처럼 특성이 명확한 과도사건 이외에 초기사건이 발행하면 원전이 비슷한 거동을 보이는 다양한 종류의 초기사건이 있을 수 있다. 이런 초기사건들을 모아 일반과도사건(GT)으로 그룹화한다.

본 예제 PSA에서는 LOCA 그룹과 과도사건 그룹 중 그룹별로 가장 대표적인 초기사건인 소형 LOCA(SLOCA)와 일반과도사건에 대해 PSA 모델을 구축한다.

A.3 사고경위 분석

사건수목은 초기사건별로 개발된다. 사건수목을 구성하기 위해서는 원전의 안전 기능과 사고경위에 대한 이해가 필수적이다. PSA에서 고려하는 기본적인 안전 기능은 다음과 같다.

(1) 반응도(Reactivity)

(2) 냉각재 제어(Inventory control)

(3) 압력 제어(Pressure Control)

(4) 잔열 제거(Decay heat removal)

(5) 특수 기능(Special Function)

초기사건별로 초기사건의 특성에 따라 필요한 안전 기능이 달라지며, 또한 각 안전 기능을 수행하기 위한 안전계통 및 운전 조건(성공기준)이 달라진다. 사건수목을 구성하기 위해서는 초기사건별로 요구되는 안전계통 및 운전 조건(성공기준)에 대한 분석이 선행되어야 한다. 또한, 안전계통을 기동시키는 원자로보호계통(RPS)과 공학적안전설비작동계통(ESFAS)의 성공 혹은 실패에 따라서도 사고경위가 변하게 된다.

RPS는 예상 운전 사고(Anticipated Operational Occurrences: AOO)가 발생하면 운영 기술지침서에 기술되어 있는 다음과 같은 안전 제한치를 초과하지 않도록 원자로 정지 신호를 발생한다. 만약 사고로 발전되면 공학적 RPS는 ESFAS를 보조해 사고 결과를 완화하는 기능을 한다.

(1) 원자로 노심의 핵비등이탈률(Departure Nucleate Boiling Ratio: DBNR)을 항상 1.30 이상으로 유지[30]

(2) 핵연료의 첨두선출력밀도(Peak Linear Heat Rate: PLHR)를 항상 21kW/ft 이하로 유지

(3) 원자로 냉각재 계통압력은 2750 psia 이하로 유지

ESFAS는 원전 보호 계통의 일부로서 설계기준사고 발생 시 해당 사고의 결과를 허용치 이내로 제한하기 위해 요구되는 안전 관련 계통 및 기기들을 작동시키는 기능을 담당한다.

---

30) 이들 값은 예제로서 원전의 특성에 따라 이들 값은 달라진다.

ESFAS가 발생시키는 신호의 종류는 다음과 같다.

  (1) 안전주입 작동 신호(Safety Injection Actuation Signal: SIAS)

  (2) 격납건물 격리 작동 신호(Containment Isolation Actuation Signal: CIAS)

  (3) 격납건물 살수 작동 신호(Containment Spray Actuation Signal: CSAS)

  (4) 재순환 작동 신호(Recirculation Actuation Signal: RAS)

  (5) 주증기 격리신호(Main Steam Isolation Signal: MSIS)

  (6) 보조급수 작동 신호(Auxiliary Feedwater Actuation Signal: AFAS)

'제3부 1.1.4 계통 분석'에서는 사건수목을 안전 기능 수준에서 전개한 기능 사건수목(Functional Event Tree)을 기준으로 설명하였지만, 실제 PSA에서는 안전 기능을 계통 수준으로 세분화한 계통 사건수목(System Event Tree)을 개발해야 한다. 즉, PSA에서는 일반적으로 안전 기능 수준에서 상대적으로 간략한 기능 사건수목을 구성해 대체적인 사고경위를 도출한 후 이를 기반으로 상세한 계통 사건수목을 구성한다. 이에 대해서는 일반과도사건 사건수목을 구축하는 부분에서 좀 더 상세히 설명했다. 사건수목의 표제는 사건의 발생 순서에 따라 배열을 하는 것이 일반적이다. 그러나 실제적으로는 사고 진행 과정을 고려하여 만들어진 비상운전절차서가 이미 있으므로 이를 따라 사건수목의 표제를 배치하는 것이 일반적이다.

A.3.1 소형냉각재상실사고

소형냉각재상실사고(소형 LOCA)가 발생하면 냉각수 상실에 따라 1차 측 압력이 떨어지고, 고온·고압의 냉각수가 격납건물로 누출되므로 격납건물의 압력과 온도는 올라간다. [그림 A-8]에 소형 LOCA가 발생하였을 때 사용되는 안전계통이 요약되어 있다. 소형 LOCA가 발생하였을 때 원전의 초기 거동을 위의 5가지 안전 기능별 안전계통 및 RPS/ESFAS와 연계해 정리한 내용이 〈표 A-4〉에 나와 있다.

또한, 〈표 A-4〉에 나와 있는 원전 초기 거동에 추가해 만약 〈표 A-4〉에 기술한 안전계통이 실패한 경우의 대처 방안에 대해서도 고려를 해야 한다. 만약 RPS가 실패해 원전을 정지하지 못했다면 원전은 정지불능과도사건(ATWS)으로 사고경위가 전이된다(본 예제 PSA에서는 ATWS에 대한 분석은 제외했다). 또한, HPSI가 실패하면 저압안전주입계통(LPSI)을 사용해 냉각수를 보충해야 한다. 이를 위해서는 운전원이 2차 측을 이용해 원자로 1차 측 압력을 LPSI가 들어갈 수 있는 수준으로 낮추어야 한다. 원자로 1차 측 압력이 낮아지면 먼저 안전주입탱크(SIT)를 통해 냉각수가 주입되고, 이후 LPSI가 주입된다. LPSI의 운전에 따라 LPIS의 수원인 RWST의 수위가 일정 수준 이하로 내려가면, 장기 냉각을 위해 LPSI의 수원을 RWST에서 썸프(Sump)로 변경해 재순환 운전 모드로 LPSI를 운전해야 한다. 다만 격납건물의 압력과 온도가 계속 올라가므로 격납건물 살수계통(CSS)을 운전하여 격납건물의 압력과 온도를 조절해야 한다.

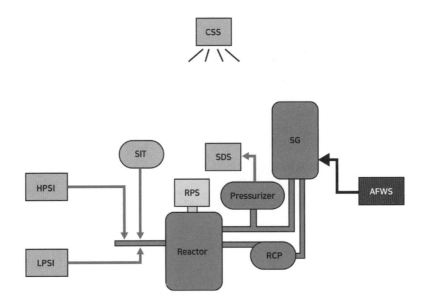

[그림 A-8] 소형 LOCA에서 사용되는 안전계통

<표 A-4> 소형 LOCA시의 원전 초기 거동

안전 기능	원전 거동
RPS/ESFAS	PRZ 저수위 혹은 격납건물 고압에 의해 원자로정지신호와 SIAS가 발생한다. 또한, 격납건물의 압력이 올라감에 따라 CIAS와 MSIS가 발생한다.
반응도	원자로정지신호에 의해 RPS가 작동해 원자로를 정지시킨다.
냉각재 제어	SIAS에 의해 HPSI가 기동 된다. HPSI는 사고 초기에는 RWST를 수원으로 사용을 하고, RWST가 고갈되면 Sump에 고인 물을 수원으로 사용한다.
압력 제어	(소형 LOCA에서는 위 냉각재 제어에서 기술한 HPSI가 실패한 경우에 압력 제어가 요구된다.)
잔열 제거	CIAS에 의해 MSS와 MFWS가 격리된다. 이에 따라 SG의 수위가 내려가면 AFWS가 기동 되어 SG에 냉각수를 공급한다. 이때 발생되는 증기는 ADV를 통해 방출됨으로써 잔열을 제거하게 된다.
특수 기능	(소형 LOCA의 경우 해당 사항 없음)

보조급수계통(AFWS)이 실패했을 때는 주입 및 방출(Feed & Bleed: F&B) 운전을 통해 잔열을 제거해야 한다. 이를 위해서는 이미 운전 중인 HPSI를 통해 냉각수를 공급하는 동시에 운전원이 안전감압계통(SDS)을 열어 증기를 제거해야 한다. HPSI도 HPSI의 운전에 따라 HPIS의 수원인 RWST의 수위가 일정 수준 이하로 내려가면, 장기 냉각을 위해 HPSI의 수원을 RWST에서 썸프로 변경해 재순환 운전 모드로 HPSI를 운전해야 한다. 이때도 격납건물의 압력과 온도가 올라가므로 CSS가 운전되어야 한다. CSS도 장기 운전을 위해서는 수원을 썸프로 변경해 재순환 운전 모드로 운전해야 한다. 위의 대응 방안들이 모두 실패를 하면 원전에서는 노심 손상이 발생하게 된다.

소형 LOCA 사건수목을 실제 구성하기 위해서는 위에서 언급한 안전계통들의 성공기준을 정해야 한다. <표 A-5>에 이들 성공기준이 정리되어 있다. 이들 성공기준을 정하기 위해서는 열수력 분석이 필요하다. 기본적으로는 안전성분석보고서(Safety Analysis Report: SAR)의 사고해석결과를 이용하지만, PSA 사고경위별로 성공기준 도출을 위한 최적 열수력 지원 분석(Supporting Analysis)을 추가로 수행하는 것이 일반적이다. 이들 성공기준은 이후 소형 LOCA 리스크 분석에 사용될 고장수목을 구성할 때 활용이 된다.

〈표 A-5〉 소형 LOCA시의 계통별 성공기준

안전 기능	계통	성공기준	비고
반응도	RPS	원자로 정지	
냉각재 제어	HPSI	최소 1개 HPSI 계열을 통한 냉각수 주입	
냉각재 제어	HPSI Recirculation	썸프에서 최소 HPSI 1개 계열을 통한 냉각수 재순환	
냉각재 제어	CSS Recirculation	최소 1개의 CSS 펌프를 사용해 격납건물 살수계통 재순환	CCWS를 이용한 CSS 열교환기 냉각 필요
잔열 제거	AFWS	1개 이상의 AFWS 펌프를 사용해 1개 이상의 SG에 냉각수 주입	

[그림 A-9]에 소형 LOCA의 기능 사건수목이 나와 있다. 이 사건수목은 6개의 표제 (Heading)를 가지고 있으며, 각 표제의 의미는 〈표 A-6〉에 나와 있다. 〈표 A-7〉에 각 사고 경위에 대한 설명이 나와 있다.

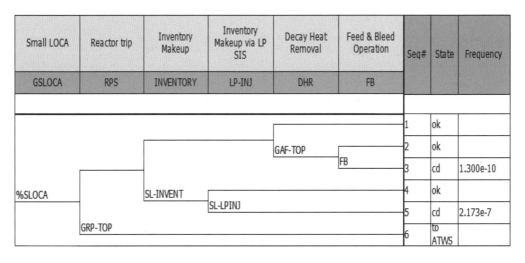

[그림 A-9] 소형 LOCA의 기능 사건수목

<표 A-6> 소형 LOCA 사건수목 표제의 의미

표제명	표제의 의미
GSLOCA	이 표제는 소형 LOCA 초기사건을 의미한다.
RPS	원자로정지신호에 의한 RPS의 성공 여부에 대한 표제이다.
INVENTORY	HPSI를 이용한 냉각수 보충의 성공 여부에 대한 표제이다.
LP-INJ	HPSI에 의한 냉각수 보충에 실패한 경우 LPSI를 이용한 냉각수 보충 및 잔열제거의 성공 여부에 대한 표제이다.
DHR	AFWS의 냉각수 공급과 ADV를 통한 증기 배출을 통한 잔열 제거의 성공 여부에 대한 표제이다.
FB	AFWS 이용한 잔열제거가 실패한 경우 F&B 운전을 통한 잔열 제거의 성공 여부에 대한 표제이다.

<표 A-7> 소형 LOCA 사건수목의 사고경위 의미

사고경위	사고경위 설명
사고경위 #1	이 사고경위는 원전이 정지되고, HPSI에 의해 냉각수도 성공적으로 보충되고 있으며, AFWS 이용한 잔열제거도 정상적으로 진행되어 원전이 안정적 상태를 유지하는 사고경위이다.
사고경위 #2	이 사고경위는 원전이 정지되고, HPSI에 의해 냉각수도 성공적으로 보충되고 있으나, AFWS를 이용한 잔열제거에 실패한 경우이다. 이후 F&B 운전을 통해 잔열을 성공적으로 제거함으로써 원전이 안정적 상태를 유지하는 사고경위이다.
사고경위 #3	이 사고경위는 원전이 정지되었으나, AFWS 이용한 잔열제거에 문제가 생겼고, 이에 F&B 운전을 시도하였으나 F&B 운전도 실패해 노심손상이 발생하는 사고경위이다.
사고경위 #4	이 사고경위는 원전이 정지되었으나, HPSI에 의한 냉각수 보충에 실패해 LPSI를 이용한 냉각수 보충 및 잔열제거를 시도하였고, 이 시도가 성공해 원전이 안정적 상태를 유지하는 사고경위이다.
사고경위 #5	이 사고경위는 사고경위 #4에서 LPSI를 이용한 냉각수 보충 및 잔열제거가 실패해 노심손상이 발생하는 사고경위이다.
사고경위 #6	이 사고경위는 원전을 정지하는데 실패해 ATWS가 발생한 사고경위로 이후 사고 진행은 별도의 ATWS 사건수목으로 전이되는 사고경위이다.

A.3.2 일반과도사건

일반과도사건에 사용되는 안전계통이 [그림 A-10]에 나와 있고, 초기의 원전 거동이 〈표 A-8〉에 나와 있다.

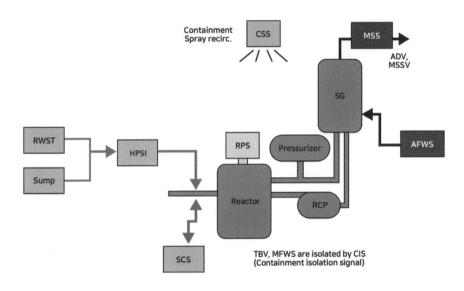

[그림 A-10] 일반과도사건에서 사용되는 안전계통

〈표 A-8〉 일반과도사건 시의 원전 초기 거동

안전 기능	원전 거동
RPS/ESFAS	일반과도사건은 다양한 초기사건을 모아놓은 것으로 초기사건별로 원자로 정지의 원인이 다를 수 있다. 그러나 원전 불시정지를 유발하는 사건을 초기사건으로 정의하므로 일반과도사건에서도 원자로정지신호가 발생한다.
반응도	원자로정지신호에 의해 RPS가 작동해 원자로를 정지시킨다.
냉각재 제어	(일반과도사건의 경우 해당 사항 없음)
압력 제어	(일반과도사건의 경우 해당 사항 없음)
잔열 제거	일반과도사건의 경우 MFWS 혹은 AFWS를 이용해 잔열을 제거한다.
특수 기능	(일반과도사건의 경우 해당 사항 없음)

일반과도사건에서도 AFWS가 실패했을 때는 F&B 운전을 통해 진열 제거를 해야 한다. F&B 운전은 소형 LOCA 때와 같은 방식으로 이루어진다. 〈표 A-9〉에 일반과도사건에서 사

용되는 안전계통의 성공기준이 정리되어 있다. 여기서는 소형 LOCA와 일반과도사건의 성공기준이 동일한 것으로 가정했다.

〈표 A-9〉 일반과도사건 시의 계통별 성공기준

안전 기능	계통	성공기준	비고
반응도	RPS	원자로 정지	
냉각재 제어	HPSI	최소 1개 HPSI 계열을 통한 냉각수 주입	
냉각재 제어	HPSI Recirculation	썸프에서 최소 HPSI 1개 계열을 통한 냉각수 재순환	
냉각재 제어	CSS Recirculation	최소 1개의 CSS 펌프를 사용해 격납건물 살수계통 재순환	CCWS를 이용한 CSS 열교환기 냉각 필요
잔열 제거	AFWS	1개 이상의 AFWS 펌프를 사용해 1개 이상의 SG에 물 주입	

※ 여기서는 소형 LOCA와 일반과도사건의 성공기준이 동일한 것으로 가정했다.

[그림 A-11]에 일반과도사건의 기능 사건수목이 나와 있다. 앞의 소형 LOCA에서는 사고경위를 기능 사건수목으로 설명하였으나 일반과도사건에서는 기능 사건수목을 계통 사건수목으로 확장하는 방법에 대해 간략히 기술한다. 기능 사건수목의 표제는 안전 기능을 나타내며 해당 안전 기능은 실제로는 다양한 안전계통의 조합을 포함하고 있다. 계통 사건수목에서는 이런 기능 사건수목의 표제를 계통 단위의 표제로 세분하고, 세분된 계통 표제에 따라 사고경위를 다시 도출한다.

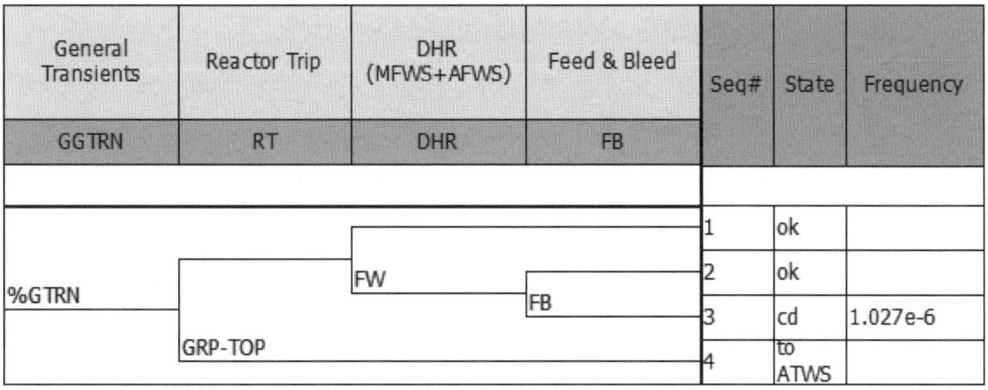

General Transients	Reactor Trip	DHR (MFWS+AFWS)	Feed & Bleed	Seq#	State	Frequency
GGTRN	RT	DHR	FB			
				1	ok	
		FW		2	ok	
%GTRN			FB	3	cd	1.027e-6
	GRP-TOP			4	to ATWS	

[그림 A-11] 일반과도사건의 기능 사건수목

예를 들어 [그림 A-11]의 F&B 운전은 다음과 같은 4가지 운전의 조합으로 이루어진다(괄호 안의 영문 약자는 계통 사건수목의 표제이다): (1) 방출운전(BD), (2) HPSI 주입(HPI), (3) HPSI 재순환(HPR) 및 (4) CSS 재순환(CSR). 따라서 [그림 A-11]에 나와 있는 기능 사건수목의 F&B 표제를 이들 4가지 운전의 표제로 대치하고 사고경위를 다시 도출하면 [그림 A-12]와 같은 계통 사건수목을 얻게 된다. [그림 A-12]에 나온 계통 사건수목의 표제별 의미가 〈표 A-10〉에 나와 있으며, 각 사고경위의 의미는 〈표 A-11〉에 나와 있다.

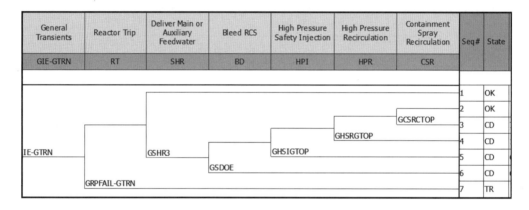

[그림 A-12] 일반과도사건의 계통 사건수목

〈표 A-10〉 일반과도사건 사건수목 표제의 의미

안전 기능	원전 거동
IE-GTRN	이 표제는 일반과도사건 초기사건을 의미한다.
RT	원자로정지신호에 의한 RPS의 성공 여부에 대한 표제이다.
SHR	MFWS 혹은 AFWS를 통한 냉각수 공급과 ADV를 통한 증기 배출을 통한 잔열 제거의 성공 여부에 대한 표제이다.
BD	SDS를 이용한 원자로 1차 측 방출 운전의 성공 여부에 대한 표제이다.
HPI	HPSI를 이용한 냉각수 보충의 성공 여부에 대한 표제이다.
HPR	HPSI의 수원인 RWST의 냉각수가 다 고갈될 때 HPSI의 수원을 썸프로 변경해 냉각수 주입을 계속하는 재순환 운전의 성공 여부에 대한 표제이다.
CSR	F&B 운전에 따른 격납건물 온도와 압력 상승을 막기 위한 CSS 재순환의 성공 여부에 대한 표제이다.

<표 A-11> 일반과도사건 사건수목의 사고경위 의미

사고경위	사고경위 설명
사고경위 #1	이 사고경위는 원전이 정지되고, MFWS 혹은 AFWS 이용한 잔열제거도 정상적으로 진행되어 원전이 안정적 상태를 유지하는 사고경위이다.
사고경위 #2	이 사고경위는 원전이 정지되었으나 MFWS 혹은 AFWS 이용한 잔열제거에 문제가 생겨 F&B 운전을 통해 잔열을 성공적으로 제거함으로써 원전이 안정적 상태를 유지하는 사고경위이다.
사고경위 #3	이 사고경위는 원전이 정지되었으나 MFWS 혹은 AFWS 이용한 잔열제거에 문제가 생겼고, F&B 운전을 통해 잔열 제거를 시도하였으나 이도 실패를 해 원전의 노심손상이 발생한 사고경위이다. 이 사고경위는 F&B 운전에서 방출, HPSI 주입 및 HPSI 재순환은 성공하였으나 CSS 재순환이 실패한 사고경위이다.
사고경위 #4	이 사고경위도 원전이 정지되었으나 MFWS 혹은 AFWS 이용한 잔열제거에 문제가 생겼고, F&B 운전을 통해 잔열 제거를 시도하였으나 실패를 해 원전의 노심손상이 발생한 사고경위이다. 이 사고경위는 F&B 운전에서 방출, HPSI 주입은 성공하였으나 HPSI 재순환이 실패한 사고경위이다.
사고경위 #5	이 사고경위도 원전이 정지되었으나 MFWS 혹은 AFWS 이용한 잔열제거에 문제가 생겼고, F&B 운전을 통해 잔열 제거를 시도하였으나 실패를 해 원전의 노심손상이 발생한 사고경위이다. 이 사고경위는 F&B 운전에서 방출 운전은 성공하였으나 HPSI 주입이 실패한 사고경위이다.
사고경위 #6	이 사고경위도 원전이 정지되었으나 MFWS 혹은 AFWS 이용한 잔열제거에 문제가 생겼고, F&B 운전을 통해 잔열 제거를 시도하였으나 SDS를 이용한 원자로 1차 측 방출이 실패한 사고 경위이다.
사고경위 #7	이 사고경위는 원전을 정지하는데 실패해 ATWS가 발생한 사고경위로 이후의 사고 진행은 별도의 ATWS 사건수목으로 전이되는 사고경위이다.

A.4 계통 분석

앞에서 개발된 소형 LOCA와 일반과도사건 사건수목에서는 RPS, HPSI, LPSI, AFWS, CSS 등 다양한 전위 계통과 이들 전위 계통을 보조하기 위한 냉각수 및 전력 계통 등의 보조 계통이 사용된다. 이 절에서는 가장 대표적인 전위 안전계통인 HPSI의 주입 운전에 대한 고장수목과 냉각 관련 계통과는 특성이 많이 다른 전력 계통(125V DC 상실)의 고장수목 작성 방법에 관해 설명했다.

A.4.1 HPSI 고장수목 작성

고장수목 작성을 위해서는 원전의 배관 및 계측도면(Piping & Instrument Diagram: P&ID)과 기타 관련 정보를 참고해 PSA에서 모델을 할 기기만을 포함하는 단순 P&ID를 작성한다. [그림 A-13]에 단순화된 HPSI의 P&ID가 나와 있으며, HPIS에서 요구되는 보조계통 정보도 같이 표시되어 있다. 즉, 모터구동밸브(Motor Operated Vale: MOV) 운전을 위해서는 480V AC가 필요하며, HPSI 펌프 기동을 위해서는 125V DC가, 펌프 운전을 위해서는 4.16kV가 필요하다. 또한, HPSI 펌프에서 발생하는 열로 펌프가 있는 방의 온도가 올라가는 것을 방지하기 위한 냉각도 필요하다.

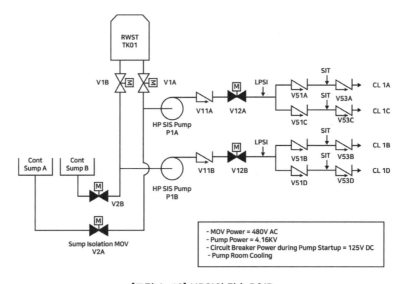

[그림 A-13] HPSI의 단순 P&ID

이 예제의 성공기준은 [그림 A-13]의 CL1A, 1B, 1C 및 1D의 4개 계열 중 1 계열만 운전에 성공하면 HPSI 주입은 성공하는 것으로 가정했다. 고장수목의 정점사건은 명명법에 따라 GHS-TOP으로 정의를 했다.

[그림 A-13]와 같은 P&ID로부터 고장수목을 구성하는 방법은 크게 다음과 같이 두 가지로 구분한다.

(1) Sink-to-Source 방법 : 계통의 출력이 나오는 부분에서 시작해 계통의 배관을 몇 개 부분으로 나눈 후 냉각수가 흐르는 방향의 반대 방향(Reverse Flow Path)으로 추적하며 고장수목을 구성하는 방법

(2) Block diagram 기반 방법 : 계통을 각기 독립적인 몇 개의 부계통(Sub System)으로 구분한 후 부계통의 연계 논리(직렬, 병렬 등)에 기반을 두어 기본적인 고장수목을 구성하고, 이후 각부계통별 고장수목을 결합해 고장수목을 구성하는 방법

여기에서는 Sink-to-Source 방법에 따라 다음과 같이 HPSI CL1A 계열에 대해 고장수목을 작성했다.

(1) CL1A 주입 부분의 고장수목 [그림 A-14]

(2) 펌프 및 취수구 부분의 고장수목 [그림 A-15]

[그림 A-14]를 보면 정점사건이 모든 계열의 동시 고장으로 정의되어 있다. 즉, 성공기준이 HPSI의 4개 계열 중 1개 계열만 성공해도 HPSI 주입 성공이므로 HPSI 실패는 4개의 모든 계열이 동시에 실패하는 경우이기 때문이다.

또한, [그림 A-14]에 보면 2개의 공통원인고장(CCF)이 기본사건(HSCVW-V51ABCD, HSCVW-V53ABCD)으로 모델이 되어있다. 이 중 HSCVW-V51ABCD 사건은 [그림 A-13]의 V51A, V51B, V51C, V51D 4개의 밸브가 CCF로 열리지 않는 사건을, HSCVW-V53ABCD 사건은 [그림 A-13]의 V53A, V53B, V53C, V53D 4개의 밸브가 CCF로 열리지 않는 사건을 의미한다.

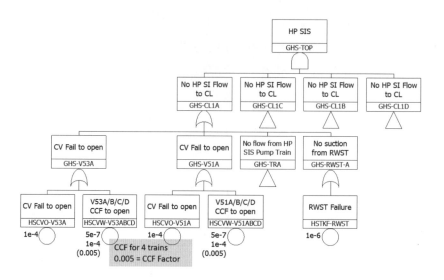

[그림 A-14] HPSI의 고장수목 (1/2)

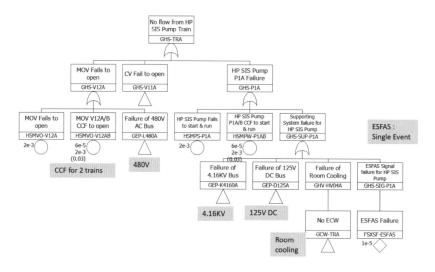

[그림 A-15] HPSI의 고장수목 (2/2)

[그림 A-14]의 HSMVO-V12AB 사건은 [그림 A-13]의 V12A와 V12B가 CCF로 열리지 않는 사건을, HSMPW-P1AB는 펌프 P1A와 P1B가 CCF로 인해 기동 실패(Fail to Start) 및 가동 실패(Fail to Run)가 발생한 사건을 의미한다(실제 고장수목 작성에서는 기동 실패 와 가동 실패의 CCF를 따로 모델을 하나, 본 예제에서는 단순화를 위해 하나의 CCF 사건

으로 모델했다).

HPSI 고장수목 개발에서는 CCF 분석 방법으로 β-팩터 방법을 기본 방법으로 사용하였으며, 모델 된 CCF의 값은 다음 〈표 A-12〉와 같이 다중성에 따라 CCF Factor 값을 독립고장확률에 곱해 도출했다(A.5 신뢰도 자료 부분 참조).

〈표 A-12〉 HPSI의 CCF 확률값 평가

BE	다중성	CCF Factor	독립고장확률	CCF 확률값
HSCVW-V51ABCD, HSCVW-V53ABCD	4	0.005	1.0E-4	5.0E-7
HSMVO-V12AB	2	0.03	2.0E-3	6.0E-5
HSMVO-V12AB	2	0.03	2.0E-3	6.0E-5

[그림 A-15]를 보면 보조계통 및 ESFAS 관련 사건이 모델되어있다. 이들 사건은 고장수목의 단순화를 위해 전이 게이트로 처리했다. HPSI의 다른 3개 계열에 대해서도 CL1A 계열과 같은 방법으로 고장수목을 작성하면 된다.

A.4.2 EPS 고장수목 작성

예제 원전의 전력 계통이 [그림 A-16]에 나와 있다. 본 부록에서는 125V DC 상실에 대한 고장수목을 작성했다. 125V DC 상실의 정점사건은 GEP-D125A로 명명했다. 125V DC 상실에 대한 고장수목을 작성하기 위해서는 다음과 같은 고장을 고려해야 한다.

(1) Bus 고장

(2) 480V 전원 상실

(3) 배터리 차져(Charger) 고장 및 CCF

(4) 배터리 고장 및 CCF

이들 고장을 고려해 작성한 125V DC 상실에 대한 고장수목이 [그림 A-17]에 나와 있다. 그러나 이 고장수목에서는 한가지 유의할 점이 있다. [그림 A-17]에 나와 있는 고장수목은 외부전원이 공급되는 상태에서 발생한 125V DC 상실에 대한 고장수목이다. 만약 외부전원이 상실되는 경우는 배터리 차져를 이용할 수 없으므로 125V DC 상실 고장수목이 [그림 A-18]과 같이 변경되어야 한다. 즉, 동일 계통의 고장수목이라도 초기사건과 운전 조건에 따라 그에 맞도록 고장수목을 개발해야만 한다.

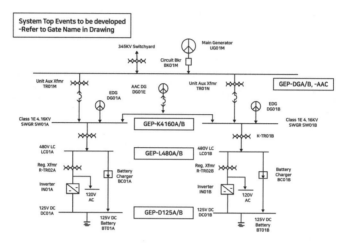

[그림 A-16] 예제 원전의 전력계통

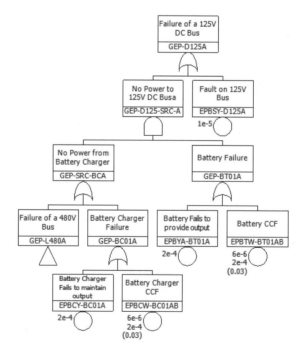

[그림 A-17] 125V DC 상실 고장수목 (정상운전 시)

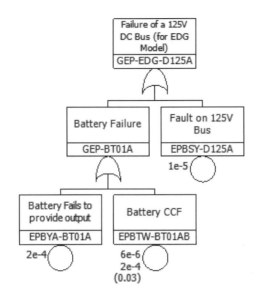

[그림 A-18] 125V DC 상실 고장수목 (소외전원 상실 시)

A.5 기기 신뢰도 분석

PSA를 수행하기 위해서는 해당 원전의 특성이 반영된 기기 신뢰도 자료(Plant-specific Reliability Data)가 필요하다. 일반적으로 베이지안 추론을 통해 일반 신뢰도 자료(Generic Reliability Data)와 해당 원전의 운전 경험 자료를 결합해 해당 원전 PSA용 기기 신뢰도 데이터베이스를 구축한다. 예제 원전 PSA에서는 이와 같은 과정을 통해 〈표 A-13〉의 기기 신뢰도 자료를 구했다고 가정한다. 〈표 A-13〉에는 명명법에서 요구되는 기기 코드 및 고장 모드 코드도 나와 있다.

PSA를 수행하기 위해서는 일반적인 기기 고장률 자료 이외에도 초기사건, 분석 대상 원전에서만 발생하는 특수한 사건이라든지 외부전원 회복과 같이 해당 원전 특유의 경험이 반영된 신뢰도 자료도 필요하다. 이런 초기사건의 신뢰도 자료 및 특수 사건의 예가 각기 〈표 A-14〉와 〈표 A-15〉에 나와 있다.

〈표 A-13〉 기기 고장률 및 계통/고장 모드 코드

그룹	기기	기기 코드	고장 모드	고장 코드	값	CCF(*)
Electrical	Battery	BY	Failure to provide output	A	2.00E-04	CCF
Electrical	Battery Charger	BC	Failure to maintain output	Y	2.00E-04	CCF
Electrical	Bus	BS	Fault on bus	Y	1.00E-05	
Electrical	Circuit Breaker	CB	Spurious operation	I	1.00E-06	
Electrical	Inverter	IR	Fails while operating	Y	2.00E-04	CCF
Electrical	Transformer	XM	Fails while operating	Y	1.00E-05	
Pipe/Valve	Check Valve	CV	Fails to close	C	1.00E-04	CCF
Pipe/Valve	Check Valve	CV	Fails to open	O	1.00E-04	CCF
Pipe/Valve	Manual Valve	VV	Fail to remain open	T	1.00E-05	
Pipe/Valve	Manual Valve	VV	Fails to open	O	1.00E-03	
Pipe/Valve	Manual Valve	VV	Fails to close	C	1.00E-03	
Pipe/Valve	Motor Operated Valve	MV	Fails to open	O	2.00E-03	CCF
Pipe/Valve	Motor Operated Valve	MV	Fails to close	C	2.00E-03	CCF
Pipe/Valve	Solenoid Operated Valve	LV	Fails to open or control	O	2.00E-03	CCF
Pipe/Valve	Solenoid Operated Valve	LV	Fails to close	C	2.00E-03	CCF
Pipe/Valve	Pneumatic operated valve	AV	Fail to open	O	2.00E-03	CCF
Pipe/Valve	Pneumatic operated valve	AV	Fails to close	C	2.00E-03	CCF
Pipe/Valve	PSV	SV	Fails to reclose	G	1.00E-04	
Pipe/Valve	Rupture Disk	RD	Fails to open	O	1.00E-05	CCF
Pipe/Valve	Debris Filter	FL	Plugging	P	1.00E-06	
Pipe/Valve	Heat Exchanger	HX	Severe leakage	B	1.00E-05	
Pipe/Valve	Tank	TK	Rupture	F	1.00E-06	
Rotating	Chiller	CU	Fails to run	R	2.00E-03	CCF
Rotating	Chiller (Standby)	CU	Fails to start	S	2.00E-02	CCF
Rotating	DG (Standby)	DG	Fails to start & run	S	3.00E-02	CCF
Rotating	Fan	AB	Fails to run	R	1.00E-04	CCF
Rotating	Fan (Standby)	AB	Fails to start	S	1.00E-03	CCF
Rotating	Pump	MP	Fails to run	R	2.00E-04	CCF
Rotating	Pump (Standby)	MP	Fails to start	S	2.00E-03	CCF
Rotating	Turbine Pump (Standby)	TP	Fails to start & run	S	5.00E-03	CCF

〈표 A-14〉 초기사건명 및 발생빈도

IE	Frequency	Event Name
Large LOCA	3.00E-06	%LLOCA
Medium LOCA	2.00E-04	%MLOCA
Small LOCA	5.00E-04	%SLOCA
Steam generator tube rupture	5.00E-03	%SGTR
Interfacing systems LOCA	1.00E-08	%ISLOCA
Reactor vessel rupture	3.00E-08	%RVR
Large secondary side break	1.00E-02	%LSSB
General Transients	1.00E+00	%GTRN
Loss of offsite power	3.00E-02	%LOOP
Loss of feedwater	5.00E-02	%LOFW
Loss of condenser vacuum	1.00E-01	%LOCV
Total loss of CCW/ESW	2.00E-04	%TLOCCW
Loss of a CCW/ESW train	5.00E-03	%LOCCWA
Loss of a 125 DC Bus	3.00E-03	%LODCA
Loss of a 4.16K Bus	5.00E-03	%LOKVA

〈표 A-15〉 특수 사건명 및 확률값

기기	고장 모드	값	특수 사건명
Control Rod	Mechanical failure (*)	2.00E-06	RPRDF-RPS
RPS Signal	No signal generated (*)	1.00E-06	RPXSF-RPS
ESFAS Signal	No signal generated (*)	1.00E-05	FSXSF-ESFAS
Main Feedwater System	Failure (*)	1.00E-01	MFMPR-MFWS
Signal (RWST low level signal, EDG/CCW/ECW/ ESW starting signal)	No signal generated (*)	1.00E-04	FSXSF-RWST_LOW FSXSF-LOOP, FSXSF-CCW FSXSF-ECW, FSXSF-ESW
Sump	Plugging	1.00E-05	HSSPW-SUMP
RCP Seal Failure in TLOCCW	Seal Failure	3.00E-04	RCSLF-RCPSEAL
PSV Stuck Open	Fails to Reclose	3.00E-04	RCSVG-PSV
Offsite power	Fail to recovery in 1 hr	0.6	EPACF-AC1HR
Offsite power	Fail to recovery in 5 hr	0.3	EPACF-AC5HR
Offsite power	Fail to recovery in 7 hr	0.2	EPACF-AC7HR
Offsite power	Fail to recovery in 9 hr	0.15	EPACF-AC9HR
Offsite power	Fail to recovery in 15 hr	0.08	EPACF-AC15HR
Offsite power	Loss of offsite power	1.00E-04	EPEKF-LOOP

A.6 인간신뢰도분석

본 예제에서는 '제2부 4.3 인간신뢰도분석'에서 설명한 인간신뢰도분석(HRA) 방법에 대해 예제를 통해 인간 오류 확률(Human Error Probability: HEP)을 평가하는 절차에 관해 설명한다. 제2부에서 설명한 THERP 방법에서는 인간 오류를 진단 오류와 수행오류로 구분하고, 각 오류 확률을 구한 후 합해 종합적인 HEP를 구한다.

HRA의 예제로서 운전원이 재순환 운전에 실패하는 인적 오류(HSOPH-HLC-REC)에 대해 HEP를 구해본다.

이 운전원 행위에 대해 조사한 결과로 다음과 같은 정보를 얻었다고 가정한다.

(1) 이 행위는 주제어실(Main Control Room: MCR)에서 이루어진다.

(2) 이 행위에 주어진 여유 시간은 2시간(1시간 30분: 진단 여유 시간, 30분: 행위 시간)이다.

(3) 이 행위는 기본직무(Primary Task)이다.

(4) 주제어실(MCR)의 MMI (Man-Machine Interface)는 중간 수준이다.

(5) 이 행위와 관련된 절차서는 잘 갖추어져 있다.

(6) 이 행위는 규칙(If-Then-Rule)에 따라 수행된다.

(7) 운전원은 이 행위에 대해 훈련을 잘 받은 상태이다.

(8) 운전원의 행위를 감독하는 사람이 있다.

먼저 진단 오류 확률(Diagnosis Error Probability: DEP)은 정규 진단 오류 확률에 가중치를 곱해 구하게 된다. 정규진단 오류는 [그림 A-19]에 나와 있는 도표에 의해 진단 여유 시간에 따라 구하게 된다. HSOPH-HLC-REC의 진단 여유 시간은 90분이므로 [그림 A-19]에 따라 1.0E-4라고 가정한다. '제2부 4.3 인간신뢰도분석'에서 설명한 바와 같이 이 값은 중앙값이므로 이 값을 평균값으로 변환해야 한다. 이 인간 오류의 에러 팩터가 10이라고 가정하면 평균값은 2.66E-4가 된다. 진단 오류와 관련된 가중치는 [그림 A-20]의 의사결정수목을 이용해 구한다. HSOPH-HLC-REC는 기본직무이고, MMI는 중간 수준이며, 이 행위와 관련된 절차서는 잘 갖추어져 있고, 관련 훈련도 잘 받았다고 가정하였으므로 가중치는 0.109가 된다. 따라서 DEP는 다음과 같이 구해진다.

DEP = 정규진단 오류 확률 x 가중치 = 2.66E-4 x 0.109 = 2.9E-5

1
0.1
0.01
1E-3
1E-4
1E-5
1E-6
1E-7
10
100
1000
진단오류확률
진단여유시간
오류 상한값
오류 중앙값
오류 하한값

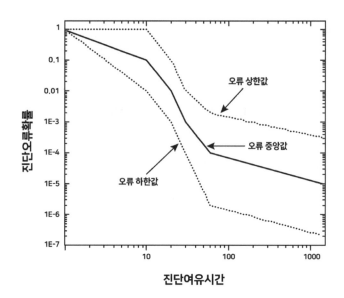

[그림 A-19] THERP의 기본 HEP 곡선

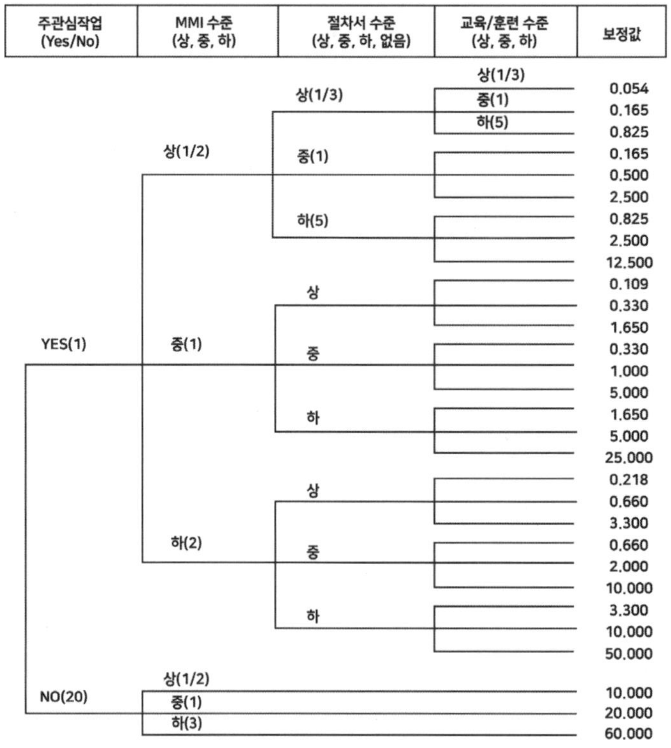

주관심작업 (Yes/No)
MMI 수준 (상, 중, 하)
절차서 수준 (상, 중, 하, 없음)
교육/훈련 수준 (상, 중, 하)
보정값
YES(1)
상(1/2)
상(1/3)
상(1/3)
중(1)
하(5)
0.054
0.165
0.825
중(1)
0.165
0.500
2.500
하(5)
0.825
2.500
12.500
중(1)
상
0.109
0.330
1.650
중
0.330
1.000
5.000
하
1.650
5.000
25.000
하(2)
상
0.218
0.660
3.300
중
0.660
2.000
10.000
하
3.300
10.000
50.000
NO(20)
상(1/2)
10.000
중(1)
20.000
하(3)
60.000

[그림 A-20] 진단 오류 가중치 결정 수목

수행 오류 확률은 단위 행위의 실패 확률에 회복 실패 확률을 곱해 구하게 된다. 먼저 단위 행위 실패 확률은 먼저 [그림 A-21]의 의사결정수목을 이용해 업무의 복잡성, 절차서 수준, 시간 여유 정도에 따라 수행 행위의 종류를 결정한 후 [그림 A-22]의 수목을 이용해 관련된 및 스트레스 수준을 결정한다. 이후 최종적으로 〈표 A-16〉의 표를 이용해 수행오류 확률을 결정한다. 주어진 정보를 이용하여 [그림 A-21]과 [그림 A-22]의 경로를 따라가면 HSOPH-HLC-REC의 업무 성격은 Step-by-Step이며, 스트레스 수준은 'Very High'이다. 따라서 〈표 A-16〉에 따르면 기본 수행 오류 확률은 0.02가 된다.

회복실패확률은 원전 정지 후 전체 여유 시간, MMI 수준 및 감독자 존재 여부에 따라 결정되며 [그림 A-23]의 수목을 이용해 평가한다. 주어진 정보에 따라 HSOPH-HLC-REC의 회복실패확률은 0.03이 된다, 따라서 수행오류 확률은 다음과 같이 주어진다.

수행오류 확률 = 단위 행위의 실패 확률 x 회복 실패 확률

= 0.02 x 0.03 = 6.0E-4

따라서 HSOPH-HLC-REC의 실패 확률값은 다음과 같이 주어진다.

HSOPH-HLC-REC의 실패 확률 = 진단 오류 확률 + 수행오류 확률

= 2.9E-5 + 6.0E-4 = 6.29E-4

PSA 정량화가 끝난 후 운전원에 의한 추가적인 회복 행위를 고려하는 것이 일반적이다. 그러나 이런 추가적인 회복 행위가 이미 모델 되어있는 인간행위와 상관 관계(종속성)가 있을 수 있다. 이런 종속성을 적절히 고려하지 않으면 인간 오류 확률을 과소평가할 수 있다. 추가적인 회복 행위와 기존 인간 행위 간의 종속성은 [그림 A-24]와 같은 의사결정수목을 이용해 판단하고, 그 판단결과에 따라 〈표 A-17〉에 따라 값을 조정해 준다. 예를 들어 추가적인 회복행위가 기존의 인적행위(HSOPH-HLC-REC)와 완전 종속(CD)이라면 이를 추가적인 회복행위의 실패 확률은 1로 보아야 한다. 즉, 추가적인 회복행위를 모델하는 것이 의미가 없다.

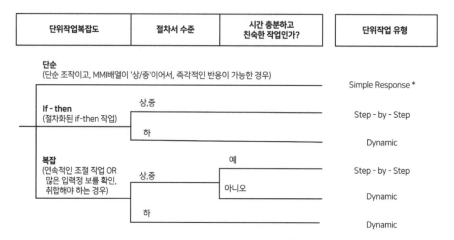

단위작업복잡도	절차서 수준	시간 충분하고 친숙한 작업인가?	단위작업 유형

단순
(단순 조작이고, MMI배열이 '상/중'이어서, 즉각적인 반응이 가능한 경우)
Simple Response *

If - then
(절차화된 if-then 작업)
상,중 — Step - by - Step
하 — Dynamic

복잡
(연속적인 조절 작업 OR
많은 입력정 보를 확인,
취합해야 하는 경우)
상,중 — 예 — Step - by - Step
아니오 — Dynamic
하 — Dynamic

* 'simple response'는 상시 운전되는 계통의 운전 중이던 기기가 고장나서 l 대기 중인 기기가 자동 기동해야 할 때,
자동 신호가 실패하여 운전원이 수동으로 신호를 발생시키는 경우에 국한해서 적용

[그림 A-21] 수행 행위 종류 결정 수목

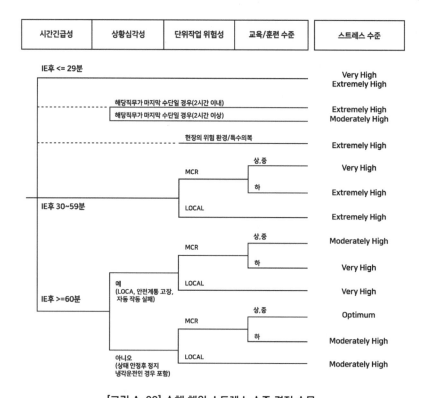

시간긴급성	상황심각성	단위작업 위험성	교육/훈련 수준	스트레스 수준

IE후 <= 29분 — Very High / Extremely High

해당직무가 마지막 수단일 경우(2시간 이내) — Extremely High
해당직무가 마지막 수단일 경우(2시간 이상) — Moderately High

현장의 위험 환경/특수의복 — Extremely High

IE후 30~59분
MCR — 상,중 — Very High
MCR — 하 — Extremely High
LOCAL — Extremely High

IE후 >=60분
예
(LOCA, 안전계통 고장,
자동 작동 실패)
MCR — 상,중 — Moderately High
MCR — 하 — Very High
LOCAL — Very High

아니오
(상태 안정후 정지
냉각운전인 경우 포함)
MCR — 상,중 — Optimum
MCR — 하 — Moderately High
LOCAL — Moderately High

[그림 A-22] 수행 행위 스트레스 수준 결정 수목

〈표 A-16〉 수행 행위-스트레스 수준별 기본 인간 오류 확률

Subtask type	Stress Level	Basic HEP(mean)
Simple Response	Low	0.002
	Optimum/Moderately High	0.001
	Very High/Extremely High	0.003
Step-by-Step	Low	0.01
	Optimum	0.005
	Moderately High	0.01
	Very High	0.02
	Extremely High	0.05
Dynamic	Low	–
	Optimum	0.01
	Moderately High	0.03
	Very High	0.08
	Extremely High	0.025

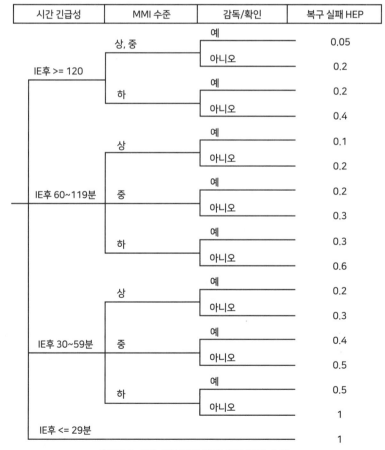

[그림 A-23] 회복행위 실패 확률 결정 수목

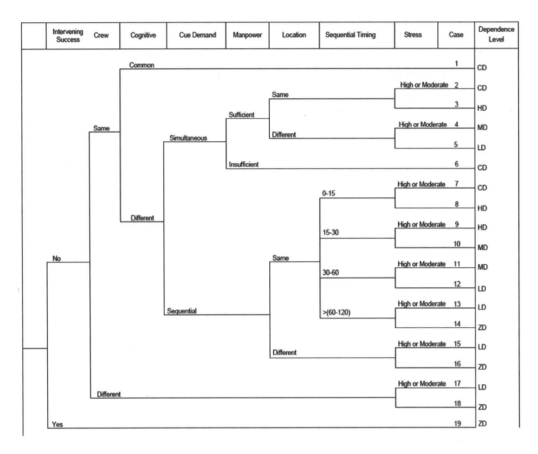

[그림 A-24] 종속성 수준 결정 수목

〈표 A-17〉 종속성 수준별 인간 오류 확률

Dependency Level	P(B/A) [A:Preceding HE, B:Subsequent HE]	Minimum Conditional Prob., P(B/A)
Zero (ZD)	P(B/A) = P(B)	P(B)
Low (LD)	P(B/A) = [1 + 19*P(B)]/20	0.05
Moderate (MD)	P(B/A) = [1 + 6*P(A)]/7	0.14
High (HD)	P(B/A) = [1 + P(A)]/2	0.5
Complete (CD)	P(B/A) = 1.0	1

A.7 리스크 정량화 및 PSA 품질

A.7.1 리스크 정량화 및 기타 분석

예제 원전의 사건수목과 고장수목이 모두 개발되고 나면 이를 합쳐 하나의 커다란 고장수목(One-Top Model)을 구성한다. 예를 들어 소형 LOCA와 일반과도사건의 사건수목과 관련 기능 수목을 합해 하나의 고장수목을 구성하면 [그림 A-25]와 같은 통합 고장수목이 도출된다. 이 고장수목의 정점사건인 CDF-TOP에 대해 정량화를 수행하면 [그림 A-26]과 같은 결과를 얻게 된다. 예제 PSA 모델의 정량화 결과에 따르면 예제 원전의 CDF는 1.296E-6/년으로 나왔으며 예제 원전에서 가장 중요한 리스크 기여 인자인 상위 3개 MCS를 살펴보면 그 의미는 다음과 같다.

(1) MCS #1: 일반과도사건 발생 후 ESFAS 고장 및 주급수 펌프 고장

(2) MCS #2: 소형 LOCA 발생 후 RWST 저수위 신호 발생 실패

(3) MCS #3: 소형 LOCA 발생 후 ECWS의 모든 냉각기(Chiller)가 CCF로 고장

또한, 이 결과에 대해 1,000개 표본 추출을 통한 불확실성 분석을 수행한 결과가 [그림 A-27]에 나와 있다. 불확실성 분석 결과에 따르면 결과 분포의 5% 값은 1.178E-7/년, 95% 값은 4.408E-6/년임을 알 수 있다.

만약 일반과도사건의 발생빈도를 1.0/년에서 2.0/년으로 변경해 민감도 분석을 하면 [그림 A-28]과 같은 결과를 얻게 된다. 이 경우 CDF는 2.328E-6/년으로 증가를 했다. [그림 A-28]의 결과를 상세히 보면, 일반과도사건 초기사건(%GTRN)이 들어간 첫 번째, 네 번째, 여덟 번째 등 일반과도사건 초기사건의 MCS 값이 2배가 된 것을 알 수 있다. 민감도 분석은 주요한 가정 사항 혹은 관심이 있는 설계 개선안 등 다양한 경우에 대해 수행할 수 있다.

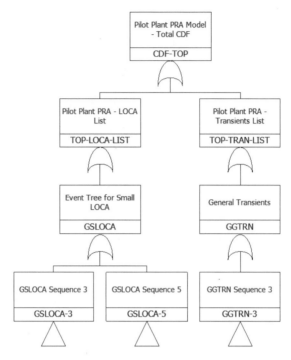

[그림 A-25] One-Top 통합 고장수목

| Base\Result.raw | Base\Result.raw | Base\Et-05.Gtrn-Fet.ket | Base\Result.raw | Base\Result.raw | Base\Result.raw | base\#onetop.kft | Base\Res |

CDF-TOP ▾ | 🔍 𝓕𝓥 | Σ | | 🔧 | *Comp* | Special ▾

Cut Set

🔍 | 1.296e-6 / 132 (1.296e-6 / 132) | And ▾ | ▾ Selected Only ▾

No	Value	F-V	Acc.	BE#1	BE#2	BE#3	BE#4	BE#5	BE#6	BE#7
1	1.000e-6	0.771375	0.771375	%GTRN	@CD	FSXSF-ESFAS	MFMPR-MFWS	#GGTRN-3!		
2	5.000e-8	0.038569	0.809943	%SLOCA	@CD	FSXSF-RWST_LO	#GSLOCA-5!			
3	5.000e-8	0.038569	0.848512	%SLOCA	@CD	CWCUW-ALL	#GSLOCA-5!			
4	3.000e-8	0.023141	0.871653	%SLOCA	@CD	CSMPW-P3AB	#GSLOCA-5!			
5	3.000e-8	0.023141	0.894795	%SLOCA	@CD	CSMVO-V32AB	#GSLOCA-5!			
6	3.000e-8	0.023141	0.917936	%SLOCA	@CD	HSMVW-V2AB	#GSLOCA-5!			
7	2.000e-8	0.015427	0.933363	%GTRN	@CD	AFLVW-V2ABCD	MFMPR-MFWS	SDOPH-FB	#GGTRN-3!	
8	1.500e-8	0.011571	0.944934	%SLOCA	@CD	AFOPH-AGGCOOL	HSMPW-P1AB	#GSLOCA-5!		
9	1.500e-8	0.011571	0.956504	%SLOCA	@CD	AFOPH-AGGCOOL	HSMVO-V12AB	#GSLOCA-5!		
10	8.000e-9	0.006171	0.962675	%GTRN	@CD	AFCVW-V4AB	MFMPR-MFWS	SDOPH-FB	#GGTRN-3!	
11	5.000e-9	0.003857	0.966532	%SLOCA	@CD	FSXSF-ESFAS	#GSLOCA-5!			
12	5.000e-9	0.003857	0.970389	%SLOCA	@CD	HSSPW-SUMP	#GSLOCA-5!			
13	2.000e-9	0.001543	0.971932	%SLOCA	@CD	CSMPS-P3A	CSMPS-P3B	#GSLOCA-5!		
14	2.000e-9	0.001543	0.973475	%SLOCA	@CD	CSMVO-V32A	CSMVO-V32B	#GSLOCA-5!		
15	2.000e-9	0.001543	0.975017	%SLOCA	@CD	CSMPS-P3B	CSMVO-V32A	#GSLOCA-5!		
16	2.000e-9	0.001543	0.976560	%SLOCA	@CD	CSMVO-V32B	HSMVO-V2A	#GSLOCA-5!		
17	2.000e-9	0.001543	0.978103	%SLOCA	@CD	CSMPS-P3B	HSMVO-V2A	#GSLOCA-5!		
18	2.000e-9	0.001543	0.979646	%SLOCA	@CD	HSMVO-V2A	HSMVO-V2B	#GSLOCA-5!		
19	2.000e-9	0.001543	0.981188	%SLOCA	@CD	CSMVO-V32A	HSMVO-V2B	#GSLOCA-5!		
20	2.000e-9	0.001543	0.982731	%SLOCA	@CD	CSMPS-P3A	HSMVO-V2B	#GSLOCA-5!		

[그림 A-26] 예제 PSA 모델 정량화 결과

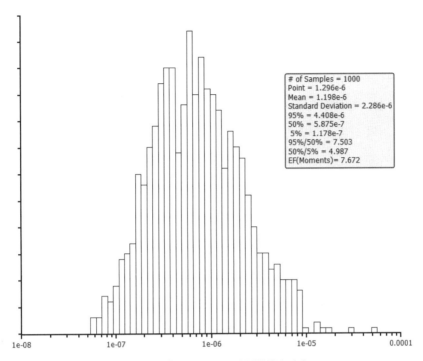

[그림 A-27] 예제 PSA 모델 불확실성 결과

| | Base\#Result.raw | Base\#Result.raw | Base\Et-05.Gtrn-Fet.ket | Base\#OneTop.kft | Base\#Result.raw | | | | | |

CDF-TOP · ℛ *FV* ∑ ✕ *Comp* Special ▾

Cut Set

2.328e-6 / 132 (2.328e-6 / 132) | And ▾ ▾ Selected Only ▾

No	Value	F-V	Acc.	BE#1	BE#2	BE#3	BE#4	BE#5	BE#6	BE#7
1	2.000e-6	0.859061	0.859061	%GTRN	@CD	FSXSF-ESFAS	MFMPR-MFWS	#GGTRN-3!		
2	5.000e-8	0.021477	0.880537	%SLOCA	@CD	FSXSF-RWST_LO	#GSLOCA-5!			
3	5.000e-8	0.021477	0.902014	%SLOCA	@CD	CWCUW-ALL	#GSLOCA-5!			
4	4.000e-8	0.017181	0.919195	%GTRN	@CD	AFLVW-V2ABCD	MFMPR-MFWS	SDOPH-FB	#GGTRN-3!	
5	3.000e-8	0.012886	0.932081	%SLOCA	@CD	CSMVO-V32AB	#GSLOCA-5!			
6	3.000e-8	0.012886	0.944967	%SLOCA	@CD	HSMVW-V2AB	#GSLOCA-5!			
7	3.000e-8	0.012886	0.957853	%SLOCA	@CD	CSMPW-P3AB	#GSLOCA-5!			
8	1.600e-8	0.006872	0.964725	%GTRN	@CD	AFCVW-V4AB	MFMPR-MFWS	SDOPH-FB	#GGTRN-3!	
9	1.500e-8	0.006443	0.971168	%SLOCA	@CD	AFOPH-AGGCOOL	HSMPW-P1AB	#GSLOCA-5!		
10	1.500e-8	0.006443	0.977611	%SLOCA	@CD	AFOPH-AGGCOOL	HSMVO-V12AB	#GSLOCA-5!		
11	5.000e-9	0.002148	0.979759	%SLOCA	@CD	FSXSF-ESFAS	#GSLOCA-5!			
12	5.000e-9	0.002148	0.981906	%SLOCA	@CD	HSSPW-SUMP	#GSLOCA-5!			
13	3.000e-9	0.001289	0.983195	%GTRN	@CD	AFTPW-P1CD	CWCUW-ALL	MFMPR-MFWS	#GGTRN-3!	
14	2.000e-9	0.000859	0.984054	%SLOCA	@CD	CSMPS-P3A	CSMVO-V32B	#GSLOCA-5!		
15	2.000e-9	0.000859	0.984913	%SLOCA	@CD	CSMPS-P3A	CSMPS-P3B	#GSLOCA-5!		
16	2.000e-9	0.000859	0.985772	%SLOCA	@CD	CSMVO-V32A	CSMVO-V32B	#GSLOCA-5!		
17	2.000e-9	0.000859	0.986631	%SLOCA	@CD	CSMPS-P3B	CSMVO-V32A	#GSLOCA-5!		
18	2.000e-9	0.000859	0.987490	%SLOCA	@CD	HSMVO-V2A	HSMVO-V2B	#GSLOCA-5!		
19	2.000e-9	0.000859	0.988349	%SLOCA	@CD	CSMPS-P3A	HSMVO-V2B	#GSLOCA-5!		
20	2.000e-9	0.000859	0.989208	%SLOCA	@CD	CSMVO-V32A	HSMVO-V2B	#GSLOCA-5!		

[그림 A-28] 예제 PSA 모델 민감도 분석 결과

A.7.2 PSA 품질 검토

PSA는 앞서 언급한 설계기준사고의 분석 결과, 인적 오류 확률, 기기 고장확률, 중대사고 현상 분석 결과 및 지진에 의한 기기 취약도 등 매우 다양하고 방대한 정보가 사용된다. PSA는 사용되는 정보와 방법에 따라 PSA 결과의 신뢰성이 크게 변할 수 있다. 특히 시간의 경과에 따라 원전의 상태가 계속 변하기 때문에 PSA의 품질을 계속 유지하기 위해서는 설계·건설·운영(As-designed, as-built, as-operated) 상태를 반영한 주기적으로 PSA를 재수행해야 한다. 따라서 PSA를 수행해 원전의 리스크를 평가했다고 해도 과연 그 평가가 적절한 방법, 자료 등을 이용해 이루어졌는지 검증을 통해 PSA 결과·리스크 평가 결과의 신뢰성을 확인해야 한다. 미국 NRC는 제4부 1.4절에서 설명한 바와 같이 바와 같이 이 문제를 해결하기 위해 PSA 표준(PRA Standard)을 제정하고 이에 따라 산업체에 적절한 수준의 PSA 품질을 유지하도록 하고 있다. 현재 국내에서는 국내 기관이 인증한 국내 고유 PSA 표준이 없으므로 현재 NRC가 인증한 미국의 ASME/ANS RA-S, "Standard for Level 1/Large Early Release Frequency Probabilistic Risk Assessment for Nuclear Power Plant Applications"를 이용해 PSA 품질을 검토하고 있다[ASME, 2009].

여기서 한가지 부언을 할 점은 동렬 검토를 통해 지적되는 문제점 중 많은 부분이 실제 기술적 미비로 인한 것보다 관련 사항의 문서화가 미비해 지적을 당하는 경우가 많다는 것이다. 따라서 PSA 품질을 높이는 데에는 PSA 수행 절차와 결과에 대한 문서를 충실히 작성해야 한다.

[참고 문헌]

S.H. Han et al., 2018. AIMS-MUPSA software package for multi-unit PSA, Nuclear Engineering and Technology, Vol. 50, No. 8

ASME, 2009. ASME/ANS RA-Sa-2009, "Standard for Level 1/Large Early Release Frequency Probabilistic Risk Assessment for Nuclear Power Plant Applications - Addenda to ASME/ANS RA-S-2008,"

색 인

지은이 **양 준 언**

한양대학교에서 원자력공학 학사, KAIST에서 원자력공학 석사와 박사학위를 취득했다. 1990년부터 한국원자력연구원에 재직하면서 종합안전평가부장, 원자력안전·환경연구소장을 역임했다. 한국원자력학회 부회장, 원자력안전위원회 원자력안전전문위원, OECD/NEA 원자력시설안전위원회 부의장, 리스크평가·관리국제학회(PSAM) 의장 등으로도 활동했다. 아시아리스크평가·관리국제학회(ASRAM)와 원자력리스크연구회를 창립하여 현재 ASRAM 한국측 의장과 연구회 회장을 맡고 있다. 현재 서울대에서 '원자력 리스크평가 및 관리'를 강의하고 있으며, 저서로는 국가종합위기관리(2009, 공저), 후쿠시마 원전 사고의 논란과 진실(2021, 공저) 등이 있다.

확률론적안전성평가

원자력 안전의 정량적 이해

발행일	2025년 1월 6일 초판 1쇄
지은이	양준언
펴낸곳	한스하우스

등 록	2000년 3월 3일(제2-3033호)
주 소	04559 서울특별시 중구 마른내로12길 6
전 화	02-2275-1600
팩 스	02-2275-1601
이메일	hhs6186@naver.com

ISBN 978-89-92440-68-4 · (93550)   가격 30,000원